Electronic Circuit

류지열 지음

전자회로 실험

도서출판 홍릉

전자회로 실험

인 쇄 : 2021년 2월 20일 초판 1쇄
발 행 : 2021년 2월 26일 초판 1쇄

저 자 : 류지열
발행인 : 송 준
발행처 : 도서출판 홍릉
주 소 : 01093 서울시 강북구 인수봉로 50길 10
등 록 : 1976년 10월 21일 제5-66호

전 화 : 02-999-2274~5, 903-7037
팩 스 : 02-905-6729
e-mail : hongpub@hongpub.co.kr
http://www.hongpub.co.kr
ISBN : 979-11-5600-850-7(93560)

정 가 : 13,000원

목차

실험 1. Pspice 이론 및 실습 ··· 1

1. 실험 목적 ··· 1
2. 기초이론 및 PSpice 사용법 ··· 1

실험 2. 트랜지스터 바이어스 회로 ··· 21

1. 실험 목적 ··· 21
2. 기초이론 ··· 21
3. 퀴즈 ··· 29
4. 예비 보고서 ··· 31
5. 실험기자재 및 부품 ··· 32
6. 실험방법 및 절차 ··· 32
7. 실험결과 ··· 33

실험 3. 공통 이미터 증폭기 ··· 35

1. 실험 목적 ··· 35
2. 기초이론 ··· 35
3. 퀴즈 ··· 44
4. 예비 보고서 ··· 48
5. 실험기자재 및 부품 ··· 49
6. 실험방법 및 절차 ··· 49
7. 실험결과 ··· 51

실험 4. 이미터 팔로워 ··· 56

1. 실험 목적 ··· 56
2. 기초이론 ··· 56
3. 퀴즈 ··· 63
4. 예비 보고서 ··· 64

5. 실험기자재 및 부품 ···· 65
6. 실험방법 및 절차 ···· 65
7. 실험결과 ···· 67

실험 5. 공통 소스 증폭기 ···· 71

1. 실험 목적 ···· 71
2. 기초이론 ···· 71
3. 퀴즈 ···· 75
4. 예비 보고서 ···· 77
5. 실험기자재 및 부품 ···· 78
6. 실험방법 및 절차 ···· 78
7. 실험결과 ···· 80

실험 6. 소스 팔로워 ···· 85

1. 실험 목적 ···· 85
2. 기초이론 ···· 85
3. 퀴즈 ···· 89
4. 예비 보고서 ···· 90
5. 실험기자재 및 부품 ···· 90
6. 실험방법 및 절차 ···· 90
7. 실험결과 ···· 92

실험 7. 전력증폭기 ···· 95

1. 실험 목적 ···· 95
2. 기초이론 ···· 95
3. 퀴즈 ···· 110
4. 예비 보고서 ···· 113
5. 실험기자재 및 부품 ···· 113
6. 실험방법 및 절차 ···· 114
7. 실험결과 ···· 115

실험 8. 차동증폭기 ··· 119

1. 실험 목적 ··· 119
2. 기초이론 ··· 119
3. 퀴즈 ··· 130
4. 예비 보고서 ··· 133
5. 실험기자재 및 부품 ··· 133
6. 실험방법 및 절차 ··· 134
7. 실험결과 ··· 135

실험 9. 연산증폭기 특성 ··· 137

1. 실험 목적 ··· 137
2. 기초이론 ··· 137
3. 퀴즈 ··· 142
4. 예비 보고서 ··· 143
5. 실험기자재 및 부품 ··· 144
6. 실험방법 및 절차 ··· 144
7. 실험결과 ··· 146

실험 10. 연산증폭기 응용 회로 1 ··· 149

1. 실험 목적 ··· 149
2. 기초이론 ··· 149
3. 퀴즈 ··· 158
4. 예비 보고서 ··· 162
5. 실험기자재 및 부품 ··· 162
6. 실험방법 및 절차 ··· 163
7. 실험결과 ··· 164

실험 11. 연산증폭기 응용 회로 2 ······ 167

1. 실험 목적 ······ 167
2. 기초이론 ······ 167
3. 퀴즈 ······ 181
4. 예비 보고서 ······ 185
5. 실험기자재 및 부품 ······ 185
6. 실험방법 및 절차 ······ 186
7. 실험결과 ······ 187

실험 12. 아날로그 능동필터 ······ 189

1. 실험 목적 ······ 189
2. 기초이론 ······ 189
3. 퀴즈 ······ 197
4. 예비 보고서 ······ 198
5. 실험기자재 및 부품 ······ 198
6. 실험방법 및 절차 ······ 199
7. 실험결과 ······ 200

실험 13. 데이터 변환기 ······ 203

1. 실험 목적 ······ 203
2. 기초이론 ······ 203
3. 퀴즈 ······ 215
4. 예비 보고서 ······ 217
5. 실험기자재 및 부품 ······ 217
6. 실험방법 및 절차 ······ 218
7. 실험결과 ······ 220

실험 14. 발진기와 신호 발생기 ··· 225

1. 실험 목적 ··· 225
2. 기초이론 ··· 225
3. 퀴즈 ··· 237
4. 예비 보고서 ··· 245
5. 실험기자재 및 부품 ··· 246
6. 실험방법 및 절차 ··· 246
7. 실험결과 ··· 248

참고문헌 ··· 250

실험 1 PSpice 이론 및 실습

1. 실험 목적

- 이론을 통해 배웠던 각종 회로 설계를 모의실험을 통해 부족한 부분을 진행하기 위해 PSpice CAD tool 사용법을 학습한다.
- 실험을 시작하기 전에 회로를 미리 시뮬레이션을 통해 미리 결과를 알아본다.
- 실험에 필요한 각종 계측기 사용법을 학습한다.

2. 기초이론 및 PSpice 사용법

2.1. 해석의 종류

2.1.1. DC(직류)신호 해석

- 모든 신호 주파수가 0일 때
- 인덕터(단락), AC 결합 또는 DC 차단 커패시터(개방), 바이패스 커패시터(단락)
- 바이어스에 의한 동작점 설정 및 부하선(직류 전달 특성) 해석
- 교류 : 직류 동작 점에서 파라미터

2.1.2. AC(교류)신호 해석

- 주 전원(V_{DD}, V_{CC} 등)이 0(접지)일 때
- 주파수 함수로 표현
- 비선형 소자의 선형화된 소신호 등가 모델(회로) 해석
- 전압이득, 전류이득, 전달컨덕턴스

2.1.3. 과도 응답(Transient response) 해석

- 지정한 시간 동안 시간에 따른 출력값의 응답
- 초기조건 : 직류해석에 의해 결정

2.2. Pspice 사용법

2.2.1. 단위

- Scale Factor가 아닌 물리량을 나타내는 문자 무시
- 대소문자 구분 하지 않음

문자	값
Tera(T)	10^{12}
Giga(G)	10^{9}
Mega(M)	10^{6}
Kilo(K)	10^{3}
Milli(m)	10^{-3}
Micro(μ)	10^{-6}
Nano(n)	10^{-9}
Pico(p)	10^{-12}
Femto(f)	10^{-15}

2.2.2. PSipce 사용법

① 아래 나인플러스 IT㈜ 웹사이트를 방문하여 회원가입
https://www.npit.co.kr/html/dh_board/lists/support101

② 방문한 웹사이트 왼쪽 하단부에 [OrCAD®DEMO16.6(또는 17.2)] 다운로드

③ 다운로드 완료 후 압축을 풀고, OrCAD_16.6_Full_Demo\Full_Demo\Disk1 아래 setup.exe 파일을 실행하여 프로그램 설치

④ 설치된 프로그램 목록 중에 [OrCAD Capture CIS]를 실행하여 아래와 같은 화면이 형성됨을 확인

[그림 1.1] 설치 확인 화면

⑤ 프로젝트 생성

[단계 ④] 화면에서 [New Project] 탭을 클릭한 후 아래와 같이 원하는 디렉토리에 새 프로젝트 형성 [OK 버튼] 클릭 → [Create a blank project] 체크 → [OK 버튼] 클릭

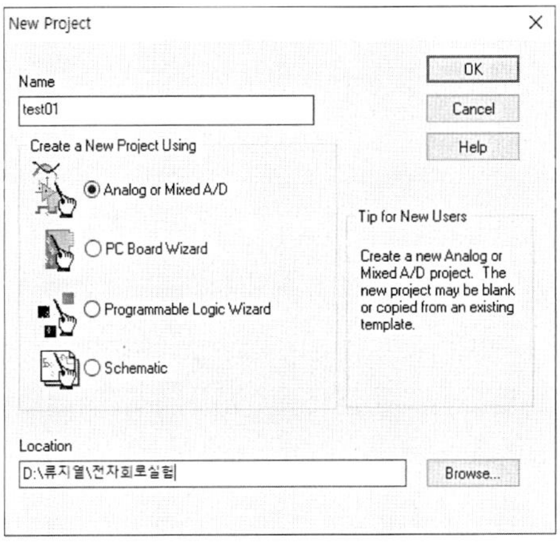

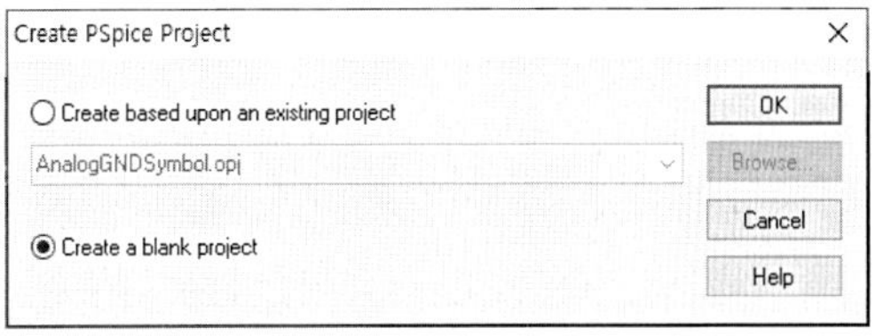

[그림 1.2] 프로젝트 생성 1단계

⑥ [그림 1.3]과 같이 프로젝트와 회로도를 작성할 test01.dsn이 형성되어 있음을 확인

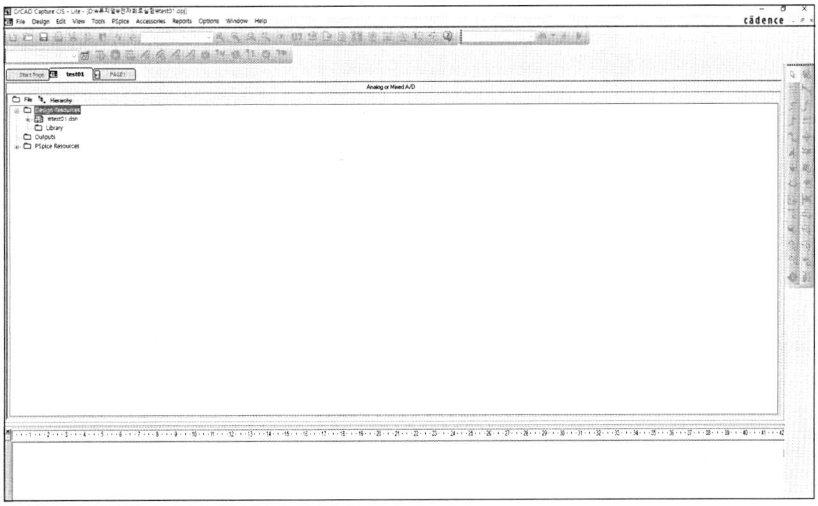

[그림 1.3] 프로젝트 생성 2단계

⑦ [PAGE1] 탭을 클릭하여 [그림 1.4]와 같은 설계(design)화면에서 설계 작업 수행

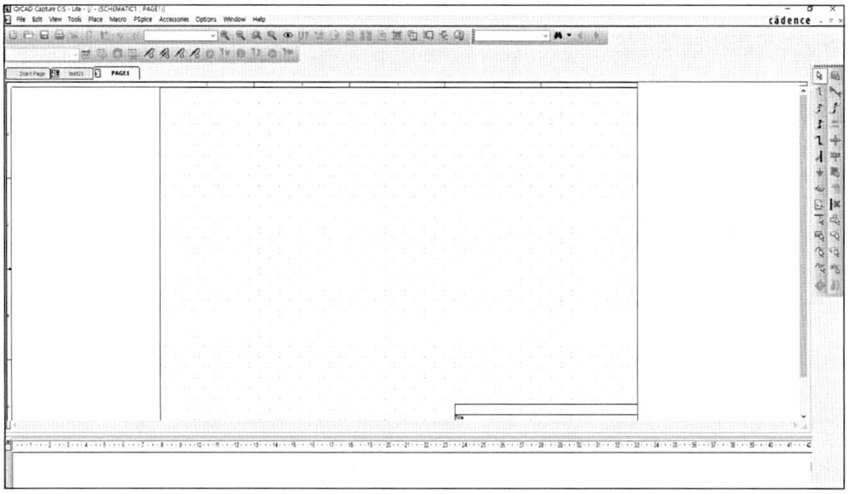

[그림 1.4] 프로젝트 생성 3단계

⑧ 창 오른쪽에 배치된 Libraries: 탭 클릭 → [그림 1.5(a)]의 [Add Library](alt+A)(그림에서 실선 박스) 클릭 → [그림 1.5(b)]에 있는 모든 라이브러리 선택(ctrl+마우스 왼쪽 버튼) → [열기] 버튼 클릭

(a) (b)

[그림 1.5] 프로젝트 생성 4단계

⑨ [그림 1.6(a)]와 같이 원하는 파트(Part)위에 선택 후 마우스 왼쪽 버튼 더블 클릭 → [그림 1.6(b)]와 같이 다른 파트도 동일과정으로 반복
파트를 세로 배열로 회전하려면 [그림 1.6(c)]와 같이 파트에 대고 마우스 오른쪽 버튼 클릭 → [Rotate] 선택

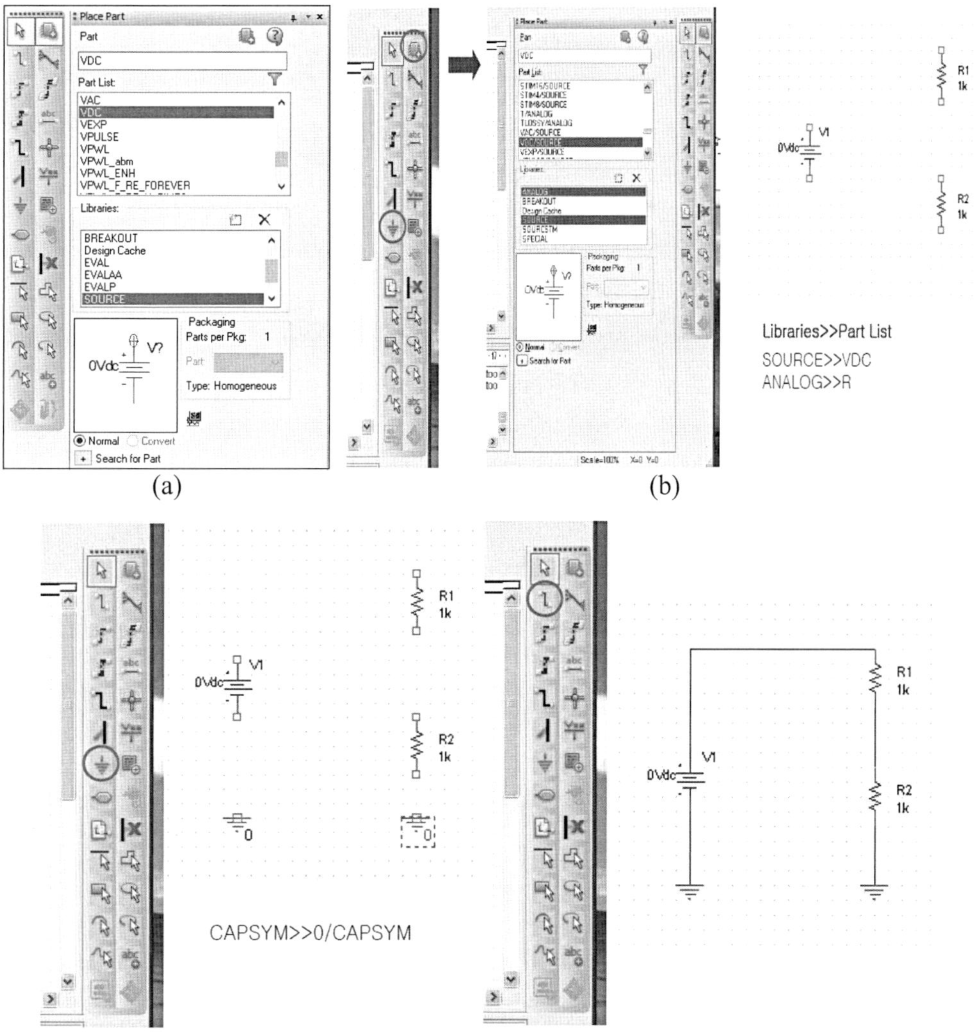

[그림 1.6] 프로젝트 실행 1단계

⑩ 파트의 이름 부분(0Vdd)에 마우스 왼쪽 버튼 더블 클릭 → Display Properties 창의 [Value:] 란을 0Vdc를 5Vdc(또는 원하는 전압)로 직접 기입 → [OK] 버튼 클릭

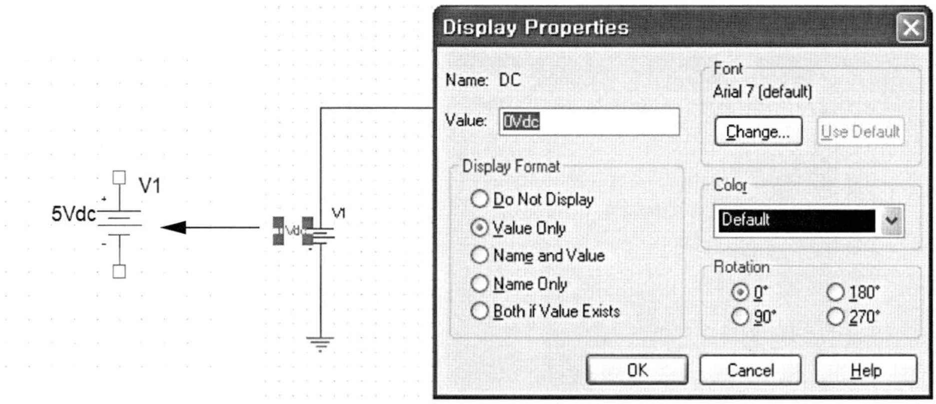

(a) (b)

[그림 1.7] 프로젝트 실행 2단계

⑪ 파트들은 모두 연결한 후 → 전압(Voltage/Level Marker) 클릭 → 마커를 측정하고자 하는 위치(회로 선)에 대고 클릭 → 저장

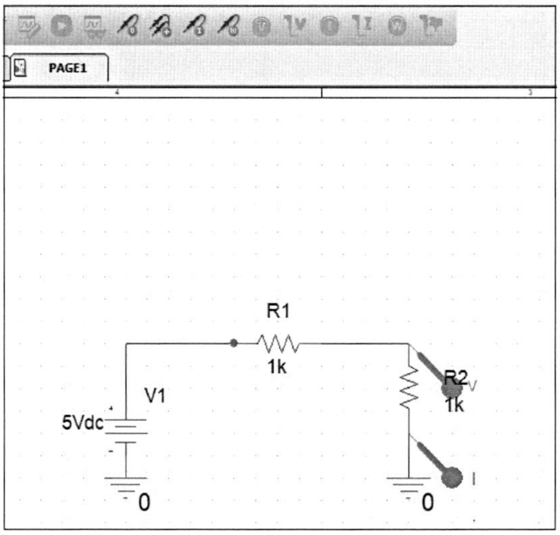

[그림 1.8] 프로젝트 실행 3단계

⑫ 시뮬레이션 프로파일(Profile) 추가 → 전압 측정은 전압 마커 삽입으로 [그림 9(a)]와 같이 측정되며, 전류는 [그림 9(b)] 상단 실선 박스를 클릭하면 회로에 그 결과 값이 나타남

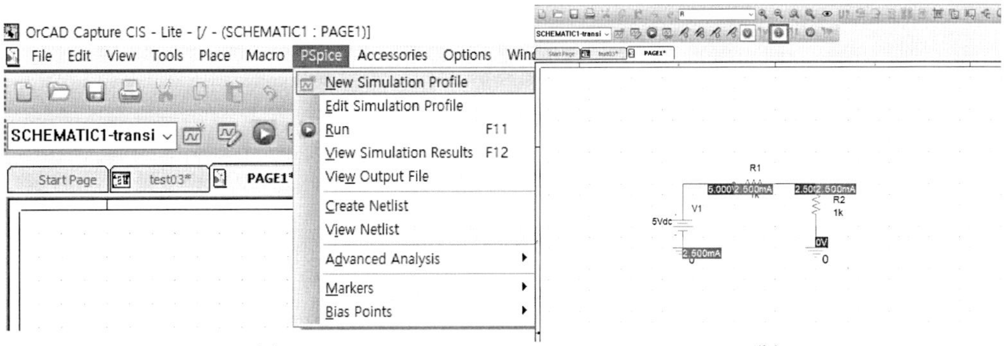

(a) (b)

[그림 1.9] 프로젝트 실행 4단계

⑬ 과도 응답(transient response)을 시뮬레이션 하기 위한 절차

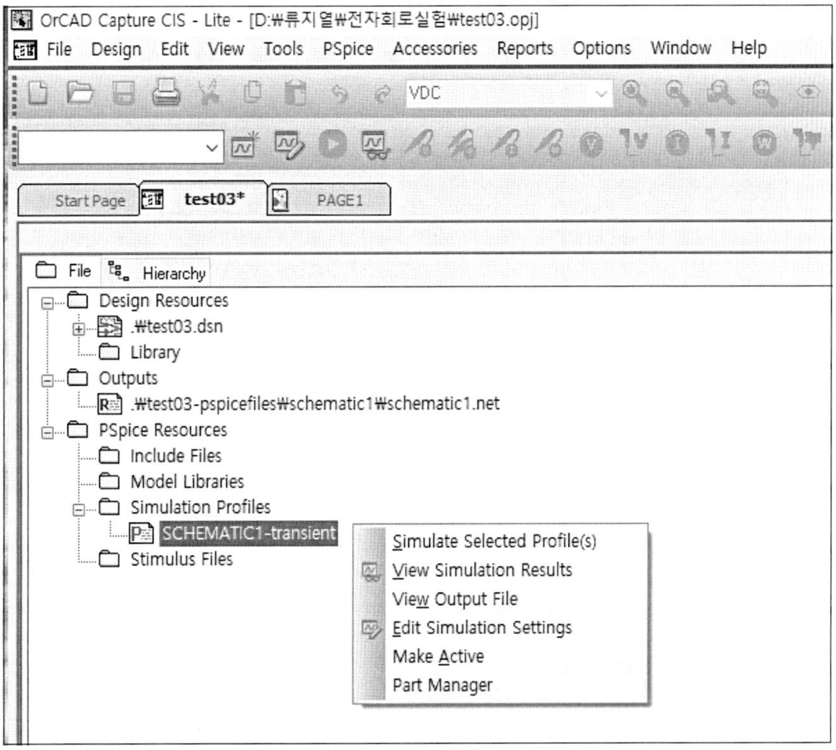

[그림 1.10] 프로젝트 실행 5단계

[Libraries: SOURCE] → [Part : VSIN] 더블 클릭 → [그림 1.11(a)]와 같이 VSIN 값을 입력([그림 1.7] 참조) → [그림 1.11(b)]와 같이 전압 마커 삽입

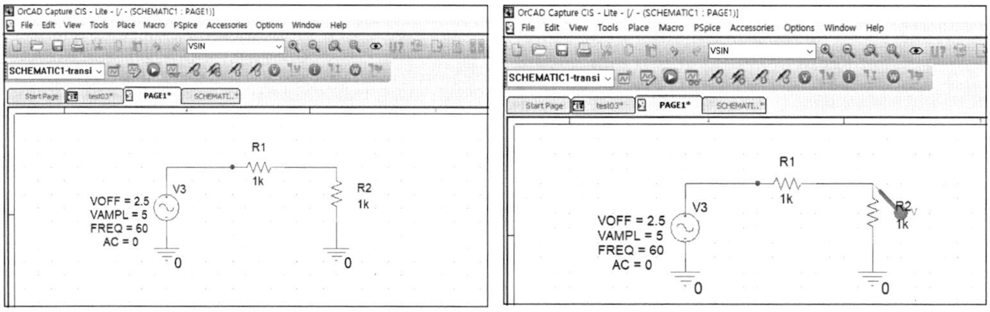

(a) (b)

[그림 1.11] 프로젝트 실행 6단계

⑭ PSpice 탭 → Run (F11) 또는 버튼 클릭 → 시뮬레이션 결과 확인

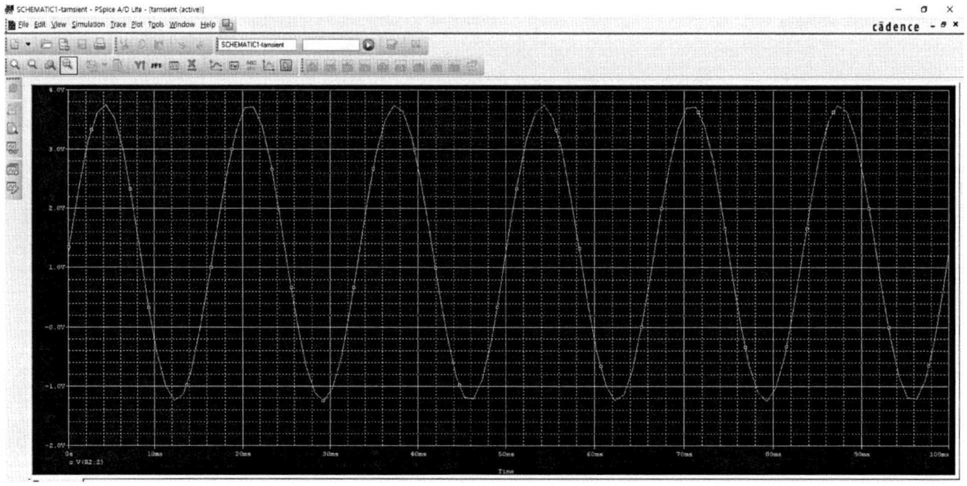

[그림 1.12] 시뮬레이션 결과 확인

(참고) Plot 추가 기능을 활용하여 시뮬레이션 파형을 추가해 보는 추가 옵션을 활용해 본다.

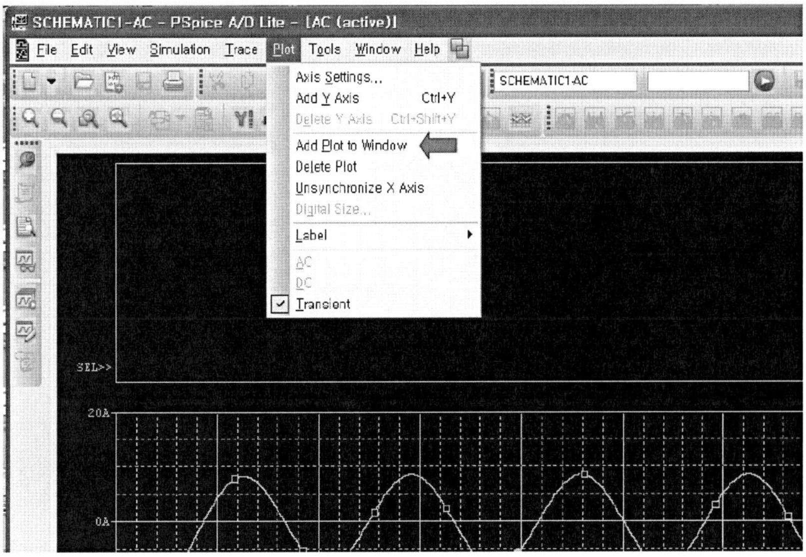

[그림 1.13] Plot 추가 기능을 활용

2.3. 실습 환경

2.3.1. PSpice 시뮬레이션 활용

전자회로 실험에서 사용하는 다양한 실험 회로들은 수식을 통한 계산으로 결과를 도출하기 어려울 뿐만 아니라 실험 회로에 대한 사전 도출 결과 없이 회로를 구성하여 그대로 실험을 진행하게 되면 잘못된 결과를 얻게 되기가 쉽다. 실험 후에 다시 고치기 어려워져 결국에는 시간과 비용을 낭비하게 되기 때문에, 전자회로 실험에서는 낭비되는 시간과 비용을 줄이고 정확한 실험을 진행할 수 있도록 사전에 실험 회로에 대한 시뮬레이션(모의실험)이 꼭 필요하다.

실험에 사용되는 상용 소자들의 정보가 미리 입력되어 있는 PSpice와 같은 CAD 툴을 활용하여 모의실험을 진행하면 실험 회로들을 직접 기판에 제작하여 측정하지 않아도 미리 실험 결과를 예측할 수 있다. 회로 실험을 진행하기 전에 모의실험을 진행하여 실험에 대한 전반적인 이해와 결과를 미리 확인해 봄으로써 실제 실험 시 시행착오를 줄일 수 있으므로 실험에 소요되는 시간과 비용을 줄이고, 보다 정확한 결과를 얻어 낼 수 있다.

2.3.2. 실험 환경 권장 사항 및 제약 조건

- 실험실 내 충분한 환기가 가능하도록 구성해야 하며, 사용하는 장비들 및 실험 자리가 충분히 절연되도록 하여 정전기 발생 위험을 줄인다.
- 실험을 진행하는 조교 및 실험하는 학생들을 대상으로 안전교육을 실시한다.
- **오실로스코프(Oscilloscope)** : 50MHz까지 측정 가능
- **함수 발생기(Function Generator)** : 10MHz 이상의 정현파, 구형파 공급 가능
- **직류 전원 공급기(DC Power Supply)** : 50V 이상의 전압/5A 이상의 전류까지 공급 가능
- **디지털 멀티미터(Digital Multimeter)** : 전압, 전류, 저항 측정 가능
- **스펙트럼 분석기(Spectrum Analyzer)** : 4.5GHz까지 측정 가능

2.3.3. 주요 사용 장비

오실로스코프, 함수 발생기, 직류 전원 공급기, 디지털 멀티미터, 스펙트럼 분석기

2.4. 실험 장비 사용법

2.4.1. 오실로스코프

오실로스코프는 기본적으로 네 가지 시스템, 즉 수직 시스템, 수평 시스템, 트리거 시스템 및 디스플레이 시스템으로 구성된다. 특정 측정 문제를 다루거나 기사 실기 시험에 대응하는 데 오실로스코프를 효율적으로 적용할 수 있도록 충분한 사용법 숙지가 필요하다.

여기서는 아날로그 및 디지털 오실로스코프에서 접할 수 있는 기본적인 시스템과 컨트롤에 대해 간략히 설명한다.

오실로스코프 전면부는 Vertical(수직), Horizontal(수평) 및 Trigger(트리거)로 표시된 세 가지 주요 섹션으로 분할되어 있다. 오실로스코프를 사용할 때는 입력 신호에 적합하도록 다음과 같은 세 가지 기본 설정을 조정해야 한다.

- 신호 감쇠 또는 증폭(가로축) : 볼트 영역 컨트롤을 사용하여 신호의 진폭을 원하는 측정 범위로 조정한다.
- 시간 축(수평축) : 초 영역 컨트롤을 사용하여 화면 전체에서 수평으로 표시되는 영역별 시간의 양을 설정한다.
- 오실로스코프 트리거링 : 트리거 레벨을 사용하여 반복 신호를 안정화하거나 단일 이벤트에 대해 트리거링하도록 설정한다.

(1) 수직 시스템 및 컨트롤

수직 컨트롤은 파형의 수직 방향 위치와 스케일(scale)을 조정하는 데 사용한다. 수직 컨트롤은 또한 나중에 설명할 입력 커플링 설정 및 기타 다른 신호 조정에도 사용한다.

위치 및 볼트 영역

볼트 영역 설정(일반적으로 [volts/div]로 표기)은 화면의 파형 크기를 변경하며. 스케일 단위로 조정된다. 볼트 영역 설정이 2V라면 8개의 수직 영역이 각각 2V이며, 전체 화면은 8개의 주요 영역을 눈금으로 나타내어 맨 아래에서 맨 위까지 총 16V가 표시된다. 즉, 설정이 0.2V/div라면 화면은 총 1.6V가 표시되는 식이다. 화면에 표시할 수 있는 최대 전압은 볼트 영역 설정에 수직 영역의 수를 곱한 수치이다. 사용자의 프로브(1X 또는 10X)도 스케일에 영향을 준다는 점에 유의해야 한다. 오실로스코프에서 자동으로 처리되지 않는다면 볼트 영역 스케일을 프로브의 감쇠 계수로 나누어야 한다.

일부 볼트 영역 스케일에는 표시된 신호를 특정 영역의 수로 조정할 수 있는 가변 이득 또는 정밀 이득 컨트롤이 있는 경우가 있다. 이 기능을 사용하면 상승시간 측정에 도움이 된다.

입력 커플링

커플링이란 전기신호를 한 회로에서 다른 회로로 연결하는데 사용되는 방법을 의미하는 용어이다. 즉, 입력 커플링은 테스트 회로와 오실로스코프 간의 연결을 의미한다. 커플링은 AC, DC 또는 접지로 설정할 수 있다. AC 커플링은 신호에 포함된 DC 컴포넌트를 차단함으로써 파형이 0V 주변에 형성되도록 만들고, DC 커플링은 입력신호를 모두 나타낸다.

AC 커플링 설정은 전체 신호(교류 + 직류)가 볼트 영역 설정에 비해 아주 클 경우 유용하다.

접지 설정은 수직 시스템에서 입력신호를 차단함으로써 화면에서 0V의 위치를 찾을 수 있도록 해준다. 접지 입력 커플링과 자동 트리거 모드를 사용하면 화면에서 0V를 나타내는 수평선을 볼 수 있다. DC에서 접지로 전환했다가 다시 DC로 전환하는 방법을 사용하면 신호 전압 레벨을 접지와 비교하여 용이하게 측정할 수 있다.

대역폭 제한

대부분의 오실로스코프에는 오실로스코프의 대역폭을 제한하는 회로가 있다. 대역폭을 제한함으로써 표시된 파형에 포함된 잡음을 줄여 더 깨끗한 신호가 표시되도록 할 수 있고, 고주파 신호 성분도 줄이거나 제거할 수 있다.

(2) 수평 시스템 및 컨트롤

수평 시스템은 입력신호의 획득과 가장 밀접한 관련이 있으며, 샘플링 속도와 레코딩 길이를 고려해야 한다. 수평 컨트롤은 파형의 수평 방향 위치와 스케일을 조정하는 데 사용한다.

획득 컨트롤

디지털 오실로스코프는 획득 시스템에서 신호를 처리하는 방법을 제어할 수 있는 설정을 제공한다.

획득 모드

이러한 모드는 샘플 포인트에서 파형 포인트를 생성하는 방법을 제어한다. 샘플 포인트는 아날로그-디지털 변환기에서 직접 산출하는 디지털 값이다. 샘플 간격이란 샘플 포인트 간의 시간을 의미한다. 파형 포인트는 디지털 값으로 메모리에 저장되며, 파형을 구성하도록 표시된다. 파형 포인트 간의 시간 값 차이를 파형 구간이라고 한다. 파형 구간과 샘플 간격은 같을 수도 있고, 같지 않을 수도 있다. 한 개의 파형 포인트가 순차적으로 획득된 여러 샘플 포인트로 구성되어 있는 다양한 획득 모드가 존재하게 된다.

위치 및 초 영역

수평 위치 컨트롤을 사용하면 파형을 좌우로 이동하여 화면에서 정확히 원하는 위치로 조정이 가능하다. 초 영역 설정(일반적으로 [sec/div]로 표시, 시간 축 설정)을 통해 파형이 화면에 표시되는 속도(스위프(sweep) 속도)를 선택할 수 있다. 이 설정은 [스케일] 단위로 조정되는데, 설정이 1ms라면 각 수평 영역은 1ms이고, 전체 화면 폭은 10ms 또는 10영역이 된다. 초 영역 설정을 변경하여 입력신호를 더 길거나 더 짧은 간격으로 볼 수 있다. 수직 볼트 영역 스케일과 같이 수평 초 영역 스케일에도 가변 타이밍을 적용하여 개별 설정이 가능하다.

시간 축 선택 위치

오실로스코프에는 일반적으로 주 시간 축과 지연 시간 축(주 시간 축 스위프에서 사전 정의된 시간에 비례하여 시작하거나 시작하도록 트리거링될 수 있는 스위프를 가진 시간 축)이 있다. 지연 시간 축을 사용하면 이벤트를 더 분명하게 볼 수 있으며, 주 시간 축 스위프만으로는 보이지 않는 이벤트 확인도 가능하다.

줌(Zoom)

화면의 파형을 부분적으로 확대(zoom in)하여 표현할 수 있는 수평 확대 설정이 지원된다. 노브를 사용하여 줌 배율 또는 스케일을 조정하고, 파형에서 줌 상자를 패닝한다.

XY 모드

대부분의 오실로스코프에 수평축에 시간 축이 아니라 입력신호를 표시할 수 있는 XY 모드가 있다.

(3) 트리거 시스템 및 컨트롤

트리거 기능은 신호의 정확한 포인트에서 수평 스위프와 동기화되며, 이는 명확한 특성화에 반드시 필요하다. 트리거는 오실로스코프의 디스플레이에 입력신호의 동일한 부분을 반복적으로 표시함으로써 반복적인 파형이 정지된 것처럼 보이도록 만든다. 트리거 컨트롤을 사용하면 반복적인 파형을 안정화하고, 일회성 파형을 캡처할 수 있다.

임계값 트리거링 기능과 더불어 에지(edge) 트리거링은 가장 흔하고 기본적인 유형이다. 트리거 레벨 및 기울기 컨트롤은 기본적인 트리거 포인트 정의 기능을 제공하며, 파형의 디스플레이 방식을 결정한다. 트리거 회로는 비교기와 같은 역할을 한다. 사용자가 비교기의 단일 입력에 대해 기울기와 전압 레벨을 설정한다. 다른 비교기 입력의 트리거 신호가 사용자 설정과 일치할 경우 오실로스코프에서 트리거를 생성한다.

획득 컨트롤

디지털 오실로스코프는 획득 시스템에서 신호를 처리하는 방법을 제어할 수 있는 설정을 제공한다.

- 기울기 컨트롤은 트리거 포인트가 신호의 상승 에지(+ 기울기) 또는 하강 에지(– 기울기) 중 어느 위치에 있는지 결정한다.
- 레벨 컨트롤은 에지의 어느 위치에서 트리거 포인트가 발생하는지 판단한다.

트리거 모드에서는 신호 조건을 기준으로 오실로스코프에서 파형을 나타낼 것인지 판단하는데, 일반적으로 일반모드와 자동모드가 있다.

일반모드에서 오실로스코프는 설정한 트리거 포인트에 입력신호가 도달한 경우에만 스위프하며, 그 외의 경우에는 아날로그 오실로스코프 화면은 공백으로, 디지털 오실로스코프는 최근 확득한 파형으로 고정된다.

자동모드에서 오실로스코프는 트리거가 없더라도 스위프를 실행한다. 신호가 존재하지 않을 경우 오실로스코프 내의 타이머가 스위프를 트리거링한다. 따라서 신호가 트리거를 발생시키지 않더라도 디스플레이가 사라지지 않는다.

2.4.2. 함수 발생기

함수 발생기의 전면 패널은 사용하기 쉬운 영역으로 구분되어 있다. 즉, 일반적으로 전원 On/Off 스위치, USB 버튼, 보기 버튼, 상위 메뉴 버튼, 베젤 메뉴 버튼, 기능 버튼, 바로 가기 버튼, 메뉴 버튼, 숫자 키패드, Ch1 및 Ch2 출력 커넥터, 트리거 입력/출력 커넥터 등으로 구성되어 있다.

(1) 사인 파형을 생성하는 방법

① 전원 코드를 연결한 다음 전면 패널 전원 On/Off 스위치를 눌러 임의/함수 발생기를 켠다.

② 임의/함수 발생기의 Ch1 출력에서 오실로스코프 입력 커넥터로 BNC 케이블을 연결한다.

③ 전면 패널 사인 버튼과 연속 버튼을 차례로 눌러 파형을 선택한다.

④ 전면 패널 Ch1 출력 On 버튼을 눌러 출력을 활성화한다.

⑤ 오실로스코프 자동 스케일 기능을 사용하여 화면에 사인 파형을 표시한다. 장비가 기본 사인 파형을 출력하면 볼트 영역과 시간 축을 수동으로 설정할 수 있다.

⑥ 주파수를 변경하려면 전면 패널 Frequency/Period(주파수/주기) 바로 가기 버튼을 누른다.

⑦ 주파수/주기/위상 메뉴가 표시되고 주파수가 선택된다. 주파수 값을 변경할 수 있다.

⑧ 주파수 값을 변경하려면 키패드와 단위 베젤 버튼을 사용한다. 키패드를 사용하여 '5'라는 값을 입력하면 베젤 메뉴가 자동으로 단위로 변경된다. 주파수 값을 입력한 다음 단위 베젤 버튼 또는 전면 패널 입력 버튼을 눌러 입력을 완료한다. 위상 및 오프셋 값도 같은 방법으로 변경이 가능하다.

⑨ 범용 노브 및 화살표 키를 사용하여 주파수 값을 변경할 수도 있다. 값을 높이려면 노브를 시계 방향으로 돌리고, 특정 디지트를 변경하려면 화살표 키를 눌러 해당 디지트를 선택한다. 그런 다음 노브를 돌려 디지트를 변경한다.

2.4.3. 스펙트럼 분석기(Spectrum Analyzer)

스펙트럼 분석기는 입력신호의 스펙트럼을 측정하는 장비로써 간단한 신호의 시각화, 무선 기술의 IoT 설계에 통합, 구성 요소의 성능 특성 평가, 배출 적합성 테스트 준비, 복잡한 변조 신호의 처리 등에 활용한다. 장비를 사용하기 전에 몇 가지 용어나 단위를 학습한다.

- dB를 사용하는 이유?
  - 주파수를 가지는 신호의 성질은 자연상태에서의 측정값(전압/전류)에 비례하는 것이 아니라, 그 dB 스케일에 정량적으로 비례하는 특성을 가짐
  - 큰 수치를 간략하게 표현
  - 실제 수치의 곱의 표현을 합으로 나타냄
- dBm 이란?
  - 1mW 전력을 기준으로 한 전력 측정값
  - $dBm = 10\log\left(\frac{P}{1mW}\right)$
  - 전력 2배 증가 시 3dB 증가
- dBc: 캐리어를 기준으로 한 dB 레벨
  - 스퓨리어스 레벨의 기준 단위
  - 위상 잡음의 기준 단위(1Hz 대역폭)

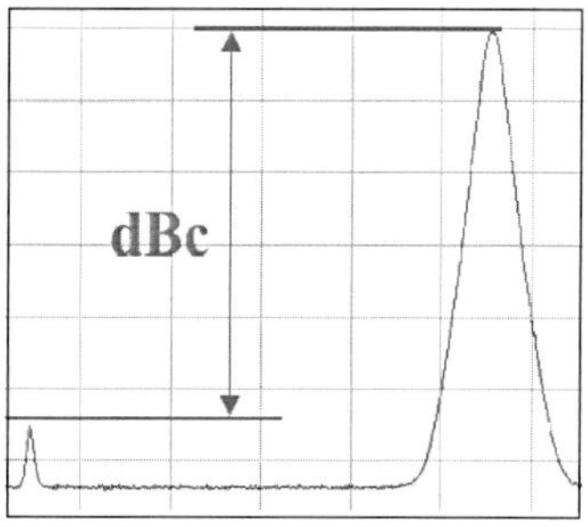

- dBμV: 1μV를 기준으로 한 로그 전압값
  - 50Ω system: $P = U^2/R$, $U[dB\mu V] = 20\log(\sqrt{RP} \times 10^6)$
  - 예 : 0dBm → 107dBμV

번호	설명
①	일반 기기 기능(예: 모드 변경, 측정 설정, 기본 설정, 도움말)
②	Preset(장비를 기본 상태로 재설정)
③	측정 관리 설정(예: 주파수, 레벨), Marker 기능
④	장비 설정 저장 및 로드 기능과 저장된 파일 관리 기능
⑤	Key Lock, Touch Lock 등
⑥	숫자 키보드, 단위 및 데이터 입력 키
⑦	로타리 노브
⑧	화살표 키
⑨	터치스크린; 측정 결과 표시 영역
⑩	ON/OFF 스위치
⑪	외부 기기(예: 키보드, 마우스)용 USB 커넥터
⑫	파워 센서(선택 기능), 프로브 전력 커넥터 - 측정 부속품용 공급 전압 등
⑬	RF 입력

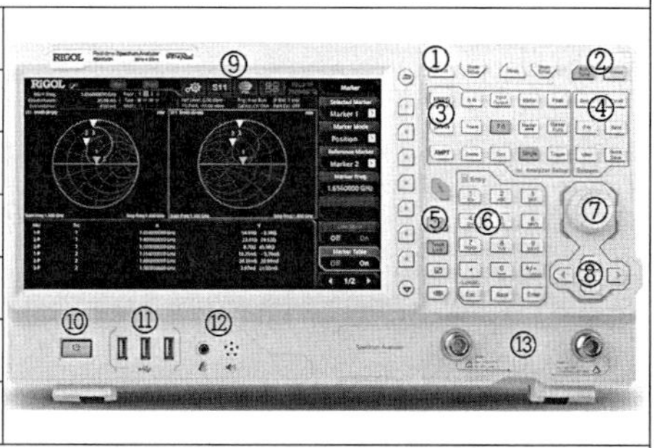

- 주요 용도
  - 각 신호(RF 신호)의 주파수, 레벨, 대역폭 측정
  - 주어진 대역폭에서의 전력 측정
  - 왜곡(상호변조, 고조파), 선형성, 불요방사 신호 측정
  - RF(고주파) 신호의 스펙트럴 퓨리티 측정
  - 변조 분석(아날로그 및 디지털)
  - 채널 전력과 인접채널 전력 측정
  - Noise figure(잡음지수), 잡음전력, 신호대 잡음비(SNR) 측정
  - AM 변조도 및 FM 편이 측정
  - 스칼라 네트워크

- 정현 신호 측정하기

신호 분석기를 이용해 처리할 수 있는 가장 일반적인 측정 작업 중 하나는 신호의 레벨과 주파수를 측정하는 것이다. 알 수 없는 신호를 측정할 때는 보통 사전 설정(presetting)으로 시작한다. 높은 입력값 레벨이 +30dBm(=1W)보다 높을 것으로 예상되거나 그럴 가능성이 있는 경우에는 분석기의 RF 입력 앞에 전력 감쇠기(attenuator)를 삽입해야 한다. 감쇠기를 삽입하지 않으면 30dBm을 초과하는 신호 레벨이 RF 감쇠기 또는 입력 믹서를 손상시킬 수 있다. 발생하는 모든 신호의 총 전력을 고려해야 한다.

마커(marker)를 이용하여 레벨 및 주파수 측정하기

① PRESET 키를 눌러 장비 재설정

② 측정된 신호를 장비 전면 패널의 RF input 분석기 입력에 연결

③ 중심 주파수를 원하는 주파수로 설정 : FREQ 키를 누름(중심 주파수에 대한 대화 상자가 표시됨) → 대화 상자에서 숫자 키패드를 이용하여 원하는 주파수 값을 입력하고 원하는 중심 주파수 단위(예를 들면, MHz) 키로 입력 확인

④ Span을 1MHz로 줄임 : SPAN 키를 누름 → 대화 상자에서 숫자 키패드를 이용해 1을 입력하고 MHZ 키를 눌러 입력 확인

※ 메모 : Coupled Settings - 주파수 영역이 정의되면 RBW, VBW 및 Sweep Time은 사전 설정에서 Coupled Function으로 지정되었기 때문에 자동으로 조절됨

⑤ MKR 키를 눌러 Marker를 이용해 레벨과 주파수 측정

- Marker가 활성화되고 Trace(트레이스)에서 최대 전력에 자동으로 설정됨
- Marker에 의해 측정되는 레벨 값과 주파수 값이 화면 상단 끝의 Marker에 표시됨 → 이 값을 측정 결과로 사용(예를 들면 M1 : -30dBm @120MHz)

2.4.4. 디지털 멀티미터

멀티미터는 회로나 부품에 대해 전압, 전류, 저항 등을 측정하는 계측장비이다. 아날로그 방식과 디지털 방식이 있으나, 부하 효과(loading effect)로 인해 아날로그 방식은 거의 사용되지 않고 일반적으로 디지털 멀티미터(digital multimeter, DMM), 디지털 볼트 미터(digital volt meter, DVM) 등으로 불리는 계측기를 사용한다. 멀티미터에 연결되어 있는 빨간색과 검정색 프로브(테스트 프로브)는 측정 시 (±)극의 혼동을 피하기 위하여 반드시 (+)와 (-) 단자에 연결해야만 한다. 멀티미터 기능 버튼 중 노란색이나 청색으로 표시되어 있는 것은 그 버튼을 누르면 활성화할 수 있는 기능이다.

- 측정 가능한 항목들
  - 측정하는 위치의 신호의 직류/교류 전압값
  - 측정하는 위치의 신호의 직류/교류 전류값
  - 저항값
  - 커패시턴스값
  - 다이오드 및 도통 검사

(1) 전압측정방법

교류 또는 직류 전압 측정 모드를 선택한 후 측정한다. 교류 전압을 측정할 경우에는 측정 모드를 (~V)에 놓고 측정한다. 이때는 극성(+, -)은 별도로 구별할 필요가 없다.

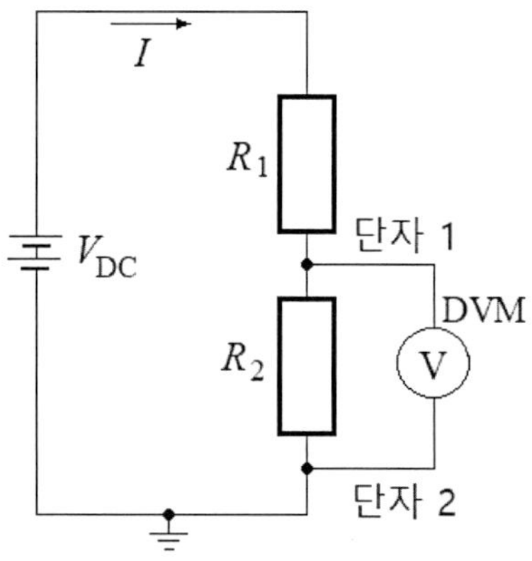

① 측정 전압의 대략적인 값을 추산하여 전압 측정 범위 설정(최대 예상 전압보다 더 높은 값으로 설정)
② 옆 그림과 같이 검은색 프로브는 검은색 단자(com, 단자 2)에 꼽고, 빨간색 프로브는 V-Ω로 표시되어 있는 빨간색 단자(단자 1, 즉 DC 전압의 경우, +로 예상되는 곳에 단자 1을 연결)에 연결
③ 화면에 나오는 값을 측정

(2) 전류측정방법

전류를 측정하기 위해서는 검은색 프로브를 검은색 단자에 꼽고, 빨간색 프로브는 전류 측정 단자에 연결한다. 전류의 크기에 따라 ~mA, ~μA, ~A 단자에 적절하게 연결하면 된다.

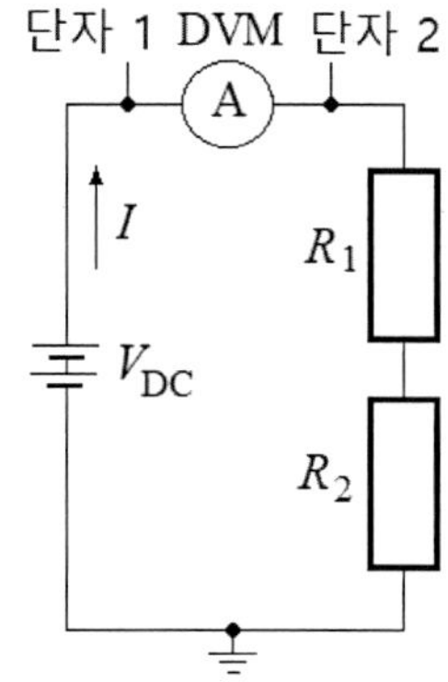

① 측정 전류의 대략적인 값을 추산하여 전류 측정 범위 설정(최대 예상 전류보다 더 높은 값으로 설정)
② 옆 그림과 같이 측정하고자 하는 전류가 흐르는 지점을 끊은 후 검은색 프로브는 검은색 단자(com, 단자 1)에 연결하고, 빨간색 프로브는 빨간색 단자(단자 2, 즉 DC 전류의 경우, 반드시 전압이 높은 곳에 단자 2를 연결)에 연결
③ 화면에 나오는 값을 측정

※ 참고 : PCB 회로 전체에 인가되는 전류를 측정할 경우 회로의 전원을 차단하고 멀티미터를 연결한다. 측정을 마치고 멀티미터를 분리하기 전에 전원을 차단하고 결선을 제거해야 한다. 특정 부품에 흐르는 전류를 측정하기 위해서는 부품의 한쪽 리드 선을 PCB에서 제거한 다음 측정을 한다. **전류 측정을 위해 부품을 제거하거나 프로브를 연결할 경우에는 반드시 PCB나 회로상의 전원을 차단**한 후 작업을 수행해야 한다.

(3) 저항값 측정방법

저항을 측정하기 위해서는 측정 대상이 되는 **부품이나 회로의 전원이 반드시 OFF 상태**가 되어야 한다. PCB 상에서 부품이나 회로의 저항 값을 측정하려 할 경우 측정 값이 일부 상이할 수 있다. 이는 회로를 구성하는 다른 부품과의 관계 때문에 값의 변화가 있을 수 있다. PCB 상의 저항 부품 리드 선 양단에서 저항을 측정하려고 할 경우 정확한 값을 확인하기 위해서는 부품을 떼어내어 측정을 해야 한다.

① 측정 저항의 대략적인 값을 추산하여 저항 측정 범위 설정(최대 예상 저항보다 더 높은 값으로 설정, 이때 범위가 좁을수록 정밀한 값을 얻을 수 있음)

② 0Ω이 나오는지 확인(아날로그 테스트의 경우, 멀티미터 단자 과 단자 2를 서로 닿게 한 후 영점 조정)

③ 옆 그림과 같이 측정하고자 테스트의 단자 1과 단자 2를 각각 저항의 양단에 연결

④ 화면에 나오는 값을 측정(이때, 단자 1에서는 멀티미터의 내장 전원의 -가 나오고, 단자 2에서는 내장 전원의 +가 나옴에 유의)

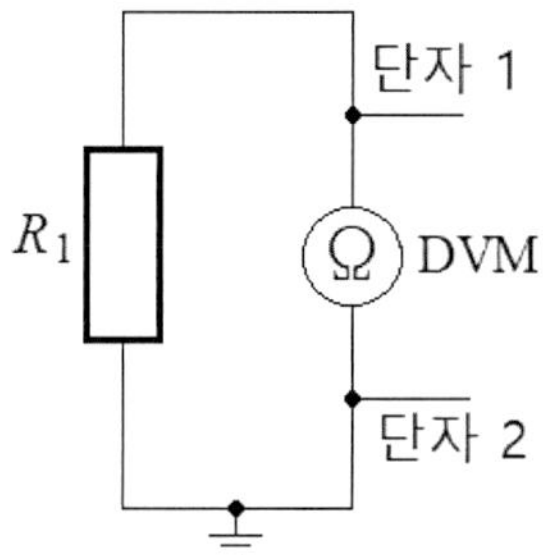

(4) 커패시턴스값 측정방법

커패시터(콘덴서)의 커패시턴스를 측정하기 위해서는 멀티미터의 모드를 커패시터 측정 모드로 선택하고 시험을 수행한다. 최근에는 PCB 크기가 작아지고 사용된 부품도 SMD 타입의 것들이 사용되고 있다. 특히 SMD 타입의 커패시터를 측정하려면 아래 그림과 같이 별도의 핀셋이나 트위저 타입의 프로브가 필요하다. 10pF 값의 커패시터의 경우 일반적인 핸디형 멀티미터로는 정밀도가 높지 못해 측정이 불가능하다. 별도의 LCR 측정 용도의 계측기를 사용해야 한다.

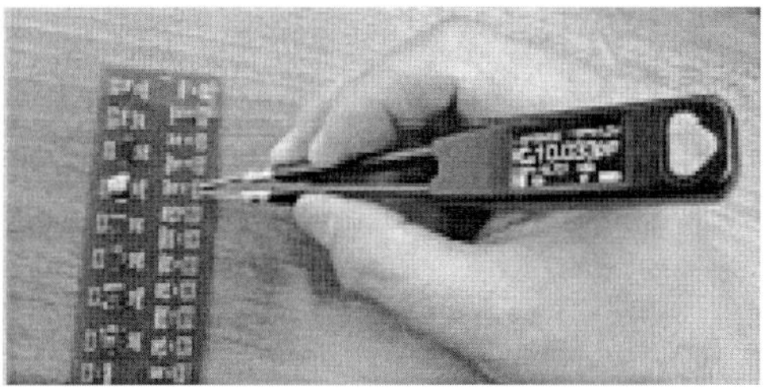

실험 2 트랜지스터 바이어스 회로

1. 실험 목적

- DC 바이어스를 위한 동작점(Q점) 설정에 대해 학습한다.
- 이론을 통해 배웠던 각종 바이어스 회로에 대해 알아보고, 실험을 통해 동작을 확인한다.
- DC 바이어스와 소신호 등가 모델에 대해 학습한다.

2. 기초이론

2.1. 전압분배 바이어스 회로

바이어싱(biasing)은 고정된 전류와 전압을 만들기 위해 직류전압 인가를 포괄하는 항목으로, 트랜지스터 증폭기에서 얻어지는 직류전류와 전압은 인가된 신호의 증폭을 위하여 영역을 정의하는 특성상에 대한 동작점(operating point)을 만든다. 동작점은 특성으로 고정된 점이므로 Q점(quiescent point)라고 부르며, DC 바이어스를 인가해서 동작점을 잡아주는 것이 중요하다. 일반적으로 BJT와 MOSFET을 이용한 증폭기는 비선형 전압-전류 전달 특성을 보이고, 증폭기로 동작시키기 위해서는 적절한 DC 바이어스가 인가되어야 한다. 또한, 동작점 부근에서 소신호를 인가해 최대한 선형적인 특성을 따라갈 수 있도록 해야 한다.

바이어싱은 [그림 2.1(a)] 및 [그림 2.1(b)]와 같이 각각 활성영역과 포화영역 내에 있도록 설계해야 하며, 동작점(Q점)은 소비전력을 줄이고 출력신호의 최대 증폭을 위해 중앙 부근에 위치하도록 설계한다. 이 영역 밖에서 디바이스가 동작을 하는 경우, 디바이스의 수명을 감소시키거나 파괴시킬 수 있다.

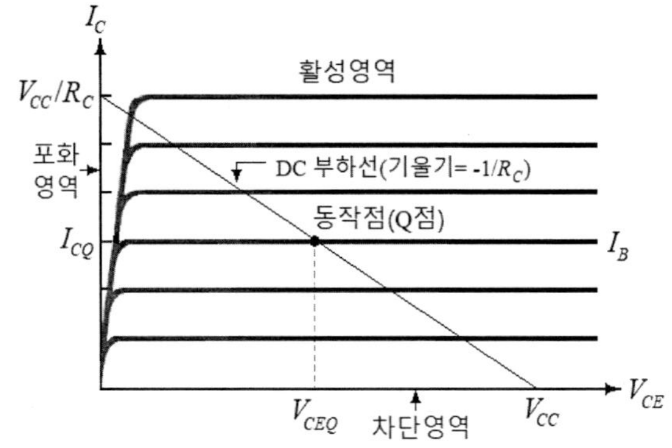

(a) BJT

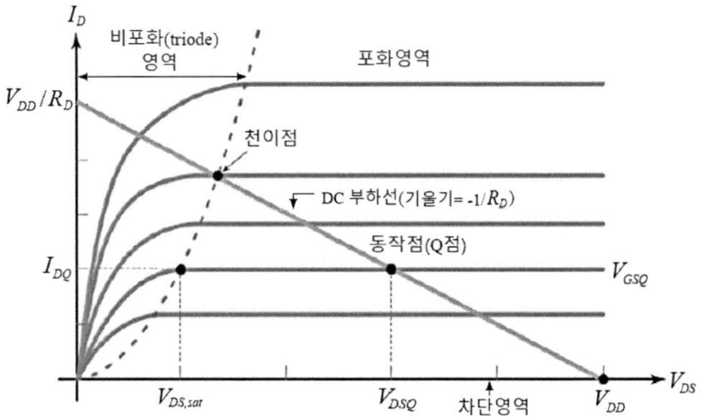

(b) MOSFET

[그림 2.1] 바이어스에 의한 동작점 설정 및 부하선

(1) BJT 바이어스

바이어스 회로에서 바이어스 전류와 전압은 트랜지스터의 전류이득 β에 종속적이므로 이에 무관한 바이어스 회로를 만드는 것이 중요하다. [그림 2.2(a)]는 가장 기본적인 전압분배 바이어스 회로이다. 그러나 이 회로는 저항 R_1 또는 R_2의 변화에 따라서 V_{BE} 전압과 I_C의 변화가 심한 단점이 있다. [그림 2.2(b)]는 이러한 회로의 단점을 보완하기 위해 이미터 저항 R_E를 추가한 전압분배 바이어스 회로이다. [그림 2.2(b)]와 같이 I_{CQ}와 V_{CEQ}의 값이 β에 거의 무관한 바이어스 회로를 설계할 수 있다. I_{BQ}의 값은 β값에 따라 변하지만, I_{CQ}와 V_{CEQ}에 의해 정의되는 특성 곡선에서의 동작점은 회로 파라미터가 적절하게 선택될 경우 변하지 않는다.

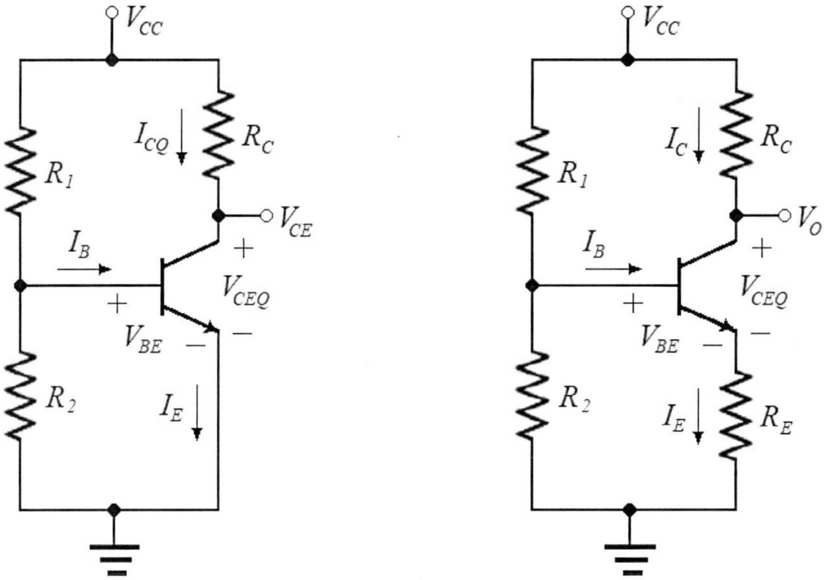

(a) 전압분배 바이어스 회로 (b) 이미터 저항이 있는 회로

[그림 2.2] 전압분배 바이어스 회로

이 회로를 분석하기 위해 [그림 2.3]과 같은 Thevenin 등가회로를 구성하여 식 (2.1) 및 식 (2.2)와 같이 R_{TH}와 V_{TH}를 각각 구할 수 있다.

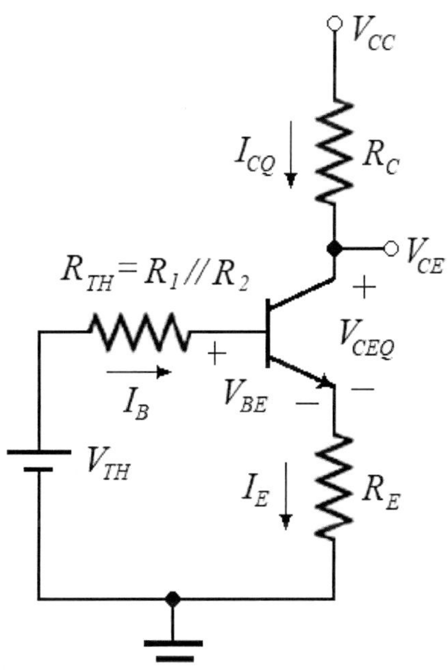

[그림 2.3] [그림 2.2(b)] 회로에 대한 분석을 위한 등가회로

$$R_{TH} = R_1 \mid\mid R_2 \tag{2.1}$$

$$V_{TH} = \frac{R_2}{R_1 + R_2} V_{CC} \tag{2.2}$$

[그림 2.3] 회로에서 베이스-이미터 루프에 Kirchhoff 전압법칙을 적용하면 식 (2.3)을 얻을 수 있고, 이미터 전류 I_E를 구하면 식 (2.4)와 같이 나타낼 수 있다.

$$V_{TH} = I_B R_{TH} + V_{BE} + I_E R_E = \frac{R_{TH}}{\beta_{DC}+1} I_E + V_{BE} + I_E R_E \tag{2.3}$$

$$I_E = \frac{V_{TH} - V_{BE}}{R_E + R_{TH}/(\beta_{DC}+1)} \tag{2.4}$$

여기서 직류 전류 이득 $\beta_{DC} = \frac{I_C}{I_B} = h_{FE}$(data sheet에는 β_{DC}를 h-파라미터인 h_{FE} 표시)이며, 식 (2.4)에서 $V_{TH} \gg V_{BE}$, $R_E \gg R_{TH}/(\beta_{DC}+1)$인 경우를 가정하면 이미터 전류가 온도와 β_{DC}의 변화에 민감하지 않음을 알 수 있다.

(2) 증가형 MOSFET 바이어스

증가형 MOSFET에서는 게이트-소스 전압 V_{GS}가 항상 문턱전압보다 커야 드레인 전류가 흐를 수 있기 때문에, 영 전압(0V) 바이어스를 사용할 수 없으며, 전압분배 바이어스 또는 자기 바이어스(self-bias)가 사용된다.

[그림 2.4(a)]는 전압분배 바이어스 회로를 나타낸 것이다. 저항 R_1, R_2에 의해 전원 전압 V_{DD}가 전압분배 되어 MOSFET의 동작점이 설정된다. MOSFET의 게이트 전류는 0이므로, 게이트-소스 동작점 전압 V_{GSQ}는 전압분배에 의해서 식 (2.5)와 같이 표현할 수 있다.

$$V_{GSQ} = \frac{R_2}{R_1 + R_2} V_{DD} \tag{2.5}$$

식 (2.5)에 의한 게이트 단자 DC 전압은 MOSFET의 문턱전압 V_{Th}보다 커야 하며(즉, $V_{GSQ} \geq V_{Th}$), MOSFET이 포화영역에서 동작하도록 바이어스가 설정되어야 한다. MOSFET이 포화영역에 동작한다고 가정하면, 드레인 바이어스 전류는 식 (2.6)과 같이 표현된다.

$$I_{DQ} = \frac{1}{2}K_n(V_{GSQ} - V_{Th})^2 \tag{2.6}$$

또한, 드레인-소스 동작점 전압 V_{DSQ}는 식 (2.7)과 같이 표현된다.

$$V_{DSQ} = V_{DD} - I_{DQ}R_D \tag{2.7}$$

동작점이 포화영역에 설정되기 위해서는 $V_{DSQ} \geq V_{GSQ} - V_{Th} = V_{DS,sat}$가 만족되어야 한다. [그림 4(a)]의 회로에서 MOSFET가 포화영역에 있기 위한 게이트 전압의 최댓값을 구한다. 포화영역과 비포화영역의 경계, 즉 채널 핀치-오프가 발생하는 점에서 V_{DS}는 식 (2.8)로 표현되고, 식 (2.8)에 포화영역의 드레인 전류 I_D를 대입하면 식 (2.9)와 같다.

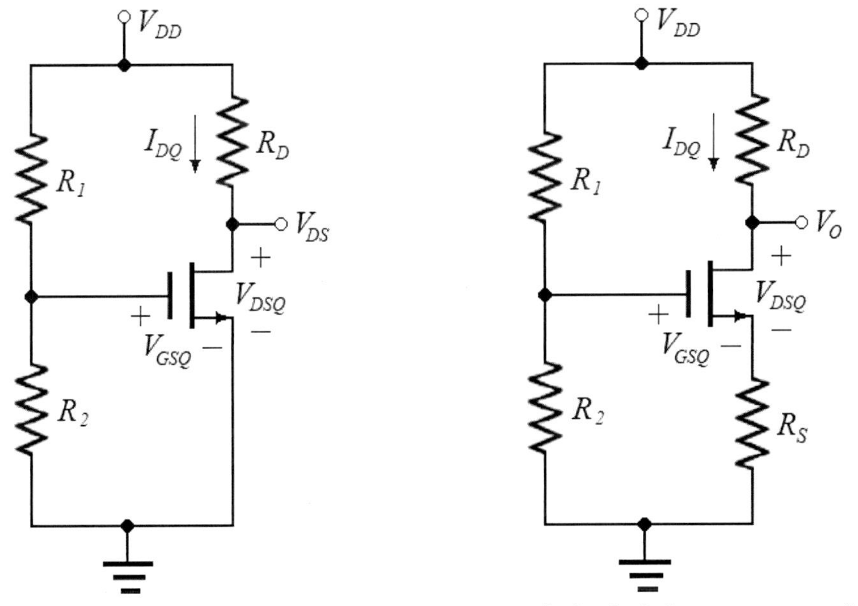

(a) 전압분배 바이어스 회로 (b) 자기 바이어스(self-bias) 회로

[그림 2.4] 증가형 n 채널 MOSFET의 바이어스 회로

$$V_{GS} - V_{Th} = V_{DS,sat} = V_{DD} - I_D R_D \tag{2.8}$$

$$V_{GS} - V_{Th} = V_{DD} - \frac{1}{2} K_n (V_{GS} - V_{Th})^2 R_D \tag{2.9}$$

n 채널 MOSFET에 대해 $V_{GS} - V_{Th} > 0$이 되어야 함을 고려하여 식 (2.9)를 $(V_{GS} - V_{Th})$에 대해서 풀면 식 (2.10)을 얻을 수 있다.

$$V_{GS} - V_{Th} = \frac{-1 + \sqrt{1 + 2K_n R_D V_{DD}}}{K_n R_D} \tag{2.10}$$

[그림 4(a)] 회로의 바이어스 안정도를 개선하기 위해서 [그림 4(b)]와 같은 소스에 저항 R_S가 추가된 자기 바이어스 방법을 사용한다. MOSFET의 게이트 전류는 0이므로, 게이트 동작점 전압 V_{GQ}는 전압분배에 의해서 식 (2.11)과 같이 표현할 수 있다.

$$V_{GQ} = \frac{R_2}{R_1 + R_2} V_{DD} \tag{2.11}$$

식 (2.11)의 게이트 전압은 $V_{GSQ} \geq V_{Th}$가 되어 MOSFET가 도통상태가 되도록 충분히 커야 하며, MOSFET가 포화영역에서 동작하도록 바이어스를 설정해야 한다. 게이트 전압 V_{GQ}에 의해 드레인 전류 I_{DQ}가 흐른다면, 드레인 전압 V_{DQ}와 소스 전압 V_{SQ}는 각각 (2.12)와 (2.13)과 같다.

$$V_{DQ} = V_{DD} - I_{DQ} R_D \tag{2.12}$$

$$V_{SQ} = I_{DQ} R_S \tag{2.13}$$

따라서 드레인-소스 동작점 전압 V_{DSQ}는 식 (2.14)와 같이 표현할 수 있다.

$$V_{DSQ} = V_{DD} - I_{DQ}(R_D + R_S) \tag{2.14}$$

동작점이 포화영역에 설정되기 위해서는 $V_{DSQ} \geq V_{GSQ} - V_{Th} = V_{DS,sat}$가 만족되어야 한다.

2.2. 소신호 등가 모델

(1) BJT 소신호 등가회로

[그림 2.5]는 npn BJT의 소신호 등가회로를 나타낸 것이다. [그림 2.5]에서 표현된 소신호 컬렉터 전류 i_c는 식 (2.15)와 같이 표현할 수 있다.

$$i_c = g_m v_{be} \tag{2.15}$$

식 (2.15)에서 g_m을 전달컨덕턴스(tarns-conductance)라고 한다. 또한 r_e'과 교류 전류이득은 각각 식 (2.16)과 식 (2.17)로 표현할 수 있다.

$$r_e' = \frac{1}{g_m} = \frac{25mV}{I_E(mA)} \tag{2.16}$$

$$\beta_{ac} = \frac{i_c}{i_b} \tag{2.17}$$

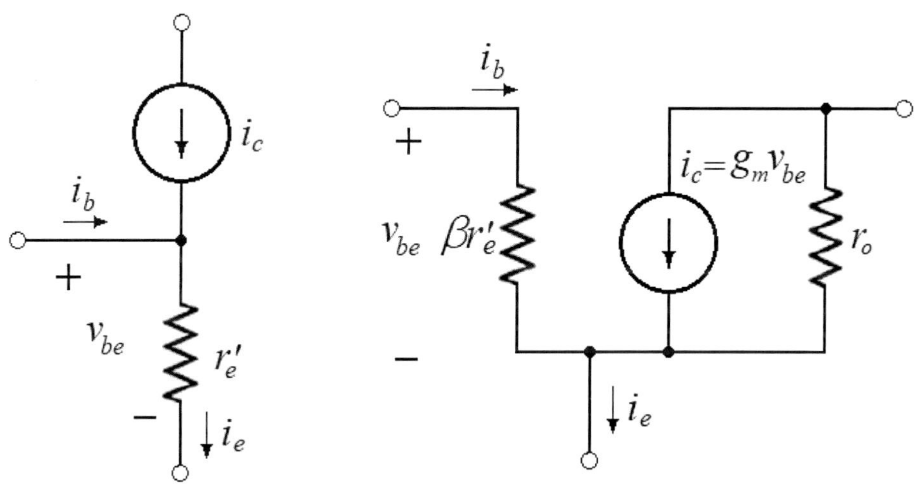

(a) T-모델　　(b) π-모델

[그림 2.5] npn BJT 소신호 등가회로

(2) 증가형 MOSFET 소신호 등가회로

[그림 2.6]은 증가형 n 채널 MOSFET의 소신호 등가회로를 나타낸 것이다. MOSFET은 게이트 전압에 의해 드레인 전류가 제어되는 소자이므로, 게이트-소스 전압의 변화에 대한 드레인 전류 변화의 비를 MOSFET의 전달컨덕턴스로 정의하며, 식 (2.18)과 같이 표현한다.

$$g_m = \frac{di_D}{dv_{GS}} \mid_{Q점} = K_n(V_{GSQ} - V_{Tn}) = \sqrt{2K_n I_{DQ}} = \frac{2I_{DQ}}{V_{GSQ} - V_{Tn}} \tag{2.18}$$

또한, MOSFET의 소신호 드레인 저항 r_o는 식 (2.19)와 같이 표현할 수 있다.

$$r_o \simeq \frac{1}{\lambda I_{DQ}} \tag{2.19}$$

식 (2.19)에서 λ는 채널길이 변조효과 계수라고 한다.

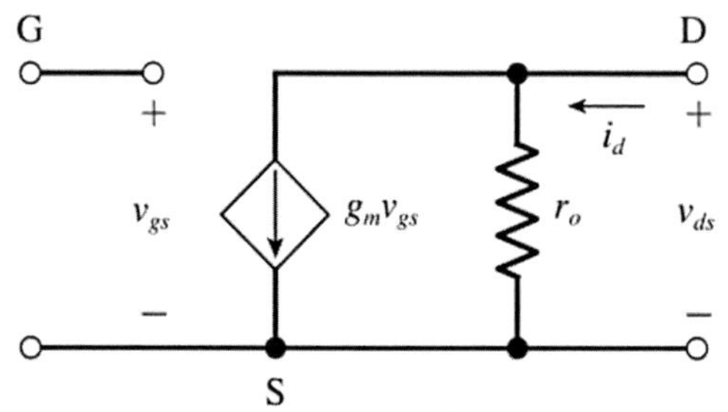

[그림 2.6] 증가형 n 채널 MOSFET 소신호 등가회로

2.3. 궤환 시스템(feedback system)

일상생활에 많이 사용되고 있는 시스템 유형은 [그림 2.7]과 같은 개방 루프 시스템이다. 이러한 시스템의 전압이득(A_v) 또는 전달함수($H(s)$)는 식 (2.20)과 같이 표현할 수 있다.

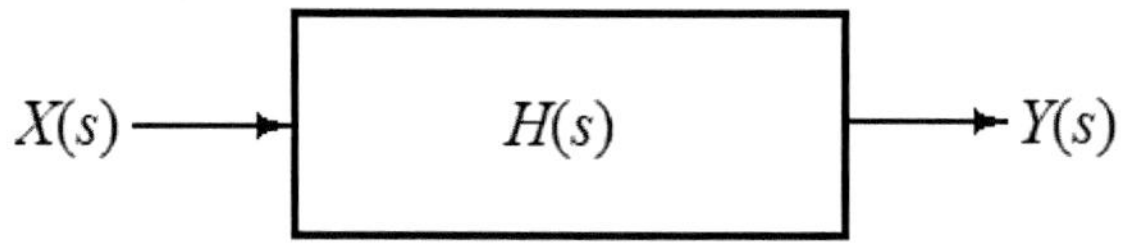

[그림 2.7] 개방 루프(open loop) 시스템

$$H(s) = A_v = \frac{Y(s)}{X(s)} = \frac{v_o}{v_i} \tag{2.20}$$

일상생활에 더 많이 사용되고 있는 시스템이 궤환 시스템(feedback system)이다. 궤환 시스템은 [그림 2.8]과 같이 시스템 궤환 신호와 기준 신호를 비교하여 출력을 조정하는 제어 시스템을 말한다. 즉, 궤환 시스템은 출력단에서 나온 값이 입력으로 되돌아가 증폭에 영향을 끼치게 된다. 출력에서 나온 값을 궤환율(β)

만큼의 이득을 얻어 궤환되는 값을 신호에 더한 값이 증폭단의 입력이 된다. 이러한 시스템의 전압이득(A_v')은 식 (2.23)과 같이 표현할 수 있다.

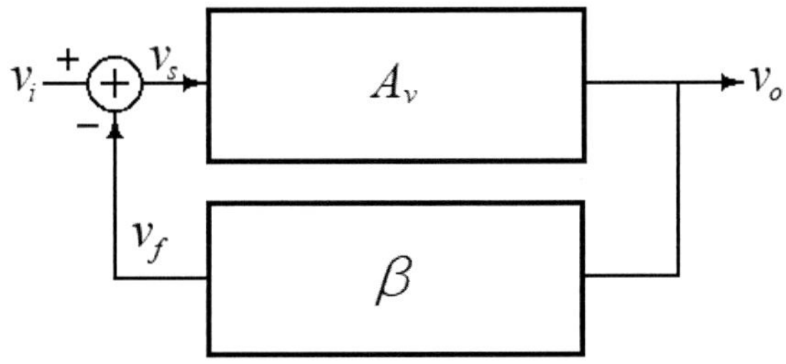

[그림 2.8] 폐 루프(closed loop) 시스템

$$v_s = v_i - v_f = v_i - \beta v_o \tag{2.21}$$

$$v_o = A_v v_s = A_v(v_i - \beta v_o) \tag{2.22}$$

$$A_v' = \frac{v_o}{v_i} = \frac{A_v}{1+\beta A_v} \tag{2.24}$$

3. 퀴즈

1. 출력전압이 40[V]인 증폭기에서 2-j2$\sqrt{3}$[V]의 전압을 궤환시켰을 때 궤환율 β는?

① $\frac{2}{5}\angle 30^\circ$ ② $\frac{1}{5}\angle -30^\circ$ ③ $\frac{1}{10}\angle -60^\circ$ ④ $\frac{1}{10}\angle 60^\circ$

2. [그림 2.2(b)]와 같은 전압분배 바이어스 회로에서 R_1=68[kΩ], R_2=22[kΩ], R_C=1.8[kΩ], R_E=1[kΩ], V_{CC}=9[V]일 때 동작점에서 전류 I_{CQ}와 V_{CEQ}는? (단, BJT의 V_{BE}=0.7[V], I_C=I_E로 간주한다.)

① I_{CQ} = 1.0[mA], V_{CEQ} = 4.5[V]

② I_{CQ} = 1.5[mA], V_{CEQ} = 4.8[V]

③ I_{CQ} = 1.8[mA], V_{CEQ} = 4.2[V]

④ I_{CQ} = 2.0[mA], V_{CEQ} = 5.0[V]

3. 비선형 증폭기를 선형적으로 동작시키기 위한 조건은?
   ① 이미터를 V_{CC}에 연결한다.
   ② 대신호를 인가해서 최대한 비선형적인 특성이 되도록 구성한다.
   ③ 적절한 DC 바이어스를 인가한다.
   ④ 베이스 또는 이미터를 GND에 연결한다.

4. [그림 2.9]와 같은 바이어스 회로에서 I_C가 2[mA]이고 β가 50일 때 R_B의 값은? (단, V_{CC}=10[V]이고 V_{BE}=0.7[V]이다.)
   ① 132.5[kΩ]
   ② 232.5[kΩ]
   ③ 265[kΩ]
   ④ 465[kΩ]

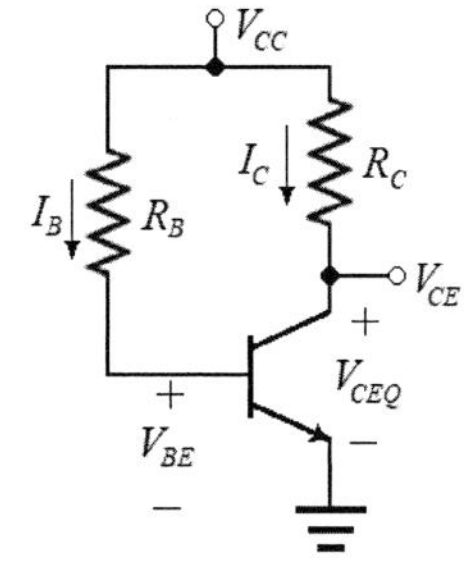

[그림 2.9]

5. 소신호 등가회로에서 DC 바이어스의 역할은?
   ① 선형적인 특성을 따라가도록 동작점을 잡아준다.
   ② 소신호를 증폭시킨다.
   ③ 소신호를 반전시킨다.
   ④ DC 전압을 증폭시킨다.

6. [그림 2.8]과 같은 기본 발진회로에서 증폭기 A_v의 전압이득이 50일 때, 궤환율 β의 크기는?
   ① 0.01 ② 0.1 ③ 0.05 ④ 0.02

7. 다음 중 부궤환 증폭기의 장점이 아닌 것은?
   ① 주파수 특성이 개선된다.
   ② 부하변동에 의한 이득 변동의 감소로 동작이 안정된다.
   ③ 일그러짐이 감소한다.
   ④ 전력효율이 좋아진다.

4. 예비 보고서

4.1. 퀴즈에 대한 답을 제시하시오.

4.2. [그림 2.10]의 *pnp* 트랜지스터 회로에서 I_C와 V_{EC}를 구하시오. 단, R_1=10[kΩ], R_2=22[kΩ], R_C=2.2[kΩ], R_E=1[kΩ], V_{EE}=10[V], β_{dc}=150이다.

4.3. [그림 2.11]의 *pnp* 트랜지스터 회로에서 I_C와 V_{CE}를 구하시오. 단, R_1=68[kΩ], R_2=47[kΩ], R_C=1.8[kΩ], R_E=2.2[kΩ], V_{CC}=-6V, β_{dc}=75, 회로에서 전원전압은 음(-)의 값이다.

4.4. [그림 2.4(b)]의 회로에서 I_{DQ}=0.5mA, V_{DSQ}=5V가 되도록 DC 바이어스를 설계하시오. 이때, 소스 저항 R_S에 걸리는 전압은 V_{RS}=2V, 바이어스 저항에 흐르는 전류는 약 50μA가 되도록 하시오. 단, V_{DD}=12V이고, MOSFET의 파라미터는 V_{Tn}=1.5V, K_n=510μA/V^{2}이다.

4.5. [그림 2.2(b)]에서 PSpice를 이용하여 V_{TH}=4V, I_C=I_E=1mA가 되는 R_1, R_2, R_C, R_E를 결정하시오.

4.6. [문제 4.3]에 대해 PSpice를 이용하여 R_1, R_2, R_D, R_S를 결정하시오.

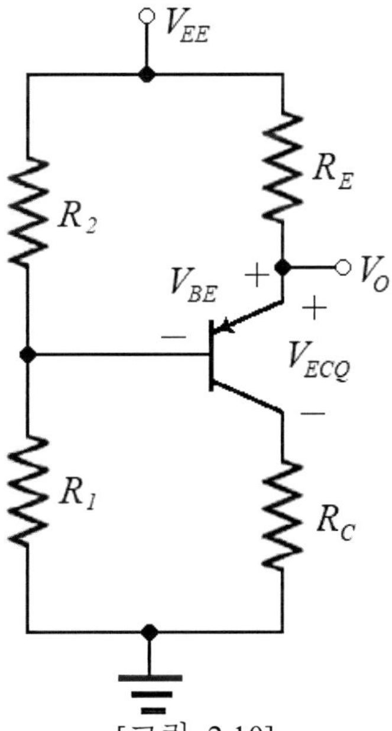

[그림 2.10]

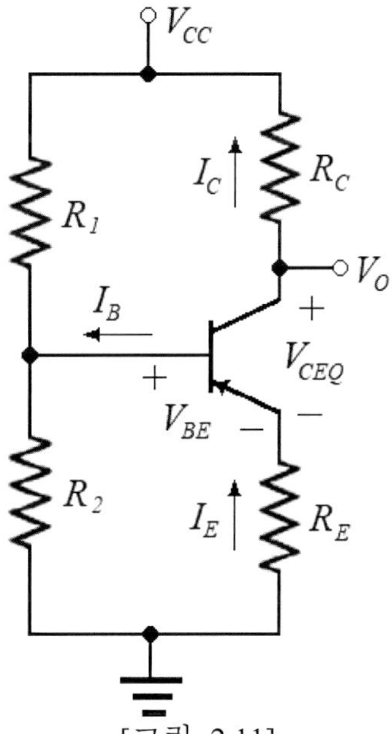

[그림 2.11]

5. 실험기자재 및 부품

5.1. 사용기기

- 직류 전원공급기
- 디지털 멀티미터
- 함수 발생기
- 오실로스코프

5.2. 사용부품

- 트랜지스터 :

2N7000(증가형 n 채널 MOSFET, data sheet : https://pdf1.alldatasheet.com/datasheet-pdf/view/2842/MOTOROLA/2N7000.html)

Q2N4401(npn형 BJT, data sheet : https://pdf1.alldatasheet.com/datasheet-pdf/view/15082/PHILIPS/2N4401.html)

<table>
<tr><th colspan="2">2N7000</th><th colspan="2">Q2N4401</th></tr>
<tr><td>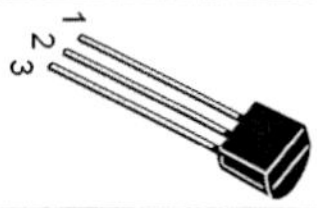
</td><td>1: 소스(source)
2: 게이트(gate)
3: 드레인(drain)</td><td>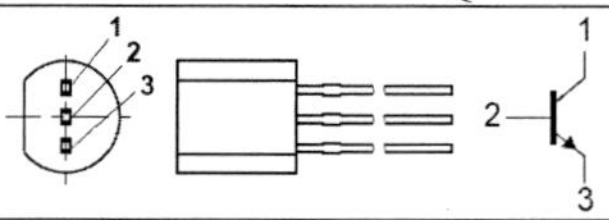
</td><td>1: 컬렉터(collector)
2: 베이스(base)
3: 이미터(emitter)</td></tr>
</table>

- 저항 : 설계에 필요한 부품 결정

6. 실험방법 및 절차

6.1. 다음 조건을 만족시키도록 [그림 2.2(b)]를 설계하시오.

① V_{TH}=4V, R_{TH}=2kΩ, R_C는 V_O의 DC 값이 8V가 되도록 하는 저항값으로 결정한다.

② 컬렉터 전압이 8V, 컬렉터 전류(I_C)가 1mA가 되도록 R_1, R_2를 구하고 [표 2.1]에 기록한다.

③ 이미터 전류(I_E=I_C)가 1mA가 되도록 R_E를 구하고 [표 2.1]에 기록한다.

※ 예비 보고서에서 구한 값을 바탕으로 하면 효율적으로 찾을 수 있다.

6.2. 예비 보고서 4.3을 바탕으로 [그림 2.4(b)]를 설계하시오.

① I_{DQ}=0.5mA, V_{DSQ}=5V가 되도록 DC 바이어스를 설계한다.

② 소스 저항 R_S에 걸리는 전압은 V_{RS}=2V, 바이어스 저항에 흐르는 전류는 약 50μA가 되도록 설계한다. [표 2.1]에 기록한다.

③ ①, ② 과정을 바탕으로 R_1, R_2, R_D, R_S를 구하고 [표 2.2]에 기록한다.

※ 단, V_{DD}=12V이고, MOSFET의 파라미터는 V_{Tn}=1.5V, K_n=510μA/V^2이다.

7. 실험결과

7.1. BJT 전압분배 바이어스 회로 결과

[표 2.1] 실험 6.1.의 바이어스 회로 구성을 위한 소자 값

컬렉터 전류(I_C)	컬렉터 전압(V_C)	R_E 저항값	R_C 저항값	R_1 저항값	R_2 저항값	동작 영역

7.2. MOSFET 자기 바이어스 회로 결과

[표 2.2] 실험 6.2.의 바이어스 회로 구성을 위한 소자 값

드레인 전류(I_D)	드레인 전압(V_D)	R_S 저항값	R_D 저항값	R_1 저항값	R_2 저항값	동작 영역

실험 3 공통 이미터 증폭기

1. 실험 목적

- BJT를 이용한 공통 이미터 증폭기의 동작원리를 이해하고, 실험을 통해 특성을 측정한다.
- 공통 이미터 증폭기의 입력-출력 특성 곡선과 소신호 등가회로의 개념을 적용하여 전압이득을 구하고, 이를 실험을 통해 확인한다.

2. 기초이론

2.1. 증폭기 구성

적절한 바이어스 회로에 증폭할 소신호 입력과 부하를 어떻게 결합할 것인가? 증폭기를 구성하는데 크게 두 가지 방식이 있다. 첫 번째는 [그림 3.1(a)]에 나타낸 직접 결합 방식으로서 바이어스 회로에서 직류전류가 입력단과 부하단으로 흘러나옴으로써 처음에 설정한 바이어스 전압과 전류에 변화가 생긴다. 이러한 경우 동작점(Q점)이 변하는 단점이 있다. 일반적으로 많이 사용하는 다른 방식은 [그림 3.1(b)]에 나타낸 커패시터 결합 방식으로 결합 커패시터(C_1, C_2)를 이용하여 직류를 차단하므로 바이어스 회로 내부의 직류전류가 누설되는 것을 막아준다. 이러한 경우 동작점이 변화하지 않는다.

[그림 3.2]는 전압분배 바이어스된 소신호 교류증폭기를 나타낸 것이다. 정현파 신호전압은 직류 바이어스 레벨을 정현적으로 상하로 변화시키는 베이스 전압을 만든다. 정현파 베이스 전압의 정현적인 변화에 따른 베이스 전류의 변화는 트랜지스터 전류이득으로 인해 컬렉터 전류에 큰 변화를 만든다. 또한, 정현파 컬렉터 전류가 증가할 때 컬렉터 전압은 감소하므로 부하에 나타나는 출력전압은 베이스 전압과 위상차가 180°가 된다. 이를 반전 증폭기라 한다.

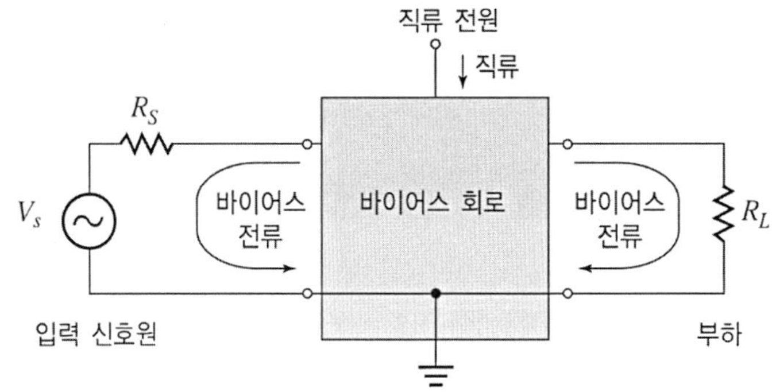

(a) 직접 결합

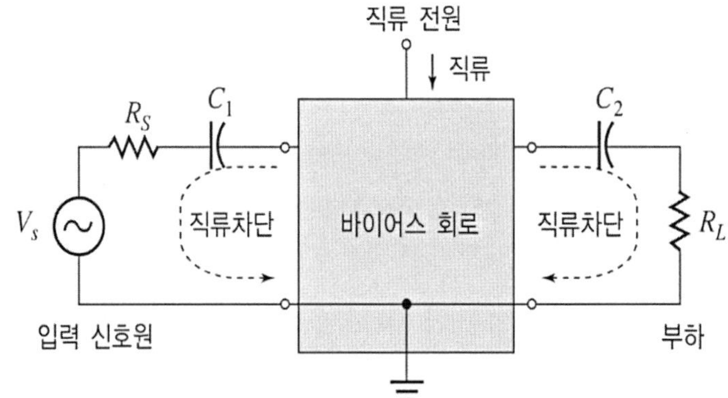

(b) 커패시터 결합

[그림 3.1] 증폭기 구성

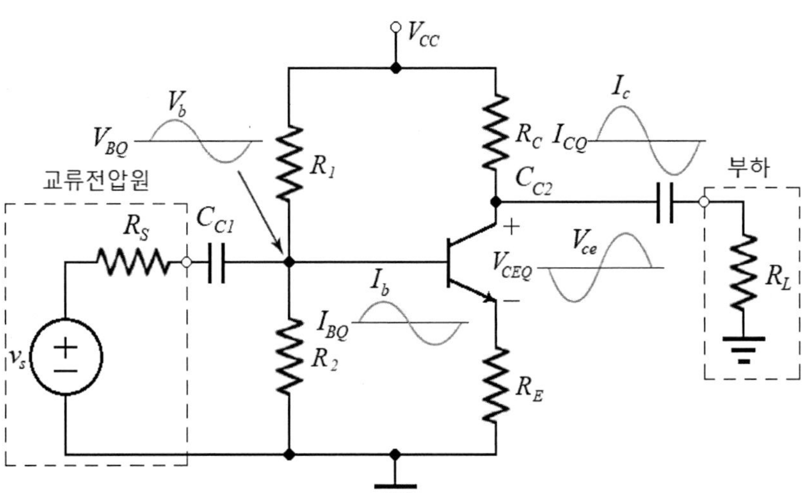

[그림 3.2] 소신호 교류증폭기

[그림 3.3]은 바이폴라 증폭기 종류를 나타낸 것이다. 이미터 공통(CE), 베이스 공통(CB) 및 컬렉터 공통(CC)의 3가지 종류로 설계를 할 수 있다. 먼저 이미터 공통(CE) 증폭기는 가장 전형적인 바이폴라 교류 증폭기로서 입력단은 베이스, 출력단은 컬렉터, 공통단자는 이미터를 가진다. 또한, 베이스 공통(CB) 증폭기는 입력단을 이미터, 출력단을 컬렉터, 공통단자를 베이스로 구성된다. 이러한 증폭기는 고주파 회로에 주로 사용되며, 입력 임피던스는 작고, 출력 임피던스는 큰 특징을 가진다. 이러한 증폭기는 동위상의 입력과 출력을 제공한다. 마지막으로 컬렉터 공통(CC) 증폭기는 이미터 팔로워(emitter follower)라고도 부르며, 버퍼 증폭기로 사용된다. 입력단은 베이스, 출력단은 이미터, 공통단자는 컬렉터로 구성할 수 있다. 이러한 증폭기는 입력 임피던스는 크고, 출력 임피던스는 작은 특징을 가지며, 입력과 출력은 베이스 공통(CB) 증폭기와 같이 동위상을 제공한다.

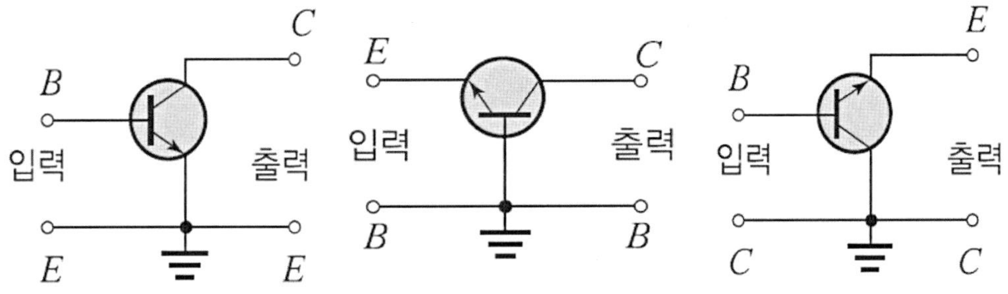

(a) 이미터 공통(CE) (b) 베이스 공통(CB) (c) 컬렉터 공통(CC)

[그림 3.3] 바이폴라 증폭기 종류

[표 3.1] 바이폴라 증폭기 비교

특성 \ 증폭기	CE	CB	CC
입력 임피던스	中	小	大
출력 임피던스	中	大	大
전압이득	大	大	小
전류이득	大	小	大
전력이득	大	小	大
위상	역	동	동
용도	전력증폭기	전압	임피던스

2.2. 공통 이미터 증폭기

[그림 3.4]는 공통 이미터 증폭기를 나타낸 것이다. 교류 증폭기는 직류 및 교류 전원을 동시에 포함하고 있기 때문에 직류해석과 교류해석이 필요하다.

직류해석

직류해석을 위해 직류전원 V_{CC}만이 존재할 때의 회로해석(교류전원 v_s를 제거)을 해야 한다. 직류에 대하여 커패시터의 리액턴스는 무한대이므로 커패시터(C_{C1}, C_{C2})는 개방회로로 대체하여 2장에 언급했던 [그림 2.2(b)]와 같은 직류 등가회로(직류 바이어스 회로)를 형성한다.

교류해석

① 교류해석의 기본 가정

커패시터의 리액턴스가 각 전원 주파수에 대해 충분히 작다는 가정하에 커플링 커패시터(C_{C1}, C_{C2})를 단락시킨다. [그림 3.4]에서 이미터 바이패스 커패시터 C_E는 이미터 저항을 효과적으로 단락시켜, 이미터를 교류 접지시킨다. 바이패스 커패시터로 인해 이 증폭기의 이득은 최대가 된다. 바이패스 커패시터의 용량은 충분히 커야 한다. 결과적으로 신호주파수 범위 내에서 커패시터의 리액턴스는 R_E에 비해 매우 작아진다(이상적으로 $0\,\Omega$). 바이패스 커패시터의 X_C는 증폭기의 최소 동작주파수에서 R_E보다 10배 이하가 되어야 한다. 즉 식 (3.1)의 조건이 되어야 한다.

$$10X_C \leq R_E \tag{3.1}$$

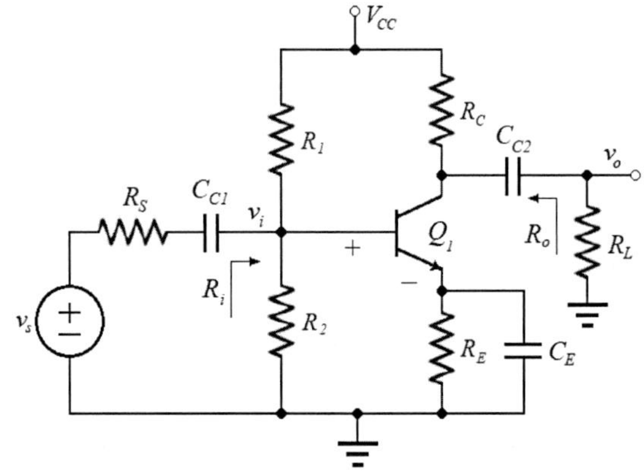

[그림 3.4] 1단 공통 이미터 증폭기

② 교류 등가회로 해석

소신호 분석을 위해서는 직류전원(V_{CC}) 등은 접지시키고, 앞에서 언급했듯이 커플링 커패시터와 바이패스 커패시터 등은 저항을 0으로 간주하고 연결한다. 따라서 소신호 분석을 할 때 R_E는 없다고 볼 수 있다.

[그림 3.5]의 소신호 등가회로에서 입력 저항 R_i를 구하면 식 (3.2)와 같다.

$$R_i = R_B \parallel \beta r_e{}' = R_1 \parallel R_2 \parallel \beta r_e{}' \tag{3.2}$$

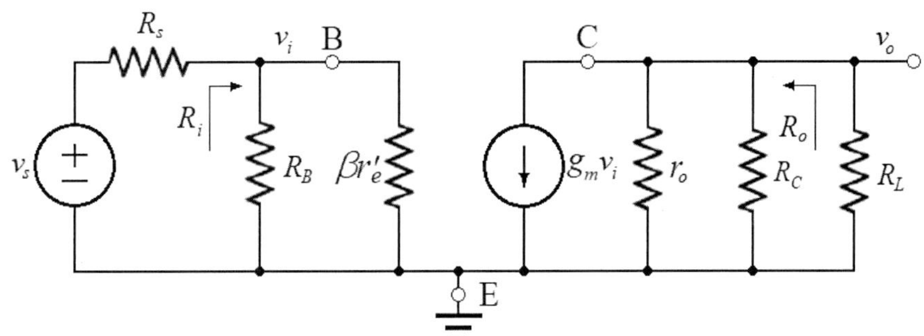

[그림 3.5] 공통 이미터 증폭기의 소신호 등가회로

전압이득을 구하기 위해서 식 (3.2)의 결과를 이용한 후, 식 (3.3)과 식 (3.4) 과정을 거치면 식 (3.5)를 구할 수 있다.

$$v_i = \frac{R_i}{R_i + R_S} v_s = \frac{R_B \parallel \beta r_e{}'}{R_B \parallel \beta r_e{}' + R_S} v_s \tag{3.3}$$

$$v_o = -g_m v_i (r_o \parallel R_C \parallel R_L) = -\frac{v_i (r_o \parallel R_C \parallel R_L)}{r_e{}'} \tag{3.4}$$

$$A_v = \frac{v_o}{v_s} = \frac{v_i}{v_s}\frac{v_o}{v_i} = -\frac{R_i}{R_i + R_S}\frac{(r_o \parallel R_C \parallel R_L)}{r_e{}'} \tag{3.5}$$

여기서, $r_e{}' = 1/g_m$

부하저항 R_L에 따라 값이 달라지므로 부하저항이 ∞일 경우, 또한 일반적으로 r_o가 R_C에 상대적으로 아주 큰 값으로 가정할 경우 전압이득 $A_v{}'$을 구하면 식 (3.6)과 같이 근사화할 수 있다.

$$A_v' \approx -\frac{R_i}{R_i + R_S}\frac{R_C}{r_e'} \tag{3.6}$$

R_S가 없을 경우, 전압이득은 식 (3.7)과 식 (3.8)로 표현된다.

$$A_v = -\frac{r_o \parallel R_C \parallel R_L}{r_e'} \tag{3.7}$$

$$A_v' \approx -\frac{R_C}{r_e'} \tag{3.8}$$

2.3. 종속접속 시스템(cascaded system)

A_{v1}, A_{v2}, A_{v3} 등은 부하가 걸린 상태에서의 단일 증폭단 각각의 이득이다. 또한, A_{v1}은 A_{v2}의 입력 임피던스에 영향을 미치고, A_{v2}는 A_{v1}의 부하로 작용한다. 시스템의 전체 이득은 단일 증폭단 각각의 이득을 곱해서 얻는다. 일반적으로 n단 증폭기의 전체 이득은 식 (3.9)와 같이 표현할 수 있다.

$$A_{v_T} = A_{v1}A_{v2}A_{v3} \cdot \cdot \cdot A_{vn} \tag{3.9}$$

또한, 전체 전류이득은 식 (3.10)과 같다.

$$A_{iT} = -A_{vT}\frac{Z_{i1}}{R_L} \tag{3.10}$$

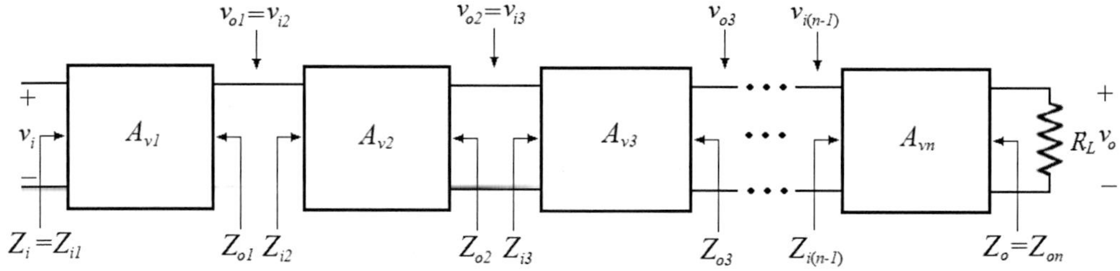

[그림 3.6] 종속접속 시스템

[그림 3.6]에 나타낸 바와 같이 시스템의 전체 이득을 증가시키기 위해 종속접속 시스템 개념을 도입한다. 이러한 개념을 증명하기 위해 [그림 3.7]과 같은 2단 공통 이미터 증폭기를 구성한다.

직류해석을 위해 직류전원 V_{CC}만이 존재할 때의 회로해석(교류전원 v_s를 제거)을 해야 한다. 직류에 대하여 커패시터의 리액턴스는 무한대이므로 커패시터(C_{C1}, C_{C2}, C_{C3})는 개방회로로 대체하여 각 단에 대해 2장에 언급했던 [그림 2.2(b)]와 같은 직류 등가회로(직류 바이어스 회로)를 형성한다.

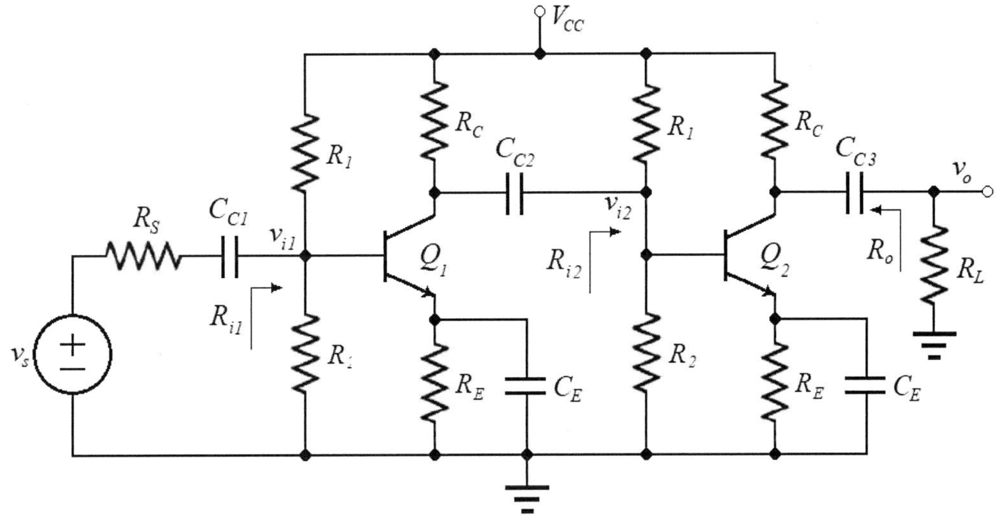

[그림 3.7] 2단 공통 이미터 증폭기

교류해석을 위해 커패시터의 리액턴스가 각 전원 주파수에 대해 충분히 작다는 가정하에 커플링 커패시터(C_{C1}, C_{C2}, C_{C3})를 단락시킨다. [그림 3.7]에서 이미터 바이패스 커패시터 C_E는 [그림 3.4]에서 언급했던 식 (3.1)의 조건을 만족하도록 구성한다.

[그림 3.8]의 2단 소신호 등가회로에서 전압이득을 구하기 위해서 R_S가 있는 경우와 없는 경우에 대해 각각 해석한다. 먼저 R_S가 있는 경우, 입력 저항 R_{i1}, R_{i2}를 구하면 식 (3.11.1)과 식 (3.11.2)와 같다.

$$R_{i1} = R_B \parallel \beta_1 r_e' = R_1 \parallel R_2 \parallel \beta_1 r_e' \tag{3.11.1}$$

$$R_{i2} = R_B \parallel \beta_2 r_e' = R_1 \parallel R_2 \parallel \beta_2 r_e' \tag{3.11.2}$$

식 (3.11.1)과 식 (3.11.2)의 결과를 이용한 후, 식 (3.12)~식 (3.14) 과정을 거치면 전체 전압이득인 식 (3.15)를 구할 수 있다.

$$v_{i1} = \frac{R_{i1}}{R_{i1} + R_S} v_s = \frac{R_B \parallel \beta_1 r_e{}'}{R_B \parallel \beta_1 r_e{}' + R_S} v_s \tag{3.12}$$

$$v_{i2} = -g_{m1} v_{i1} (r_{o1} \parallel R_C \parallel R_{i2}) = -v_{i1} \frac{r_{o1} \parallel R_C \parallel R_{i2}}{r_e{}'} \tag{3.13}$$

$$v_o = -g_{m2} v_{i2} (r_{o2} \parallel R_C \parallel R_L) = -v_{i2} \frac{r_{o2} \parallel R_C \parallel R_L}{r_e} \tag{3.14}$$

$$A_v = \frac{v_o}{v_s} = \frac{v_{i1}}{v_s} \frac{v_{i2}}{v_{i1}} \frac{v_o}{v_{i2}} = \frac{R_i}{R_i + R_S} \frac{(r_{o1} \parallel R_C \parallel R_{i2})(r_{o2} \parallel R_C \parallel R_L)}{(r_e{}')^2} \tag{3.15}$$

$R_L \to \infty$, $r_{o1}, r_{o2} \to \infty$, $g_{m1} = g_{m2} = 1/r_e{}'$로 가정하면 전압이득 $A_v{}'$은 (3.16)과 같이 근사화할 수 있다.

$$A_v{}' \approx \frac{R_i}{R_i + R_S} \frac{(R_C \parallel R_{i2}) R_C}{(r_e{}')^2} \tag{3.16}$$

R_S가 없을 경우, 전압이득은 식 (3.17)과 식 (3.18)로 표현된다.

$$A_v = \frac{(r_{o1} \parallel R_C \parallel R_{i2})(r_{o2} \parallel R_C \parallel R_L)}{(r_e{}')^2} \tag{3.17}$$

$$A_v{}' = \frac{(R_C \parallel R_{i2}) R_C}{(r_e{}')^2} \tag{3.18}$$

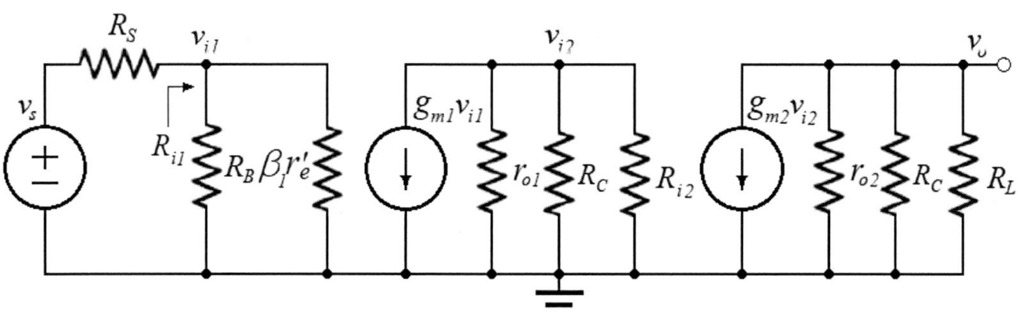

[그림 3.8] 2단 공통 이미터 증폭기의 소신호 등가회로

2.4. 기타 증폭기

(1) 증폭기 종류에 따른 h-파라미터 정의

에미터 공통(CE)	베이스 공통(CB)	컬렉터 공통(CC)
$h_{ie}=V_b/I_b$ $h_{re}=V_b/V_c$ $h_{fe}=I_c/I_b$ $h_{oe}=I_c/V_c$	$h_{ib}=V_e/I_e$ $h_{rb}=V_e/V_c$ $h_{fb}=I_c/I_e$ $h_{ob}=I_c/V_c$	$h_{ic}=V_b/I_b$ $h_{rc}=V_b/V_e$ $h_{fc}=I_e/I_b$ $h_{oc}=I_e/V_e$

이미터 공통 회로에서 출력 단에 부하저항 R_L이 없는 경우와 있는 경우에 대한 전류이득을 h-파라미터로 표현하면 각각 식 (3.19.1) 및 식 (3.19.2)과 같다.

$$A_i = -h_{fe} \tag{3.19.1}$$

$$A_i' = -\frac{h_{fe}}{1+h_{oe}R_L} \tag{3.19.2}$$

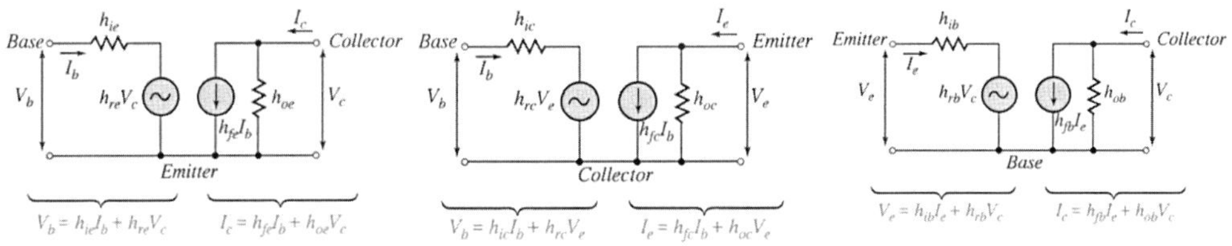

(a) 이미터 공통(CE) (b) 컬렉터 공통(CC) (c) 베이스 공통(CB)

[그림 3.9] 바이폴라 증폭기 h-파라미터 표현

이미터 공통 회로에서 전압이득을 h-파라미터로 표현하면 식 (3.20)과 같고, 이미터 저항을 가진 이미터 공통 회로의 입력저항과 전압이득을 구하면 각각 식 (3.21) 및 식 (3.22)와 같다.

$$A_v = -\frac{h_{fe}}{h_{ie}}R_L \tag{3.20}$$

$$R_i = h_{ie} + (1+h_{fe})R_E \tag{3.21}$$

$$A_v = -\frac{h_{fe}R_L}{h_{ie}+(1+h_{fe})R_E} \tag{3.22}$$

(2) 공통 베이스 증폭기

공통 베이스 증폭기에 대한 전압이득, 전류이득 및 입력저항은 각각 식 (3.23)~식 (3.25)와 같다.

$$A_v = \frac{R_C}{r_e' \parallel R_E} \tag{3.23}$$

$$A_i = \frac{I_C}{I_E} \approx 1 \tag{3.24}$$

$$R_{i(emitter)} = r_e' \parallel R_E \approx r_e' (R_E \gg r_e') \tag{3.25}$$

3. 퀴즈

1. 다음 중 증폭기에 대한 설명으로 알맞은 것은?
   ① 교류(AC)를 직류(DC)로 바꾸는 여러 과정 가운데 맥류를 완전한 직류로 바꾸어 준다.
   ② 입력의 신호변화가 출력단에 확대되어 나타난다.
   ③ 교류 성분을 직류성분으로 변환하기 위한 전기 회로이다.
   ④ 다이오드를 사용하여 교류 전압원의 (+)또는 (-)의 반 사이클을 정류하고, 부하에 직류 전압를 흘리도록 한다.

2. 다음 캐스코드 증폭기에 대한 설명으로 틀린 것은?
   ① 입력단은 공통베이스, 출력단은 공통이미터로 구성된 증폭기이다.
   ② 전압 궤환율이 매우 적다.
   ③ 공통베이스 증폭기로 인해 고주파 특성이 양호하다.
   ④ 자기 발진 가능성이 매우 적다.

3. 다음 중 저임피던스 부하에서 고전류이득을 얻으려 할 때 사용되는 증폭 방식으로 가장 적합한 것은?
   ① 베이스 접지 ② 컬렉터 접지 ③ 이미터 접지 ④ A급 증폭

4. 이미터 접지형 증폭기에서 부하 저항 10[kΩ]이고, h_{fe}=50, h_{ie}=2[kΩ], h_{oe}=100[μA/V]일 때 전류 이득의 크기는 얼마인가?
   ① 10 ② 15 ③ 20 ④ 25

5. 다음 중 증폭기에 대한 설명으로 옳은 것은?
   ① 입력신호의 에너지를 증가시켜 출력 측에 큰 에너지의 변화로 출력하는 회로이다.
   ② 출력 내에 포함되어 있는 리플성분을 제거시켜 일정한 크기의 전압을 유지시키는 회로이다.
   ③ 교류전압을 사용하기 적당한 직류전압으로 변환하여 주는 회로이다.
   ④ 출력부하전류 및 온도에 상관없이 일정한 직류 출력전압을 제공하는 회로이다.

6. 다음 중 트랜지스터 증폭 특성에 대한 설명으로 틀린 것은?
   ① 공통 베이스 회로의 입력 임피던스는 작고 출력 임피던스는 크다.
   ② 공통 컬렉터 회로의 입력 임피던스는 크고 출력 임피던스는 작아 임피던스 매칭 회로로 사용된다.
   ③ 공통 이미터 증폭 회로의 입출력 위상관계는 반전된 위상이다.
   ④ 공통 베이스 회로의 전류 이득과 공통 컬렉터 회로의 전압 이득은 모두 1보다 크다.

7. 증폭기로 가장 많이 사용하는 BJT의 동작 영역?
   ① 차단 영역 ② 능동 영역 ③ 포화 영역 ④ 반전 영역

8. 공통 이미터 증폭기의 특징이 아닌 것은?
   ① 전압이득이 비교적 크다.
   ② 비교적 높은 입력 임피던스를 가진다.
   ③ 출력 임피던스가 매우 낮다.
   ④ 비교적 높은 전력이득을 가진다.

9. 공통 이미터 증폭기의 전압이득을 증가시키기 위한 방법으로 옳은 것은?
   ① 직류 바이어스 전류를 감소시킨다.
   ② BJT의 면적을 감소시킨다.
   ③ 부하저항의 크기를 증가시킨다.
   ④ 커플링 커패시터의 크기를 감소시킨다.

10. 공통 이미터 증폭기에서 커플링 커패시터의 역할은?
① 직류성분을 통과시킨다. ② 전압이득을 증가시킨다.
③ 교류성분을 차단한다. ④ 직류성분을 차단한다.

11. 공통 이미터 증폭기에서 커플링 커패시턴스의 값이 감소될 때 특성 변화로 옳은 것은?
① 전압이득이 감소된다. ② 출력 임피던스가 감소된다.
③ 입력 임피던스가 감소된다. ④ 직류 동작점이 변한다.

12. 다음 중 공통 이미터 증폭기회로에 대한 설명으로 옳은 것은?
① 출력신호는 입력신호와 위상이 같다.
② 출력신호는 입력신호와 위상이 다르다.
③ 출력신호는 입력신호에 비해 작다.
④ 출력신호는 입력신호와 크기가 같다.

13. 다음 중 베이스 접지 증폭기에 대한 설명으로 틀린 것은?
① 다른 접지증폭 방식에 비해 전압이득을 크게 할 수 있다.
② 출력 임피던스가 다른 접지증폭 방식에 비해 높다.
③ 전류이득은 대략 1이다.
④ 입력과 출력간의 위상은 반전이다.

14. 공통 베이스 증폭기 회로에서 컬렉터 전류가 4.9[mA]이고, 이미터 전류가 5[mA]이었을 때 직류전류 증폭률은?
① 0.98 ② 1.02 ③ 1.27 ④ 1.31

15. 베이스 접지 증폭회로에서 차단주파수가 50[MHz]인 트랜지스터를 이미터 접지로 했을 때의 차단주파수는 얼마인가? (단, β=99라 한다.)
① 100[kHz] ② 300[kHz] ③ 500[kHz] ④ 700[kHz]

16. 다음 등가회로와 관련된 트랜지스터 증폭기 회로의 특징으로 틀린 것은?
① 전압이득은 공통 이미터 증폭기 회로와 동일하다.
② 전류이득은 공통 이미터 증폭기 회로와 동일하다.
③ 입력저항 R_i가 매우 크다.
④ 출력저항 R_o가 매우 크다.

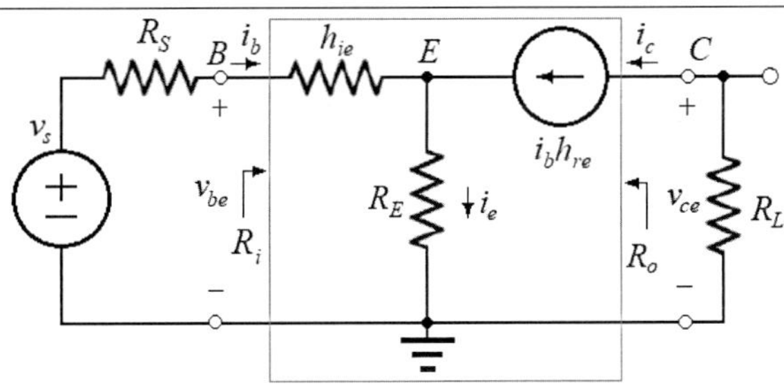

17. 다음 궤환회로에 대한 설명으로 틀린 것은?

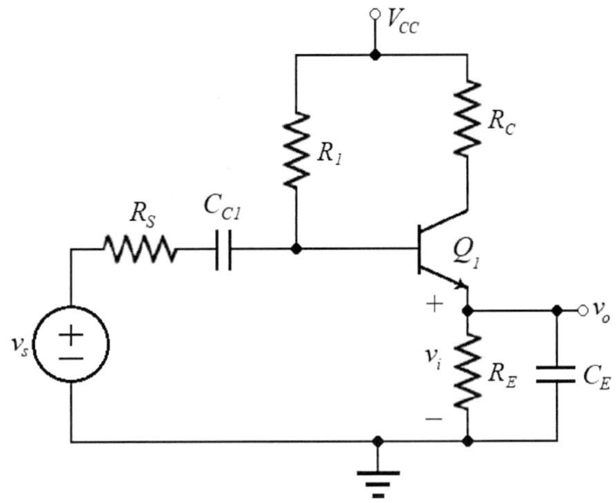

① 궤환으로 입력 임피던스는 감소한다.

② 궤환으로 전체 이득은 감소한다.

③ 궤환으로 주파수 일그러짐이 감소한다.

④ 궤환으로 출력 임피던스는 감소한다.

18. 3단 종속 전압증폭기의 이득이 각각 10배, 20배, 50배일 때 종합증폭도와 종합이득은 각각 얼마인가?

① 종합증폭도는 10배, 종합이득은 20[dB]

② 종합증폭도는 100배, 종합이득은 40[dB]

③ 종합증폭도는 1,000배, 종합이득은 60[dB]

④ 종합증폭도는 10,000배, 종합이득은 80[dB]

4. 예비 보고서

4.1. 퀴즈에 대한 답을 제시하시오.

4.2. npn BJT의 소신호 등가회로에 대해서 설명하고, g_m과 r_o가 컬렉터 전류와 어떤 관계인지 유도하시오.

4.3. [그림 3.10]에서 PSpice를 이용하여 R_{TH}를 10kΩ으로 고정하고, v_s에 6V의 직류 전압을 인가한 후, v_o 전압이 6V의 직류 전압이 나오는 R_C를 구하시오.

4.4. [그림 3.10]의 공통 이미터 증폭기의 전압이득, 입력 임피던스 및 출력 임피던스를 이론적으로 계산하고, PSpice 모의실험 결과와 비교하시오.

4.5. ① [그림 3.4]에서 PSpice를 이용하여 전압이득을 구하고, 이론 값과 비교하시오. 단, R_1=6kΩ, R_2=3kΩ, R_S=2kΩ, R_C=3kΩ, C_{C1}=C_{C2}=C_E=1μF, R_E=3kΩ, R_L=1MΩ, v_s의 동작주파수 f=10kHz, V_{CC}=12V라 가정한다.

② R_S가 없는 경우에 대해 ①을 반복하시오.

4.6. ① [그림 3.7]에서 PSpice를 이용하여 전압이득을 구하고, 이론 값과 비교하시오. 단, R_1=6kΩ, R_2=3kΩ, R_S=2kΩ, R_C=3kΩ, C_{C1}=C_{C2}=C_{C3}=C_E=1μF, R_E=3kΩ, R_L=1MΩ, v_s의 동작주파수 f=10kHz, V_{CC}=12V라 가정한다.

② R_S가 없는 경우에 대해 ①을 반복하시오.

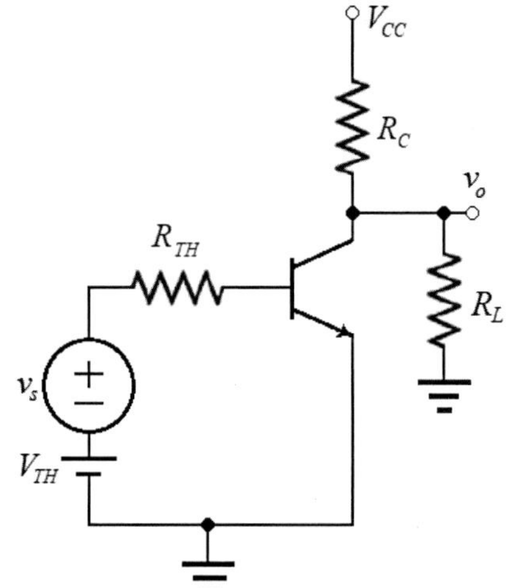

[그림 3.10]

5. 실험기자재 및 부품

5.1. 사용기기

- 직류 전원공급기
- 디지털 멀티미터
- 함수 발생기
- 오실로스코프

5.2. 사용부품

- 트랜지스터 : Q2N4401(2개)
- 저항 : 6kΩ(2개), 3kΩ(6개), 2kΩ(1개), 1MΩ(1개), 기타
- 커패시터 : 1μF(3개), 기타(C_E 등)

6. 실험방법 및 절차

6.1. [그림 3.4] 회로(예비 보고서 4.5. 참고)를 설계하시오.

6.2. [그림 3.7] 회로(예비 보고서 4.6. 참고)를 설계하시오.

6.3. [그림 3.10] 회로를 설계하시오.

① [그림 3.10]에서 $V_{CC}=12V$, $v_s=0V$, $V_{TH}=4V$로 두고, $R_{TH}=2k\Omega$인 경우, v_o의 직류 값이 6V가 되도록 하는 R_C를 결정한다. 이 경우 BJT의 각 단자들의 전압(V_B, V_E, V_C) 및 전류(I_B, I_E, I_C)를 구하고, [표 3.1]에 기록하시오. 각 단자들의 전압을 바탕으로 BJT가 능동 영역에서 동작하는지 확인한다.

② $v_s=0V$로 두고, V_{TH}를 0V, 12V, 3V~9V는 500mV 간격으로 변화시키면서 v_o의 직류전압을 측정하여 [표 3.2]에 기록하고, [그림 3.10]의 입력-출력($V_{TH}-v_o$) 전달특성 곡선을 [그림 3.14]에 그리시오.

③ 능동 영역에서 회로가 동작하는 경우 BJT의 전류 증폭도 β, 이미터 저항 r_e' 및 $\beta r_e'$을 구하여 [표 3.3]에 기록하시오. 이를 이용하여 소신호 등가회로를 그리고, [그림 3.10]에 대해 이론적인 전압이득을 구하시오.

④ 전압이득이 최소 10V/V 이상이 출력되는지 확인하기 위해 입력에 10kHz의 10mV$_{p\text{-}p}$ 정현파를 인가한다. 이때, 공통 이미터 증폭기의 입력-출력 전압의

크기를 [표 3.4]에 기록하고 전압이득을 구하시오. v_s, 베이스 전압 v_{BE}, 출력 전압 v_{CE} 파형을 캡처하여 [그림 3.15]에 기록하시오.

⑤ [그림 3.10]의 입력 저항과 출력 저항을 측정하여 [표 3.5]에 기록하시오. 입력 저항을 측정하기 위해 입력의 직류전압을 변화시키면서 입력 쪽에 흘러 들어가는 직류전류를 측정한다. 출력 저항을 측정하기 위해 입력에 0V를 인가하고, 출력 쪽에 직류전압을 변화시키면서 출력 쪽에 흘러 들어가는 직류전류를 측정한다.

7. 실험결과

7.1. [그림 3.4] 회로 설계(측정 파형 캡처)

(a) 입력 파형	(b) 출력 파형

[그림 3.11] R_S가 있는 경우

(a) 입력 파형	(b) 출력 파형

[그림 3.12] R_S가 없는 경우

7.2. [그림 3.7] 회로 설계(측정 파형 캡처)

(a) 입력 파형	(b) 출력 파형

[그림 3.13] R_S가 있는 경우

(a) 입력 파형	(b) 출력 파형

[그림 3.14] R_S가 없는 경우

7.3. [그림 3.10] 회로 설계

[표 3.1] 공통 이미터 증폭기의 DC 조건

R_C 값 (PSpice)	R_C 값 (측정)	$v_s(=V_B)$	V_E	$v_o(=V_C)$	I_B	I_E	I_C	동작 영역

[표 3.2] [그림 3.10]의 입력-출력 전달특성 확인을 위한 측정 데이터

V_{TH}(V)	$v_o(=V_C)$(V)	동작 영역	V_{TH}(V)	$v_o(=V_C)$(V)	동작 영역
0			6.5		
3			7		
3.5			7.5		
4			8		
4.5			8.5		
5			9		
5.5			12		
6					

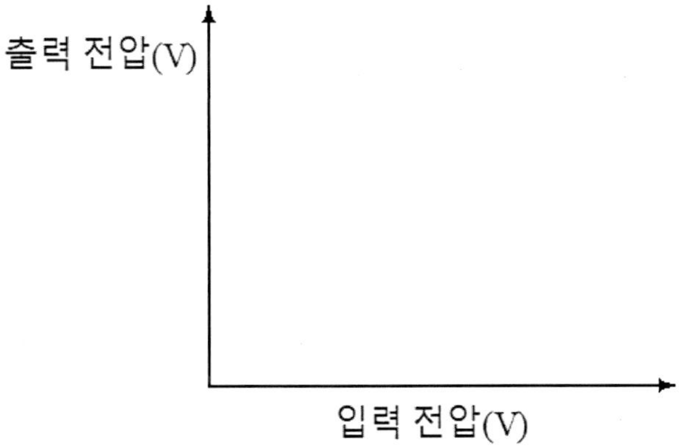

[그림 3.15] 공통 이미터 증폭기의 입력-출력 전달특성 곡선

[표 3.3] [그림 3.10]의 소신호 파라미터

동작 영역	I_B	I_E	I_C	β	r_e'	$\beta r_e'$

[표 3.4] 공통 이미터 증폭기 전압이득을 계산하기 위한 측정 데이터

입력신호 크기 (mV)	입력신호 주파수(kHz)	출력신호 크기 (mV)	출력신호 주파수(kHz)	전압이득 (선형 스케일)	전압이득 (dB 스케일)

(a) 입력 파형　　　　(b) 출력 파형

[그림 3.16] [그림 3.10]의 입력 및 출력 파형

[표 3.5] 공통 이미터 증폭기의 입력 저항과 출력 저항

입력전압(v_s)	입력전류(I_B)	출력전압(v_o)	출력전류(I_O)	입력저항(R_i)	출력저항(R_o)

실험 4 이미터 팔로워

1. 실험 목적

- BJT를 이용한 공통 컬렉터 증폭기(이미터 팔로워)의 동작원리를 이해한다.
- 이미터 팔로워의 전압이득 및 특성을 실험을 통해 확인한다.

2. 기초이론

2.1. 공통 컬렉터 증폭기 특징

BJT를 이용한 기본적인 세 가지 증폭기 중에서 이번 장에서는 컬렉터 공통(CC) 증폭기에 대한 동작원리를 학습한다. 출력신호가 입력신호를 따라가기 때문에 '이미터 팔로워'라는 용어를 더 많이 사용한다. 입력전압은 결합 커패시터를 통해 베이스에 공급되고, 출력전압은 이미터 단에서 얻으며, 컬렉터는 교류 접지되어 있다. 이미터 전압(출력)이 베이스 전압(입력)과 거의 같은 파형이 나온다. 즉, 전압이득이 거의 1이며, 높은 전류이득과 입력저항을 얻을 수 있기 때문에 임피던스 정합(impedance matching)용으로 사용할 수 있다. 또한, 부하효과를 감소시키기 위한 버퍼 증폭기로 사용된다. 이러한 증폭기는 입력 임피던스는 크고, 출력 임피던스는 작은 특징을 가지며, 입력과 출력은 베이스 공통(CB) 증폭기와 같이 동위상을 제공한다. 이미터 팔로워는 출력 임피던스가 작기 때문에 스테레오 스피커와 같이 낮은 임피던스의 부하에 최대 전력을 전달하는 구동회로에 많이 사용된다.

2.2. 공통 컬렉터 증폭기

[그림 4.1]과 같이 입력단은 베이스, 출력단은 이미터, 공통단자는 컬렉터로 구성할 수 있다. 이미터 팔로워 회로에서 입력은 베이스 단자에 인가되고, 출력은 이미터 단자에서 검출된다. 컬렉터 단자가 공통이므로, 공통-컬렉터 증폭기라고 한

다. 또한, 출력신호의 직류전압 레벨에서 V_{BE}만큼 강하된 전압이 나오기 때문에 레벨 시프터(level shifter)로서도 동작이 가능하다.

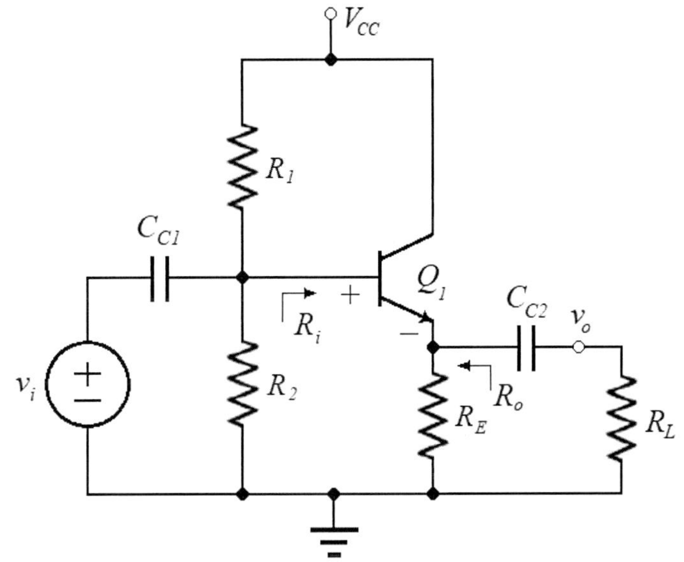

[그림 4.1] 공통 컬렉터 증폭기

직류해석

직류해석을 위해 공통 이미터 증폭기 해석과 동일하게 직류전원 V_{CC}만이 존재할 때의 회로해석(교류전원 v_i를 제거)을 해야 한다. 직류에 대하여 커패시터의 리액턴스는 무한대이므로 커패시터(C_{C1}, C_{C2})는 개방회로로 대체하면 [그림 4.2(a)]와 같은 직류 등가회로를 구할 수 있다.

교류해석

① 교류해석의 기본 가정

커패시터의 리액턴스가 각 전원 주파수에 대해 충분히 작다는 가정하에 커패시터(C_{C1}, C_{C2})를 단락시키고, 직류전원 V_{CC}를 접지시킨다. 이는 전압원의 내부 저항은 거의 0이므로 어떤 교류 전압도 직류전원 양단에 나타나지 않는다는 가정에 기초를 둔 것이다. 이를 통해 [그림 4.2(b)]와 같은 교류 등가회로를 구할 수 있다.

② 교류 등가회로 해석

[그림 4.2(b)]의 소신호 등가회로에서 입력 저항 R_i를 구하면 식 (4.1)과 같다. 공통 이미터 증폭기와 같이 베이스 단자에 입력을 인가하므로, 입력 임피던스는 서로 같다.

$$R_i = \beta r_e' + (1+\beta)(R_E \| R_L) \approx \beta(R_E \| R_L) \tag{4.1}$$

계산상의 편의를 위해 출력 저항 r_o가 ∞라고 가정하며, 전압이득을 구하면 식 (4.2)와 같다. 식 (4.2)와 같이 이미터 팔로워의 전압이득은 양의 값을 가지며, 그 값이 거의 1에 가깝다.

$$A_v = \frac{v_o}{v_i} = \frac{1}{1+\dfrac{\beta r_e'}{\beta+1}\dfrac{1}{R_E \| R_L}} \approx \frac{R_E \| R_L}{R_E \| R_L + \dfrac{1}{g_m}} = \frac{R_E \| R_L}{r_e' + R_E \| R_L} < 1 \tag{4.2}$$

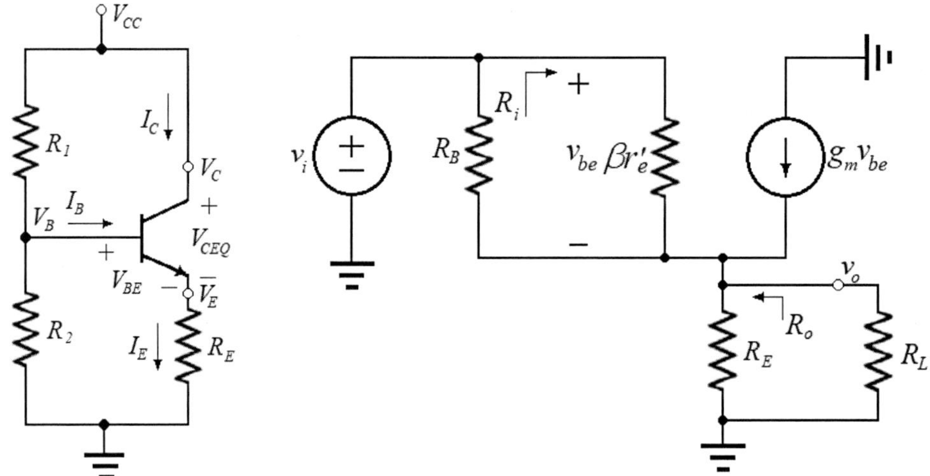

(a) 직류 등가회로 (b) 교류 등가회로

[그림 4.2] 공통 컬렉터 증폭기의 소신호 등가회로

[그림 4.3]은 이미터 팔로워의 출력 임피던스를 구하기 위한 회로이며, 식 (4.3)과 식 (4.4)로 부터 출력 임피던스를 구할 수 있다.

$$R_{o1} = \frac{1}{g_m} + \frac{R_S}{\beta+1} \tag{4.3}$$

$$R_o = R_{o1} \parallel R_E = \left(\frac{1}{g_m} + \frac{R_S}{\beta+1}\right) \parallel R_E \tag{4.4}$$

어떤 회로 설계에서는 바이어스 저항과 이미터 다이오드 교류저항을 무시할 수 있다. 또한, $R_E \gg R_{o1}$, $R_S/(\beta+1) \gg 1/g_m$인 경우, 이미터 팔로워의 출력 임피던스는 식 (4.5)와 같이 근사화할 수 있다.

$$R_o \approx \frac{R_S}{\beta} \tag{4.5}$$

이것이 이미터 팔로워의 핵심 아이디어로 이미터 팔로워의 출력 임피던스는 교류원의 임피던스를 $1/\beta$만큼 낮춘다. 그 결과 이미터 팔로워는 교류원을 안정하게 한다. 설계할 때 부하전압을 최대로 만드는 안정한 교류원을 사용하는 방법 대신 부하전력을 최대로 하는 방법을 선호할 수 있다. 이러한 경우에는 식 (4.6)을 만족(안정 전압원)하도록 설계하는 대신 식 (4.7)과 같은 조건을 만족(최대 전력 전달)하게 한다.

$$R_o \ll R_L \tag{4.6}$$

$$R_o = R_L \tag{4.7}$$

식 (4.7) 조건을 만족할 경우, 이러한 증폭기는 스테레오 스피커와 같이 낮은 임피던스의 부하에 최대 전력을 전달할 수 있다.

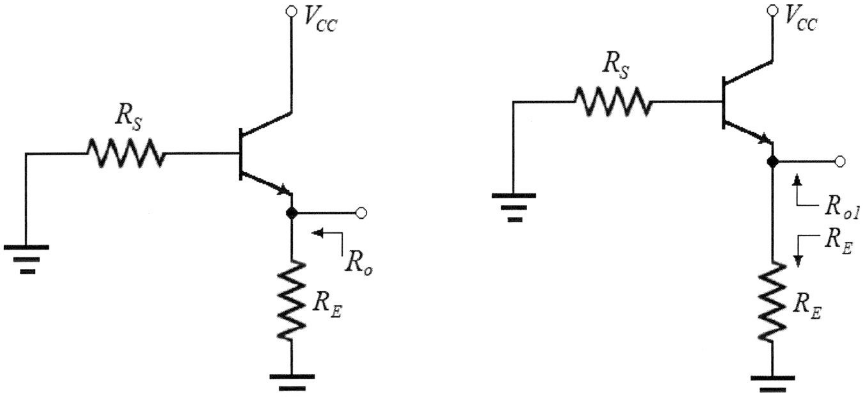

[그림 4.3] 이미터 팔로워의 출력 임피던스

또한, 식 (4.4)로 부터, $\frac{R_S}{\beta+1} = \frac{1}{g_m} = R_E$인 조건이 만족되면 $R_o = \frac{1}{g_m}$이 성립되고, 출력 임피던스 값이 매우 작음을 알 수 있다.

이와 같이 이러한 증폭기는 작은 출력 임피던스의 특성이 있기 때문에 작은 부하저항 R_L을 구동하는데 유리하고, 전압 버퍼로 많이 사용된다. 앞에서도 언급했듯이 스피커는 수 Ω 정도의 매우 작은 임피던스를 가지는데, 공통 이미터 증폭기로 구동하게 되면, 전압이득이 많이 감소한다. 이런 경우 이미터 팔로워를 전압 버퍼로 사용하면, 전압이득의 급격한 감소를 방지할 수 있다.

[그림 4.1]에서 R_i 위치가 다를 경우에 대한 입력 저항을 구해보자. [그림 4.4]의 회로에 대해 전압이득을 h-파라미터로 표현하면 식 (4.8)로 나타낼 수 있다.

$$A_v \approx \frac{R_i - h_{ie}}{R_i} \tag{4.8}$$

여기서, $h_{ie} = \beta r_e{}'$이다.

R_i 위치가 다를 경우에 대한 입력 저항을 구해보자. [그림 4.4]의 회로에서 트랜지스터의 베이스 안으로 들여다보았을 때 R_i를 h-파라미터로 표현하면 식 (4.9)로 나타낼 수 있고, 출력 저항은 식 (4.10)과 같다.

$$R_i = h_{ie} + (1 + h_{fe})R_E \tag{4.9}$$

$$R_o = \frac{R_E + h_{ie}}{1 + h_{fe}} \tag{4.10}$$

[그림 4.5]는 달링턴(Darlington) 접속 회로를 나타낸다. 이미터 팔로워에서 입력저항을 증가시키기 위하여 달링턴 접속을 사용한다. 달링턴 연결은 전체 전류이득이 각 트랜지스터 전류이득의 곱과 같은 두 트랜지스터를 연결하는 것이다. 즉, 달링턴 접속은 두 트랜지스터의 컬렉터를 서로 접속시키고, 첫 번째 트랜지스터의 이미터가 두 번째 트랜지스터의 베이스를 구동시키는 구조이다. 달링턴 연결의 전류이득이 매우 크므로, 달링턴 연결은 매우 높은 입력 임피던스를 가

지며, 매우 큰 출력전류를 형성한다. [그림 4.5]로 부터 알 수 있듯이 Q_1의 이미터 전류는 Q_2의 베이스 전류가 되므로 전체 교류 전류 증폭률은 식 (4.11)과 같이 나타낼 수 있다. 출력전류 생성이 가능하기 때문에 달링턴 연결은 종종 전압 레귤레이터, 전력증폭기 및 큰 전류 스위칭 응용에 이용된다.

$$\beta_T = \beta_1 \beta_2 \tag{4.11}$$

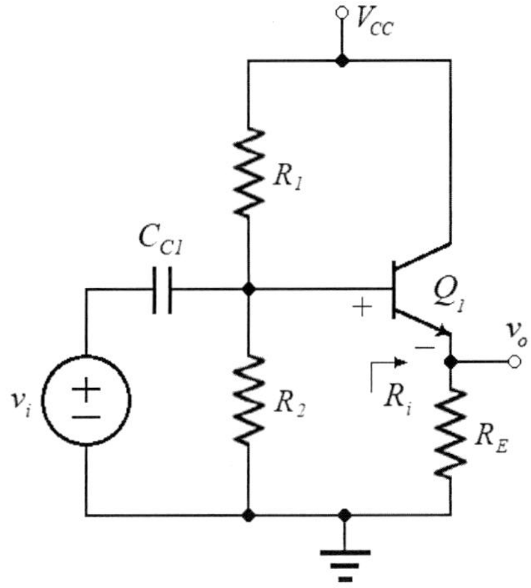

[그림 4.4] 이미터 팔로워의 입력 임피던스

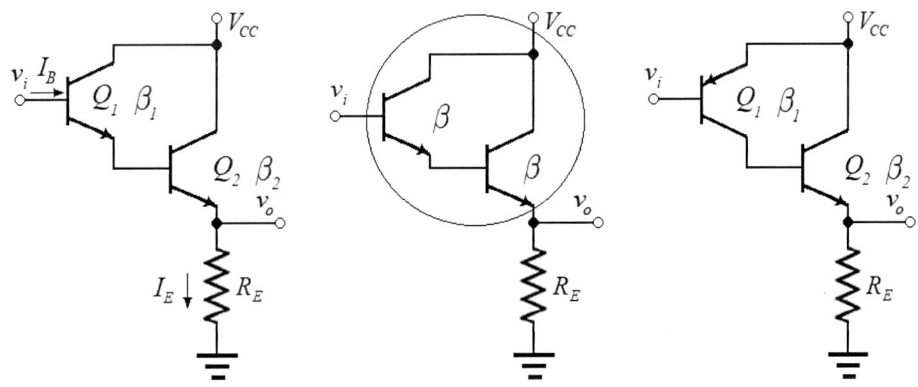

(a) 달링턴 쌍　　(b) 달링턴 트랜지스터　　(c) 상보 달링턴

[그림 4.5] 달링턴 접속 회로

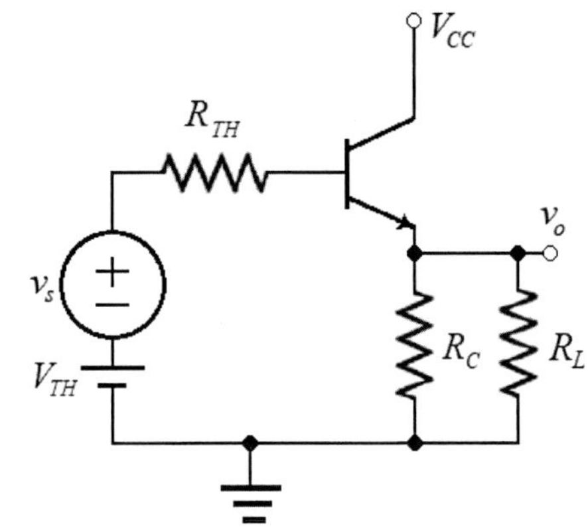

[그림 4.6] 이미터 팔로워 실험회로

2.3. CE와 CC 종속 연결

[그림 4.7]은 CE와 CC가 종속 연결 증폭기를 나타낸다. CC 증폭기의 완충 작용을 설명하기 위해 [그림 4.7]에서 부하저항 R_L을 수백Ω으로 가정한다. CE 증폭기의 출력을 이 부하저항에 직접 연결시킬 경우 증폭기에 과부하가 되게 할 수 있다. 이 과부하를 방지하기 위한 한가지 방법은 [그림 4.7]과 같이 CE 증폭기와 부하 간에 이미터 팔로워를 사용하는 것이다. 신호는 결합 커패시터를 이용하여 용량 결합하거나 그림과 같이 직접 연결할 수 있다. 두 번째 트랜지스터의 베이스가 첫 번째 트랜지스터의 컬렉터로 연결되어 있기 때문에 첫 번째 트랜지스터의 직류 컬렉터 전압은 두 번째 트랜지스터를 바이어스하는데 이용된다. 이때, 두 번째 트랜지스터의 베이스로 들여다본 직류저항은 $R_i = \beta_{DC}R_L$이 되어 R_C 보다 최소 10배 이상 크게 설계한다면 첫 번째 증폭단의 직류 컬렉터 전압은 약간만 영향을 받는다.

[그림 4.7]에서 첫 번째 증폭단에서 증폭된 전압은 이미터 팔로워를 구동시키고, R_L의 최종 부하저항 양단에 강하된다. 이미터 팔로워가 없는 경우, R_L의 부하저항은 첫 번째 증폭단을 과부하로 만들 것이지만 이미터 팔로워가 있는 경우, 그 임피던스 효과는 β_{DC}배 만큼 증가된다. 이러한 특성은 이미터 팔로워가 높은 임피던스와 낮은 부하저항 간에 어떻게 완충기(buffer)로 동작할 수 있는지를 입증한다.

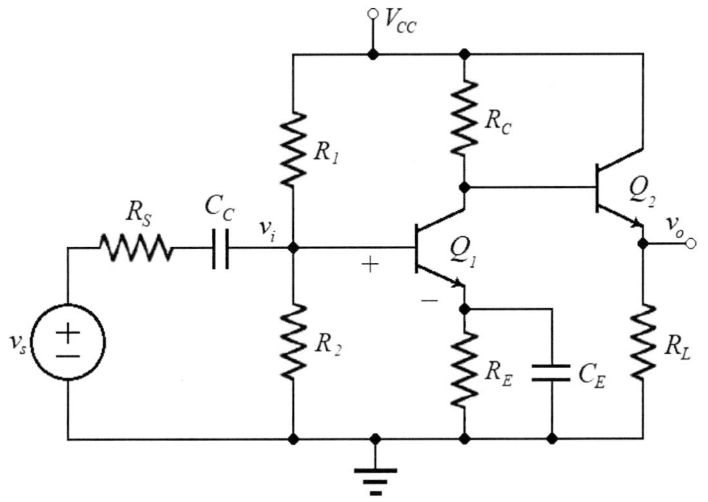

[그림 4.7] CE와 CC 종속 연결 증폭기

3. 퀴즈

1. [그림 4.4]와 같은 CC 증폭기 회로에서 전압이득은? (단, 입력저항 R_i=205[kΩ], h_{ie}=1.1[kΩ])

   ① 약 51 ② 약 1.7 ③ 약 0.99 ④ 약 0.11

2. [그림 4.5(a)]와 같은 달링턴 접속회로에서 직류 바이어스 전류 I_E를 계산하면 약 얼마인가? (단, I_B=2.56[μA], β_1=100, β_2=100이다.)

   ① 2.61[mA] ② 26.1[mA] ③ 261[mA] ④ 2.61[A]

3. [그림 4.1]과 같은 증폭기의 교류 입력전압의 크기가 20[mV]일 때 교류 출력전압의 크기는 약 얼마인가? (단, R_1=2[kΩ], R_2=4[kΩ], C_{C1}=1[nF], R_E=400[Ω], R_L=1[MΩ], C_{C2}=1[nF]이다.)

   ① 20[mV] ② 30[mV] ③ 40[mV] ④ 50[mV]

4. 출력 임피던스가 작기 때문에, 작은 부하저항을 구동하는데 많이 사용하는 증폭기는?

   ① 공통 이미터 증폭기 ② 공통 베이스 증폭기
   ③ 공통 소스 증폭기 ④ 이미터 팔로워

5. 레벨 시프터로 사용할 수 있는 증폭기는?
   ① 공통 이미터 증폭기　　② 공통 베이스 증폭기
   ③ 고통 소스 증폭기　　④ 이미터 팔로워

6. 이미터 팔로워 회로의 입력전압과 출력전압의 위상차는?
   ① 90°　② 0°　③ 180°　④ 270°

7. 아래 그림와 같은 이미터 팔로우 회로에서 h-파라미터가 h_{ie}=2.1[kΩ], h_{fe}=100이고, R_1=10[kΩ], R_2=10[kΩ], R_E=4[kΩ]일 때, 입력저항은 약 얼마인가?
   ① 402[kΩ]　② 404[kΩ]　③ 406[kΩ]　④ 408[kΩ]

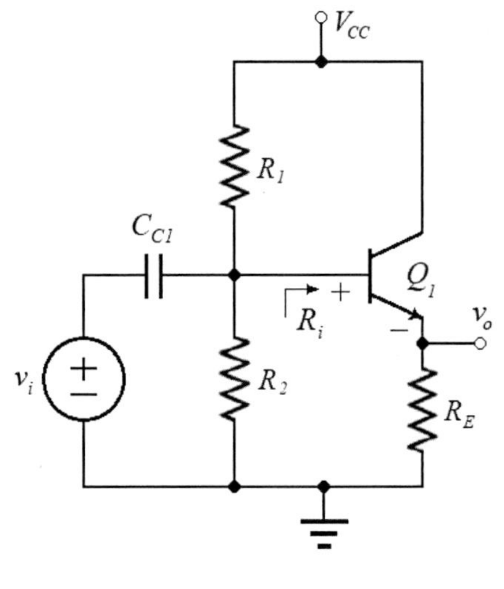

[그림 4.8] 이미터 팔로우 회로

4. 예비 보고서

4.1. 퀴즈에 대한 답을 제시하시오.

4.2. [그림 4.6]의 이미터 팔로워에 대해 전압이득, 입력 임피던스 및 출력 임피던스를 계산하고, PSpice 모의실험과 비교하시오. 단, V_{TH}=6V, v_s=10mV, R_{TH}=1kΩ, R_E=2kΩ, R_L=300Ω, v_s의 동작주파수 f=10kHz, V_{CC}=12V라 가정한다.

4.3. [그림 4.6]에 대해 입력-출력 전달특성 곡선을 PSpice를 이용하여 그리시오.

4.4. [그림 4.7]의 회로에 대해 증폭기의 전압이득, 입력 임피던스 및 출력 임피던스

를 이론적으로 계산하고, PSpice 모의실험 결과와 비교하시오. 단, R_1=6kΩ, R_2=3kΩ, R_S=2kΩ, R_C=3kΩ, C_C=C_E=1μF, R_E=3kΩ, R_L=270Ω, v_s의 동작주파수 f=10kHz, V_{CC}=12V라 가정한다.

5. 실험기자재 및 부품

5.1. 사용기기

- 직류 전원공급기
- 디지털 멀티미터
- 함수 발생기
- 오실로스코프

5.2. 사용부품

- 트랜지스터 : Q2N4401(2개)
- 저항 : 6kΩ(1개), 3kΩ(2개), 2kΩ(1개), 270Ω(1개), 기타
- 커패시터 : 1μF(2개), 기타(C_E 등)

6. 실험방법 및 절차

6.1. [그림 4.6] 회로를 설계하시오.

① [그림 4.6]에서 $V_{CC}=12\,V$, $v_s=0\,V$, $V_{TH}=6\,V$로 두고, $R_{TH}=2k\Omega$인 경우, v_o의 직류 값이 4V가 되도록 하는 R_E를 결정한다. 이 경우 BJT의 각 단자들의 전압(V_B, V_E, V_C) 및 전류(I_B, I_E, I_C)를 구하고, [표 4.1]에 기록하시오. 각 단자들의 전압을 바탕으로 BJT가 능동 영역에서 동작하는지 확인한다.

② $v_s=0\,V$로 두고, V_{TH}를 0V, 12V, 3V~9V는 500mV 간격으로 변화시키면서 v_o의 직류전압을 측정하여 [표 4.2]에 기록하고, [그림 4.6]의 입력-출력($V_{TH}-v_o$) 전달특성 곡선을 [그림 4.9]에 그리시오.

③ 능동 영역에서 회로가 동작하는 경우 BJT의 전류 증폭도 β, 이미터 저항 r_e' 및 $\beta r_e'$을 구하여 [표 4.3]에 기록하시오. 이를 이용하여 소신호 등가회로를 그리고, [그림 4.6]에 대해 이론적인 전압이득을 구하시오.

④ 전압이득이 1에 근사하게 출력되는지 확인하기 위해 입력에 10kHz의 10mV$_{p\text{-}p}$

정현파를 인가한다. 이때, 이미터 팔로워의 입력-출력 전압의 크기를 [표 4.4]에 기록하고 전압이득을 구하시오. 크기와 위상을 고려하여 v_s와 출력 전압의 파형을 캡처하여 [그림 4.10]에 기록하시오.

⑤ [그림 4.6]의 입력 저항과 출력 저항을 측정하여 [표 4.5]에 기록하시오. 입력 저항을 측정하기 위해 입력의 직류전압을 변화시키면서 입력 쪽에 흘러 들어가는 직류전류를 측정한다. 출력 저항을 측정하기 위해 입력에 0V를 인가하고, 출력 쪽에 직류전압을 변화시키면서 출력 쪽에 흘러 들어가는 직류전류를 측정한다.

6.2. [그림 4.7] 회로(예비 보고서 4.4. 참고)를 설계하시오.

7. 실험결과

7.1. [그림 4.6] 회로 설계

[표 4.1] 이미터 팔로워의 DC 조건

R_E 값 (PSpice)	R_E 값 (측정)	$v_s(=V_B)$	$v_o(=V_E)$	V_C	I_B	I_E	I_C	동작 영역

[표 4.2] [그림 4.6]의 입력-출력 전달특성 확인을 위한 측정 데이터

V_{TH}(V)	$v_o(=V_E)$(V)	동작 영역	V_{TH}(V)	$v_o(=V_E)$(V)	동작 영역
0			6.5		
3			7		
3.5			7.5		
4			8		
4.5			8.5		
5			9		
5.5			12		
6					

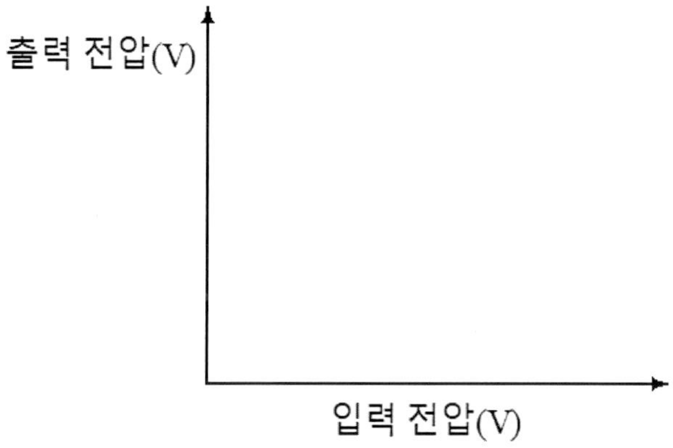

[그림 4.9] 이미터 팔로워의 입력-출력 전달특성 곡선

[표 4.3] [그림 4.6]의 소신호 파라미터

동작 영역	I_B	I_E	I_C	β	r_e'	$\beta r_e'$

[표 4.4] 이미터 팔로워의 전압이득을 계산하기 위한 측정 데이터

입력신호 크기 (mV)	입력신호 주파수(kHz)	출력신호 크기 (mV)	출력신호 주파수(kHz)	전압이득 (선형 스케일)	전압이득 (dB 스케일)

(a) 입력 파형 (b) 출력 파형

[그림 4.10] [그림 4.6]의 입력 및 출력 파형

[표 4.5] 이미터 팔로워의 입력 저항과 출력 저항

입력전압(v_s)	입력전류(I_B)	출력전압(v_o)	출력전류(I_E)	입력저항(R_i)	출력저항(R_o)

7.2. [그림 4.7] 회로 설계(측정 파형 캡처)

(a) 입력 파형

(b) 출력 파형

[그림 4.11] [그림 4.7]에 대한 입력 파형과 출력 파형

실험 5 공통 소스 증폭기

1. 실험 목적

- MOSFET을 이용한 증폭기의 동작원리를 학습하고, 실험을 통해 특성을 측정한다.
- MOSFET을 이용한 증폭기의 입력-출력 특성 곡선을 구하고, 소신호 등가회로 개념을 적용하여 전압이득을 구한 다음, 실험을 통해 동작을 확인한다.

2. 기초이론

FET(field effect transistor)는 전계효과 트랜지스터로 명명되며, 접합형 FET(JFET: junction FET)와 절연형 FET(IGFET: insulated gate FET 또는 MOSFET: metal oxide semiconductor FET)를 나뉜다. FET는 소스(source), 드레인(drain), 게이트(gate)의 세 부분으로 구성되며, 각각 트랜지스터의 이미터, 컬렉터, 베이스, 또는 진공관의 음극 K, 양극 P, 그리드 G와 유사한 역할을 한다. 보통 FET의 전기전도는 소스와 드레인을 잇는 채널에 해당하는 다수캐리어(majority carrier) 한 가지에 의해서 이루어지므로, 소수캐리어(minority carrier)도 전도에 참여하는 보통의 트랜지스터를 바이폴라(bipolar) 트랜지스터라고 하는 데 반해서 FET는 유니폴라 트랜지스터라고 한다. 본 실험에서는 주로 MOSFET에 대해서만 취급하기로 한다.

2.1. 증폭기 구성

[그림 5.1]은 MOSFET 증폭기의 종류를 나타낸 것이다. 소스 공통(CS), 드레인 공통(CD) 및 게이트 공통(CG)의 3가지 종류로 설계할 수 있다. 먼저, 소스 공통(CS) 증폭기는 높은 전압이득을 얻을 수 있는 장점이 있어서 가장 널리 사용되고 있는 교류 증폭기이다. 입력단은 게이트, 출력단은 드레인, 공통단자는 소스

를 가진다. 또한, 드레인 공통(CD) 증폭기는 소스 팔로워(source follower)라고도 부르며, 버퍼 증폭기로 사용된다. 입력단은 게이트, 출력단은 소스, 공통단자는 드레인으로 구성할 수 있다. 이러한 증폭기는 입력 임피던스는 크고, 출력 임피던스는 작은 특징을 가지며, 입력과 출력은 동위상을 제공한다. 마지막으로 게이트 공통(CG) 증폭기는 입력단을 소스, 출력단을 드레인, 공통단자를 게이트로 구성된다. 이러한 증폭기는 고주파 회로에 주로 사용되며, 입력 임피던스는 작고, 출력 임피던스는 큰 특징을 가진다. 이러한 증폭기는 드레인 공통 증폭기와 같이 동위상의 입력과 출력을 제공한다.

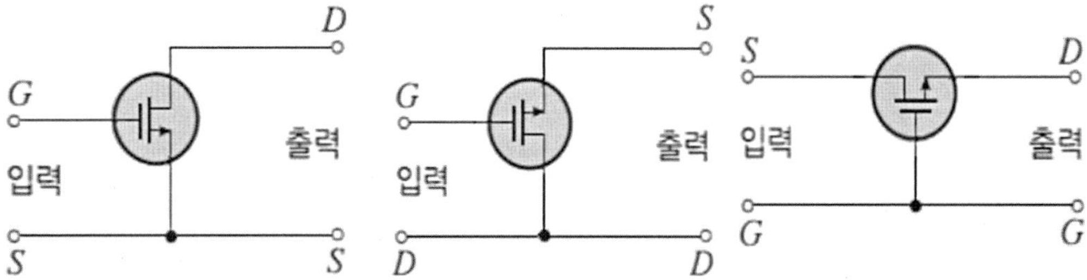

(a) 소스 공통(CS) (b) 드레인 공통(CD) (c) 게이트 공통(CG)

[그림 5.1] MOSFET 증폭기 종류

2.2. 공통 소스 증폭기

[그림 5.2]는 공통 소스 증폭기를 나타낸 것이다. 게이트-소스 간의 소신호 전압에 비례하는 전류가 드레인에 흐르고, 이 전류가 출력 쪽의 저항 R_D에 의해 전압으로 변화되면서 전압을 증폭시킨다. 교류 증폭기는 직류 및 교류전원을 동시에 포함하고 있기 때문에 직류해석과 교류해석이 필요하다.

직류해석

직류해석을 위해 직류전원 V_{DD}만이 존재할 때의 회로해석(교류전원 v_s를 제거)을 해야 한다. 직류에 대하여 커패시터의 리액턴스는 무한대이므로 커패시터(C_{C1}, C_{C2})는 개방회로로 대체하여 2장에 언급했던 [그림 2.4(a)]와 같은 직류 등가회로(직류 바이어스 회로)를 형성한다.

교류해석

① 교류해석의 기본 가정

커패시터의 리액턴스가 각 전원 주파수에 대해 충분히 작다는 가정하에 커플링 커패시터(C_{C1}, C_{C2})를 단락시킨다.

② 교류 등가회로 해석

소신호 분석을 위해서는 직류전원(V_{DD}) 등은 접지시킨다. [그림 5.3]의 소신호 등가 회로에서 입력 저항 R_i와 출력 저항 R_o를 구하면 각각 식 (5.1)과 식 (5.2)와 같다.

$$R_i = R_{TH} = R_1 \parallel R_2 \tag{5.1}$$

$$R_o = r_o \parallel R_D \tag{5.2}$$

전압이득을 구하기 위해서 식 (5.2)의 결과를 이용한 후, 식 (5.3)과 식 (5.4) 과정을 거치면 식 (5.5)를 구할 수 있다.

$$v_i = v_{gs} = \frac{R_i}{R_i + R_G} v_s \tag{5.3}$$

$$v_o = - g_m v_{gs} (r_o \parallel R_D \parallel R_L) \tag{5.4}$$

$$A_v = \frac{v_o}{v_s} = - \frac{R_i}{R_i + R_G} g_m (r_o \parallel R_D \parallel R_L) \approx - \frac{R_i}{R_i + R_G} g_m (R_D \parallel R_L) \tag{5.5}$$

여기서, $g_m = K_n(V_{GSQ} - V_{Tn})$, $r_o = 1/\lambda I_D$.

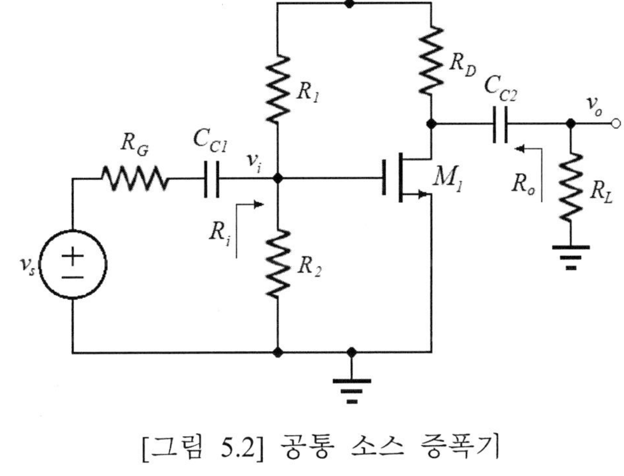

[그림 5.2] 공통 소스 증폭기

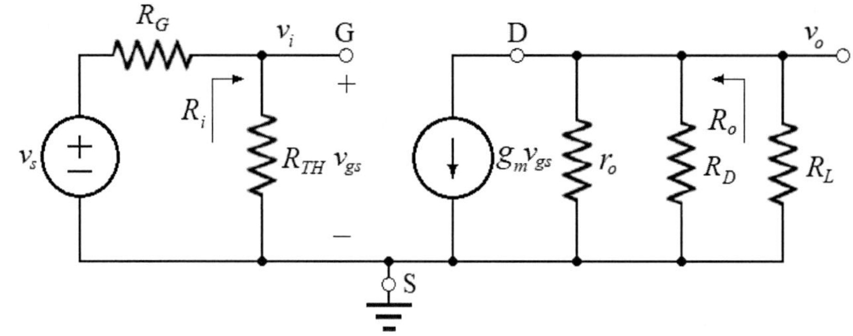

[그림 5.3] 공통 소스 증폭기의 소신호 등가회로

[그림 5.4]는 R_S를 가진 공통 소스 증폭기를 나타낸 것이다. R_E를 가진 BJT 공통 이미터 증폭기에서 설명한 바와 같이, 소스 저항 R_S는 드레인 바이어스 전류 I_{DQ}의 변동을 매우 작게 만들어 동작점(Q점)을 안정화시키는 시키는 역할을 한다. 여기에서는 R_S가 증폭기의 전압이득에 미치는 영향을 알아본다.

[그림 5.4]에서 커패시터 C_S가 있는 경우와 없는 경우에 대해 전압이득을 각각 구해보도록 한다. 먼저, C_S가 없는 경우에 대한 전압이득을 구해보자. [그림 5.5]는 C_S가 없는 경우에 대한 공통 소스 증폭기의 소신호 등가회로를 나타낸다. 이러한 경우에 대한 전압이득을 구하면 식 (5.6)과 같다.

$$A_v \approx -\frac{R_i}{R_i+R_G}\frac{g_m(R_D \parallel R_L)}{1+g_m R_S} \tag{5.6}$$

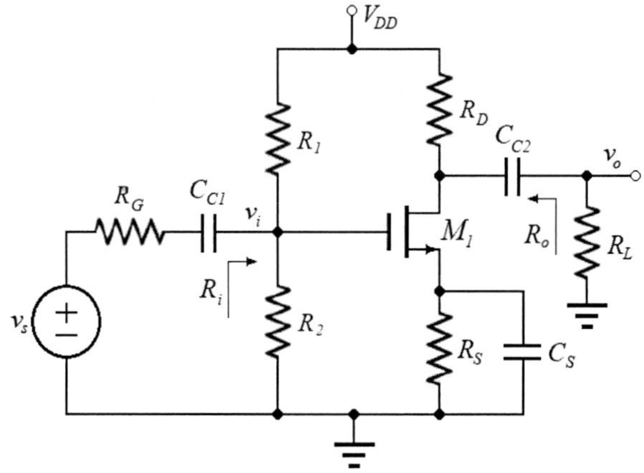

[그림 5.4] R_S를 가진 공통 소스 증폭기

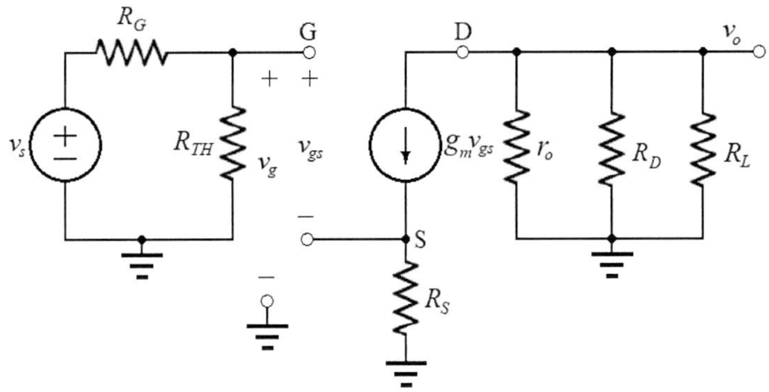

[그림 5.5] R_S를 가진 공통 소스 증폭기의 소신호 등가회로

이제, [그림 5.4]에서 커패시터 C_S가 없거나 또는 있어도 C_S가 소스 바이패스 커패시터로 사용될 경우에 대해 전압이득을 구해보도록 한다. [그림 5.4]에서 소스 바이패스 커패시터 C_S는 소스 저항을 효과적으로 단락시켜, 소스를 교류 접지시킨다. 바이패스 커패시터로 인해 이 증폭기의 이득은 최대가 된다. 바이패스 커패시터의 용량은 충분히 커야 한다. 결과적으로 신호주파수 범위 내에서 커패시터의 리액턴스는 R_S에 비해 매우 작아진다(이상적으로 0Ω). 바이패스 커패시터의 X_S는 증폭기의 최소 동작주파수에서 R_S보다 10배 이하가 되어야 한다. 즉, 식 (5.7)의 조건이 되어야 한다. 이러한 경우 전압이득은 식 (5.5)와 같이 됨을 알 수 있다.

$$10X_S \le R_S \tag{5.7}$$

3. 퀴즈

1. 다음 중 FET와 TR의 차이점이 아닌 것은?
   ① FET는 TR보다 입력 저항이 크다.
   ② TR은 양극성 소자이고 FET는 단극성 소자이다.
   ③ FET는 TR보다 잡음이 적다.
   ④ FET는 TR보다 이득대역폭적이 크다.

2. [그림 5.4]에서 커패시터 C_S를 사용한 목적으로 적절한 것은?
   ① 증폭기의 이득을 증가시킨다.
   ② 리플성분을 감소시킨다.

③ 직류성분을 통과시킨다.

④ 병렬궤환을 발생한다.

3. 다음 중 공통 소스 증폭기에서 가장 큰 증폭률을 얻을 수 있는 동작 영역은?

① 차단 영역　　② 트라이오드 영역

③ 포화 영역　　④ 공핍 영역

4. 공통 소스 증폭기에서 전류가 일정할 때, 전달컨덕턴스를 증가시킬 수 있는 방법이 아닌 것은?

① W/L 비율을 증가시킨다.　　② W를 증가시킨다.

③ L을 감소시킨다.　　④ W/L 비율을 감소시킨다.

5. 공통 소스 증폭기에서 왜곡 없는 출력을 얻을 수 있는 방법은?

① 입력 신호를 무조건 크게 인가한다.

② 소신호 근사가 가능한 정도로 작은 신호를 인가한다.

③ 출력 저항을 증가시킨다.

④ 드레인 전류를 증가시킨다.

6. 공통 소스 증폭기에서 입력신호에 직류 바이어스 전압(V_{GS}) 없이 소신호(v_{gs})만 인가한다면 어떤 상황이 되는가?

① 소신호만 들어오기 때문에 증폭이 더 잘 된다.

② 증폭은 잘 되고, 직류 바이어스 전압이 없기 때문에 출력 측의 직류 전압이 0으로 출력된다.

③ 증폭기 자체가 동작을 하지 않으며, 증폭된 신호를 얻을 수 없다.

④ 증폭은 안 되지만 출력 측의 직류 전압은 출력된다.

7. 공통 소스 증폭기에서 증폭률을 증가시킬 수 있는 방안으로 적절하지 않는 것은?

① 전달컨덕턴스 g_m을 증가시킨다.

② 동작점에서의 드레인 전류 I_{DQ}를 감소시킨다.

③ W/L 비율을 증가시킨다.

④ 출력 저항 R_o를 증가시킨다.

[그림 5.6]은 공통 소스 증폭기 실험 회로를 나타낸다.

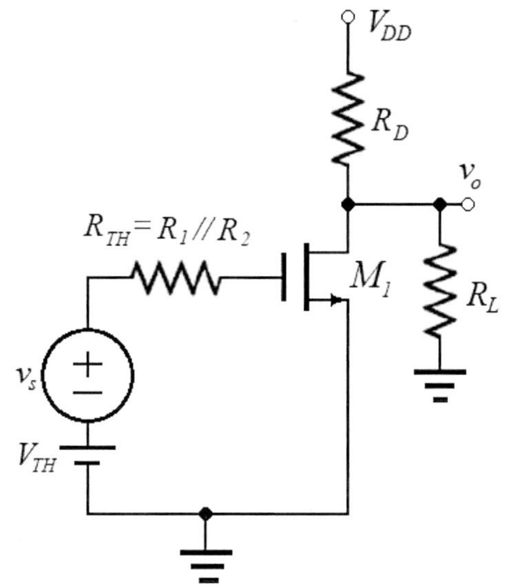

[그림 5.6] 공통 소스 증폭기 실험 회로

4. 예비 보고서

4.1. 퀴즈에 대한 답을 제시하시오.

4.2. NMOS의 소신호 등가회로에 대해서 설명하고, g_m과 r_o가 드레인 전류와 어떤 관계인지 유도하시오.

4.3. [그림 5.6]에서 PSpice를 이용하여 $V_{DD}=12\,V$, R_{TH}를 10kΩ으로 고정하고, v_s에 6V의 직류전압을 인가한 후, v_o 전압이 6V의 직류 전압이 나오는 R_D를 구하시오.

4.4. [그림 5.6]의 공통 소스 증폭기의 전압이득, 입력 임피던스 및 출력 임피던스를 이론적으로 계산하고, PSpice 모의실험 결과와 비교하시오.

4.5. ① [그림 5.4]에서 PSpice를 이용하여 전압이득을 구하고, 이론 값과 비교하시오. 단, R_1=6kΩ, R_2=3kΩ, R_G=2kΩ, R_D=3kΩ, C_{C1}=C_{C2}=C_S=1μF, R_S=3kΩ, R_L=1MΩ, v_s의 동작주파수 f=10kHz, V_{DD}=12V라 가정한다.

② R_G가 없는 경우에 대해 ①을 반복하시오.

③ C_S가 없는 경우에 대해 ①을 반복하시오.

5. 실험기자재 및 부품

5.1. 사용기기

- 직류 전원공급기
- 디지털 멀티미터
- 함수 발생기
- 오실로스코프

5.2. 사용부품

- 트랜지스터 : 2N7000(1개)
- 저항 : 6kΩ(1개), 3kΩ(3개), 2kΩ(1개), 1MΩ(1개), 기타
- 커패시터 : 1μF(2개), 기타(C_S 등)

6. 실험방법 및 절차

6.1. [그림 5.6] 회로를 설계하시오.

① [그림 5.6]에서 $V_{DD}=12V$, $v_s=0V$, $V_{TH}=4V$로 두고, $R_{TH}=2k\Omega$인 경우, v_o의 직류 값이 6V가 되도록 하는 R_D를 결정한다. 이 경우 MOSFET의 각 단자들의 전압(V_D, V_G) 및 전류(I_D)를 구하고, [표 5.1]에 기록하시오. 각 단자들의 전압을 바탕으로 MOSFET이 포화 영역에서 동작하는지 확인한다.

② $v_s=0V$로 두고, V_{TH}를 0V, 12V, 3V~9V는 500mV 간격으로 변화시키면서 v_o의 직류전압을 측정하여 [표 5.2]에 기록하고, 입력-출력($V_{TH}-v_o$) 전달특성 곡선을 [그림 5.7]에 그리시오.

③ 포화 영역에서 회로가 동작하는 경우 MOSFET의 전달컨덕턴스 g_m, 출력 저항 r_o를 구하여 [표 4.3]에 기록하시오. 이를 이용하여 소신호 등가회로를 그리고, [그림 5.6]에 대해 이론적인 전압이득을 구하시오.

④ 전압이득이 최소 10V/V 이상이 출력되는지 확인하기 위해 입력에 10kHz의 10mV$_{p\text{-}p}$ 정현파를 인가한다. 이때, 공통 소스 증폭기의 입력-출력 전압의 크기를 [표 5.4]에 기록하고 전압이득을 구하시오. 크기와 위상을 고려하여 v_s, 입력전압(MOSFET 게이트 전압 v_{GS}), 출력전압(MOSFET 드레인 전압 v_{DS})의

파형을 캡처하여 [그림 5.8]과 같은 형태로 기록하시오.

⑤ [그림 5.6]의 입력 저항과 출력 저항을 측정하여 [표 5.5]에 기록하시오. 입력 저항을 측정하기 위해 입력의 직류전압을 변화시키면서 입력 쪽에 흘러 들어가는 직류전류를 측정한다. 출력 저항을 측정하기 위해 입력에 0V를 인가하고, 출력 쪽에 직류전압을 변화시키면서 출력 쪽에 흘러 들어가는 직류전류를 측정한다.

6.2. [그림 5.4] 회로(예비 보고서 4.5. 참고)를 설계하시오.

7. 실험결과

7.1. [그림 5.6] 회로 설계

[표 5.1] 공통 소스 증폭기의 DC 조건

R_D 값 (PSpice)	R_D 값 (측정)	v_s	V_G	$v_o(=V_D)$	I_D	동작 영역

[표 5.2] [그림 5.6]의 입력-출력 전달특성 확인을 위한 측정 데이터

V_{TH}(V)	$v_o(=V_D)$(V)	동작 영역	V_{TH}(V)	$v_o(=V_D)$(V)	동작 영역
0			6.5		
3			7		
3.5			7.5		
4			8		
4.5			8.5		
5			9		
5.5			12		
6					

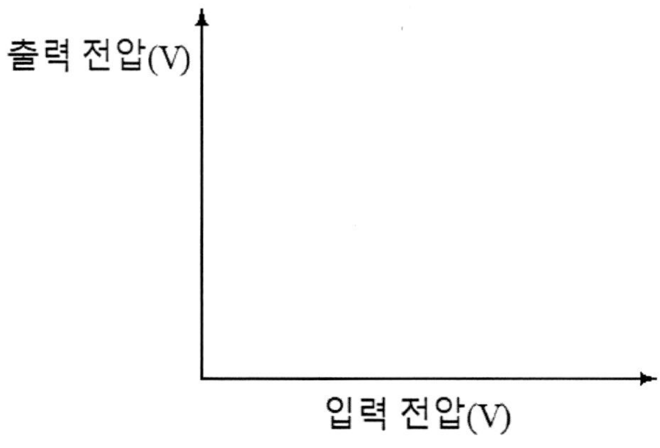

[그림 5.7] 공통 소스 증폭기의 입력-출력 전달특성 곡선

[표 5.3] [그림 5.6]의 소신호 파라미터

동작 영역	I_D	I_S	g_m	r_o

[표 5.4] 공통 소스 증폭기 전압이득을 계산하기 위한 측정 데이터

입력신호 크기 (mV)	입력신호 주파수(kHz)	출력신호 크기 (mV)	출력신호 주파수(kHz)	전압이득 (선형 스케일)	전압이득 (dB 스케일)

(a) 입력 파형

(b) 출력 파형

[그림 5.8] [그림 5.6]의 입력 및 출력 파형

[표 5.5] 공통 소스 증폭기의 입력 저항과 출력 저항

입력전압(v_s)	입력전류(I_G)	출력전압(v_o)	출력전류(I_O)	입력저항(R_i)	출력저항(R_o)

7.2. [그림 5.4] 회로 설계(측정 파형 캡처)

(a) 입력 파형

(b) 출력 파형

[그림 5.9] R_G가 있는 경우

(a) 입력 파형 (b) 출력 파형

[그림 5.10] R_G가 없는 경우

(a) 입력 파형 (b) 출력 파형

[그림 5.11] C_S가 없는 경우

실험 6 소스 팔로워

1. 실험 목적

- MOSFET을 이용한 공통 드레인 증폭기(소스 팔로워)의 동작원리를 이해한다.
- 소스 팔로워의 전압이득 및 특성을 실험을 통해 확인한다.

2. 기초이론

2.1. 공통 드레인 증폭기 특징

MOSFET을 이용한 기본적인 세 가지 증폭기 중에서 이번 장에서는 드레인 공통(CD) 증폭기에 대한 동작원리를 학습한다. 출력신호가 입력신호를 따라가기 때문에 '소스 팔로워'라는 용어를 더 많이 사용한다. 입력전압은 결합 커패시터를 통해 게이트에 공급되고, 출력전압은 소스 단에서 얻으며, 드레인은 교류 접지되어 있다. 소스 전압(출력)이 게이트 전압(입력)과 거의 같은 파형이 나온다. 즉, 전압이득이 거의 1이며, 높은 전류이득과 입력저항을 얻을 수 있기 때문에 임피던스 정합(impedance matching)용으로 사용할 수 있다. 또한, 부하효과를 감소시키기 위한 버퍼 증폭기로 사용된다. 이러한 증폭기는 입력 임피던스는 크고, 출력 임피던스는 작은 특징을 가지며, 입력과 출력은 게이트 공통(CG) 증폭기와 같이 동위상을 제공한다. 소스 팔로워는 출력 임피던스가 작기 때문에 스테레오 스피커와 같이 낮은 임피던스의 부하에 최대 전력을 전달하는 구동회로에 많이 사용된다.

2.2. 공통 드레인 증폭기

[그림 6.1]과 같이 입력단은 게이트, 출력단은 소스, 공통단자는 드레인으로 구성할 수 있다. 소스 팔로워 회로에서 입력은 게이트 단자에 인가되고, 출력은 소스 단자에서 검출된다. 드레인 단자가 공통이므로, 공통 드레인 증폭기라고 한다.

또한, 출력신호의 직류전압 레벨에서 V_{GS}만큼 강하된 전압이 나오기 때문에 레벨 시프터(level shifter)로서도 동작이 가능하다.

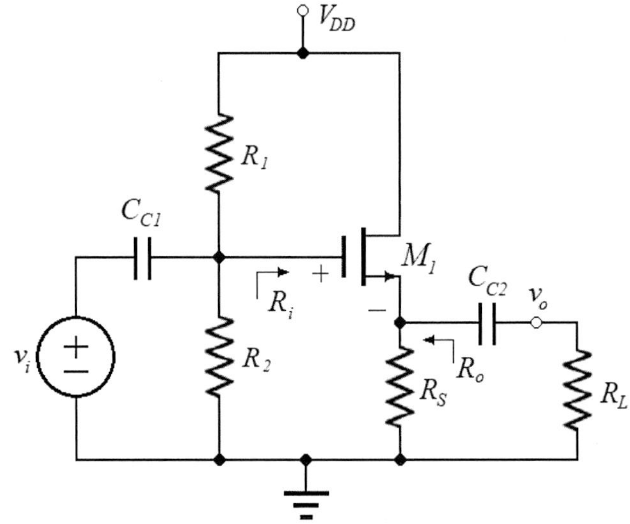

[그림 6.1] 공통 드레인 증폭기

직류해석

직류해석을 위해 공통 소스 증폭기 해석과 동일하게 직류전원 V_{DD}만이 존재할 때의 회로해석(교류전원 v_i를 제거)을 해야 한다. 직류에 대하여 커패시터의 리액턴스는 무한대이므로 커패시터(C_{C1}, C_{C2})는 개방회로로 대체하면 [그림 6.2(a)]와 같은 직류 등가회로를 구할 수 있다.

교류해석

① 교류해석의 기본 가정

커패시터의 리액턴스가 각 전원 주파수에 대해 충분히 작다는 가정하에 커패시터(C_{C1}, C_{C2})를 단락시키고, 직류전원 V_{CC}를 접지시킨다. 이는 전압원의 내부 저항은 거의 0이므로 어떤 교류 전압도 직류전원 양단에 나타나지 않는다는 가정에 기초를 둔 것이다. 이를 통해 [그림 4.2(b)]와 같은 교류 등가회로를 구할 수 있다.

② 교류 등가회로 해석

[그림 6.2(b)]와 [그림 6.3(a)]는 저항 부하가 있는 소스 팔로워의 전압이득을 구하기

위한 소신호 등가회로를 나타낸 것이다. 특히, [그림 6.3(a)]는 [그림 6.2(b)]를 간략화한 것이다. 식 (6.1)과 같이 소스 팔로워의 전압이득은 양의 값을 가지고, 그 값은 1에 가까움을 알 수 있다.

$$A_v = \frac{v_o}{v_i} = \frac{r_o \parallel R_S \parallel R_L}{\frac{1}{g_m} + r_o \parallel R_S \parallel R_L} < 1 \tag{6.1}$$

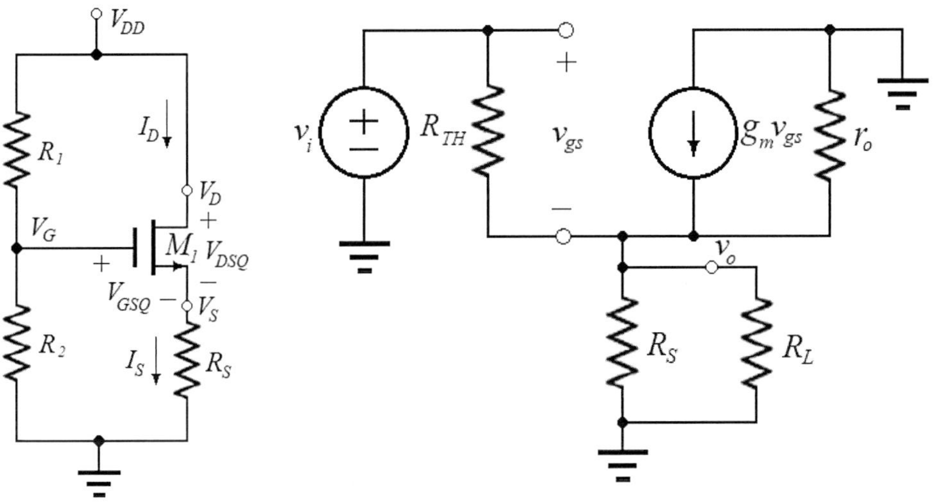

(a) 직류 등가회로 (b) 교류 등가회로

[그림 6.2] 저항 부하가 있는 소스 팔로워의 소신호 등가회로

[그림 6.3(b)]는 소스 팔로워의 출력 임피던스를 구하기 위한 회로이며, 식 (6.2)와 같이 표현할 수 있다.

$$R_o = \frac{1}{g_m} \parallel r_o \parallel R_S \parallel R_L \approx \frac{1}{g_m} \parallel R_S \parallel R_L \tag{6.2}$$

식 (6.2)로부터 $\frac{1}{g_m} \ll R_S \parallel R_L$인 조건이 만족되면 $R_o \approx \frac{1}{g_m}$이 성립하고, 출력 임피던스가 매우 작음을 알 수 있다. 출력 임피던스 값이 작은 특성이 있기 때문에 작은 부하 저항을 구동하는 데 유리하고, 전압 버퍼로서 많이 사용된다. 수 Ω 정도의 매우 낮은 임피던스를 가진 스테레오 스피커를 공통 소스 증폭기로 구동하게 되면 전압이득이 많이 감소한다. 이런 경우 소스 팔로워를 전압 버퍼로 사용하면 전압이득의 급격한 감소를 방지할 수 있다. 또한, 게이트 단자에 입력이 인가되므로, 공통 소스 증폭기와 입력 임피던스는 동일함을 알 수 있다.

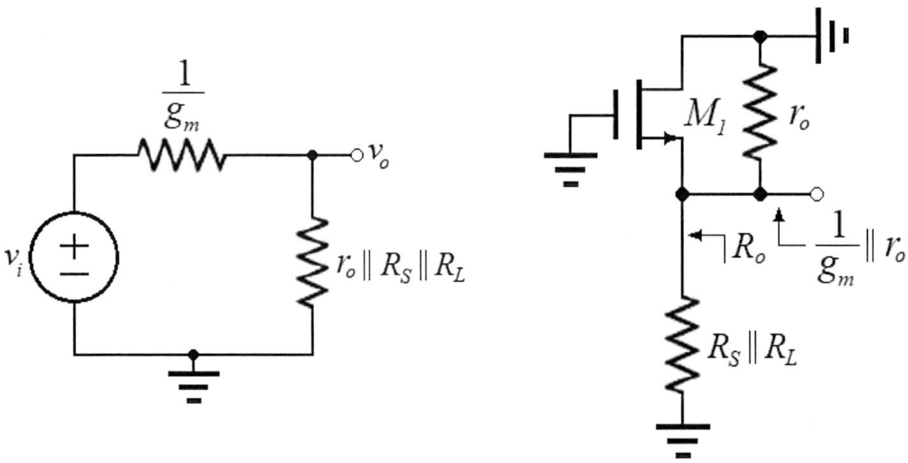

(a) 소신호 등가회로 (b) 출력 임피던스

[그림 6.3] 소스 팔로워 소신호 등가회로 및 출력 임피던스

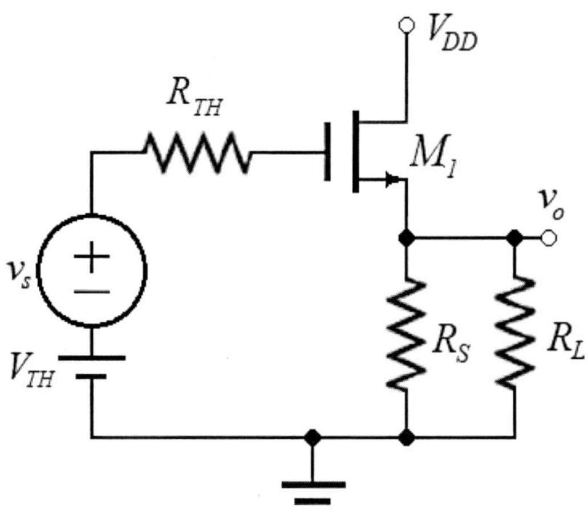

[그림 6.4] 소스 팔로워 실험회로

3. 퀴즈

1. 소스 팔로워의 전압이득을 최대로 하기 위한 방법은?
   ① 부하 저항을 최소화한다.
   ② 부하 저항을 최대화한다.
   ③ 부하 저항에 병렬로 커패시터를 연결한다.
   ④ 부하 저항에 병렬로 인덕터를 연결한다.

2. 소스 팔로워의 용도로 맞지 않는 것은?
   ① 전압 버퍼 ② 레벨 시프터
   ③ 임피던스 정합 ④ 고속 소 신호 증폭

3. [그림 6.1]과 같은 증폭기의 교류 입력전압의 크기가 25[mV]일 때 교류 출력전압의 크기는 약 얼마인가? (단, R_1=6[kΩ], R_2=3[kΩ], C_{C1}=C_{C2}=1[μF], R_S=400[kΩ], R_L=200[Ω]이다.)
   ① 25[mV] ② 30[mV] ③ 35[mV] ④ 40[mV]

4. 소스 팔로워를 스테레오 스피커 등에 사용할 수 있는 이유는 무엇인가?
   ① 증폭기로 구현하였을 때 크기가 작기 때문
   ② 적은 전류로 동작할 수 있기 때문
   ③ 출력 임피던스가 작기 때문
   ④ 증폭률(전압이득)이 크기 때문

5. 레벨 시프터로 사용할 수 있는 증폭기는?
   ① 공통 소스 증폭기 ② 공통 게이트 증폭기
   ③ 공통 이미터 증폭기 ④ 소스 팔로워

6. 소스 팔로워를 버퍼로 사용하는 이유는 무엇인가?
   ① 출력에서 입력신호보다 더 빠른 신호를 얻을 수 있기 때문
   ② 출력에서 입력신호와 거의 동일한 크기의 신호를 얻을 수 있기 때문
   ③ 출력에서 왜곡이 없이 증폭이 잘 된 신호를 얻을 수 있기 때문
   ④ 출력에서 입력신호와 동위상의 신호를 얻을 수 있기 때문

7. 공통 드레인 증폭기의 입력전압과 출력전압의 위상차는?
   ① 0° ② 90° ③ 180° ④ 270°

4. 예비 보고서

4.1. 퀴즈에 대한 답을 제시하시오.

4.2. [그림 6.4]의 소스 팔로워에 대해 전압이득, 입력 임피던스 및 출력 임피던스를 계산하고, PSpice 모의실험과 비교하시오. 단, V_{TH}=6V, v_s=10mV, R_{TH}=1kΩ, R_S=2kΩ, R_L=300Ω, v_s의 동작주파수 f=10kHz, V_{CC}=12V라 가정한다.

4.3. [그림 6.4]에 대해 입력-출력 전달특성 곡선을 PSpice를 이용하여 그리시오.

4.4. [그림 6.1]의 회로에 대해 증폭기의 전압이득, 입력 임피던스 및 출력 임피던스를 이론적으로 계산하고, PSpice 모의실험 결과와 비교하시오. 단, R_1=6kΩ, R_2=3kΩ, R_S=3kΩ, C_{C1}=C_{C2}=1μF, R_L=270Ω, v_s의 동작주파수 f=10kHz, V_{CC}=12V 라 가정한다.

5. 실험기자재 및 부품

5.1. 사용기기

- 직류 전원공급기
- 디지털 멀티미터
- 함수 발생기
- 오실로스코프

5.2. 사용부품

- 트랜지스터 : 2N7000(1개)
- 저항 : 6kΩ(1개), 3kΩ(2개), 2kΩ(1개), 270Ω(1개), 기타
- 커패시터 : 1μF(2개), 기타

6. 실험방법 및 절차

6.1. [그림 6.4] 회로를 설계하시오.

① [그림 6.4]에서 $V_{DD} = 12\,V$, $v_s = 0\,V$, $V_{TH} = 6\,V$로 두고, $R_{TH} = 2k\Omega$인 경우, v_o의 직류 값이 4V가 되도록 하는 R_S를 결정한다. 이 경우 MOSFET의 각 단자들의 전압(V_G, V_S, V_D) 및 전류(I_D)를 구하고, [표 6.1]에 기록하시오. 각

단자들의 전압을 바탕으로 MOSFET이 포화 영역에서 동작하는지 확인한다.

② $v_s = 0\,V$로 두고, V_{TH}를 0V, 12V, 3V~9V는 500mV 간격으로 변화시키면서 v_o의 직류전압을 측정하여 [표 6.2]에 기록하고, 입력-출력($V_{TH} - v_o$) 전달특성 곡선을 [그림 6.5]에 그리시오.

③ 포화 영역에서 회로가 동작하는 경우 MOSFET의 전류 전달컨덕턴스 g_m, 출력 저항 r_o를 구하여 [표 6.3]에 기록하시오. 이를 이용하여 소신호 등가회로를 그리고, [그림 6.4]에 대해 이론적인 전압이득을 구하시오.

④ 전압이득이 1에 근사하게 출력되는지 확인하기 위해 입력에 10kHz의 $10mV_{p\text{-}p}$ 정현파를 인가한다. 이때, 소스 팔로워의 입력-출력 전압의 크기를 [표 6.4]에 기록하고 전압이득을 구하시오. 크기와 위상을 고려하여 v_s와 출력 전압의 파형을 캡처하여 [그림 6.6]에 기록하시오.

⑤ [그림 6.4]의 입력 저항과 출력 저항을 측정하여 [표 6.5]에 기록하시오. 입력 저항을 측정하기 위해 입력의 직류전압을 변화시키면서 입력 쪽에 흘러 들어가는 직류전류를 측정한다. 출력 저항을 측정하기 위해 입력에 0V를 인가하고, 출력 쪽에 직류전압을 변화시키면서 출력 쪽에 흘러 들어가는 직류전류를 측정한다.

6.2. [그림 6.1] 회로(예비 보고서 4.4. 참고)를 설계하시오.

7. 실험결과

7.1. [그림 6.4] 회로 설계

[표 6.1] 소스 팔로워의 DC 조건

R_S 값 (PSpice)	R_S 값 (측정)	$v_s(=V_G)$	$v_o(=V_S)$	V_D	I_D	동작 영역

[표 6.2] [그림 6.4]의 입력-출력 전달특성 확인을 위한 측정 데이터

V_{TH}(V)	$v_o(=V_S)$(V)	동작 영역	V_{TH}(V)	$v_o(=V_S)$(V)	동작 영역
0			6.5		
3			7		
3.5			7.5		
4			8		
4.5			8.5		
5			9		
5.5			12		
6					

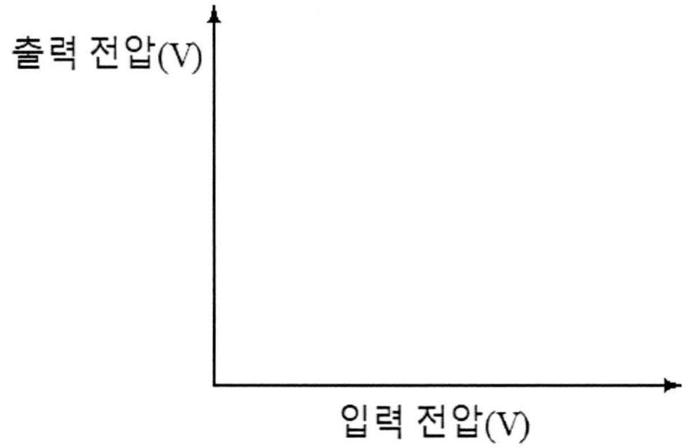

[그림 6.5] 이미터 팔로워의 입력-출력 전달특성 곡선

[표 6.3] [그림 4.6]의 소신호 파라미터

동작 영역	I_D	g_m	r_o

[표 6.4] 소스 팔로워의 전압이득을 계산하기 위한 측정 데이터

입력신호 크기 (mV)	입력신호 주파수(kHz)	출력신호 크기 (mV)	출력신호 주파수(kHz)	전압이득 (선형 스케일)	전압이득 (dB 스케일)

(a) 입력 파형

(b) 출력 파형

[그림 6.6] [그림 6.4]의 입력 및 출력 파형

[표 6.5] 소스 팔로워의 입력 저항과 출력 저항

입력전압(v_s)	입력전류(I_G)	출력전압(v_o)	출력전류(I_S)	입력저항(R_i)	출력저항(R_o)

7.2. [그림 6.1] 회로 설계(측정 파형 캡처)

(a) 입력 파형 (b) 출력 파형

[그림 6.7] [그림 6.1]에 대한 입력 파형과 출력 파형

실험 7 전력증폭기

1. 실험 목적

- 전력증폭기(power amplifier)의 기본 동작원리에 대해 학습한다.
- BJT를 사용한 전력증폭기(A, B, AB, C급)의 전력이득 및 효율을 살펴보고, 기본적인 측정을 통해 이를 검증한다.

2. 기초이론

2.1. 증폭기 용어

대부분의 전자·정보통신 시스템에 있어서 입력신호는 작지만 여러 단 전압 증폭을 한 신호는 크게 되며, 부하선(load line) 전체를 사용하게 된다. 시스템의 종단에서 부하 임피던스가 매우 작기 때문에 컬렉터 전류는 아주 커지는 문제가 종종 발생한다. 이미터 팔로워 또는 소스 팔로워의 사용 예에서 언급을 했듯이 스테레오 증폭기의 스피커 임피던스는 8Ω 정도로 아주 작다.

소신호 트랜지스터의 정격전력은 1W 이하인 반면, 전력 트랜지스터의 정격전력은 1W 이상이다. 소신호 트랜지스터는 전형적으로 신호전력이 낮은 시스템의 앞단에, 전력 트랜지스터는 신호전력과 전류가 크기 때문에 시스템의 종단 부근에 사용된다.

동작 등급

[그림 7.1]은 각 증폭기의 사인 파형에 대한 BJT의 출력 컬렉터 전류 파형을 나타낸 것이다. 증폭기의 A급 동작은 트랜지스터가 항상 활성 영역(MOSFET에서는 포화 영역)에서 동작한다는 것을 의미한다. [그림 7.1(a)]로 부터 알 수 있듯이 A급 증폭기에서는 입력전압의 한 주기 동안 BJT의 출력 컬렉터 전류가 360° 만큼 흐르며, 선형적으로 동작하므로 왜곡이 적은 특성을 가진다. A급 증폭기의

경우는 Q점을 부하선의 거의 중앙에 위치하도록 한다. 이와 같이 하면, 신호는 트랜지스터를 포화시키거나 차단시키지 않고 신호의 왜곡 없이 가능한 최대 범위에 걸쳐 스윙할 수 있다.

B급 동작은 다르다. [그림 7.1(b)]에서 B급 증폭기는 입력의 앞 반주기(180°) 동안만 BJT의 출력 컬렉터 전류가 흐르고, 그 후 반주기 동안에는 출력 전류가 차단되는 동작특성을 보인다. 이와 같이 동작하게 하려면 Q점을 차단점에 위치하게 한다. 그러면 교류 베이스 전압의 양의 반주기만이 컬렉터 전류를 흐르게 할 수 있다. 이것은 전력 트랜지스터에서 소비되는 열을 줄여준다.

[그림 7.1(c)]에서 AB급 증폭기는 A급과 B급 사이에 동작점이 위치하여 BJT 컬렉터 전류가 180° 이상 360° 이하에서 흐른다.

C급 동작은 컬렉터 전류가 [그림 7.1(d)]와 같이 교류 한 주기의 180°보다 작은 구간 동안 BJT의 출력 컬렉터 전류가 흐른다는 것을 의미한다. C급 동작의 경우, 교류 베이스 전압의 양의 반주기 일부만이 컬렉터 전류를 흐르게 한다. [그림 7.1(d)]와 같은 짧은 펄스의 컬렉터 전류를 얻게 된다.

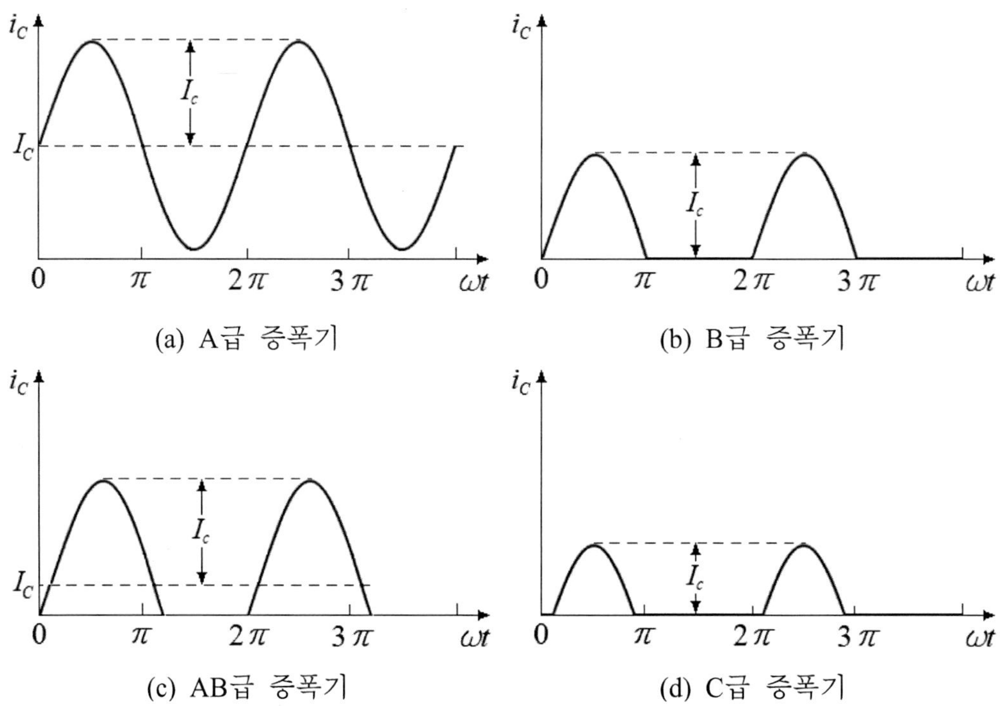

[그림 7.1] 전력증폭기에 사용되는 BJT 컬렉터 전류 파형

결합 방식

신호 결합 방식에는 실험 3에서 언급했던 직접 결합과 커패시터 결합 외에 변압기 결합(transformer coupling)을 들 수 있다. 이런 경우 교류 전압은 변압기를 통해 다음 단으로 결합된다. 커패시터 결합과 변압기 결합은 모두 직류 전압을 차단하고, 교류 전압을 결합하는 예이다.

주파수 범위

증폭기를 설명하기 위한 또 다른 방법은 증폭기의 주파수 범위로 나타내는 것이다. 오디오 증폭기는 20Hz~20kHz의 범위에서 동작하는 증폭기를 말하며, 무선주파(radio frequency) 증폭기는 20kHz 이상의 주파수를 증폭하는 증폭기인데, 일반적으로 20kHz보다 훨씬 높은 주파수를 증폭한다.

또한, 증폭기는 협대역(narrow band)과 광대역(broad band)으로 분류한다. 협대역 증폭기는 450kHz~460kHz 사이의 좁은 주파수 범위에서 동작하며, 광대역 증폭기는 0~10MHz 사이의 넓은 주파수 범위에서 동작한다.

신호 레벨

소신호 동작은 컬렉터 전류의 피크-피크 스윙이 직류 컬렉터 전류의 10% 미만이다. 대신호 동작에서 피크-피크 신호는 부하선의 전부 또는 거의 대부분을 이용한다. 스테레오 시스템에서 수신기 튜너 또는 컴팩트 디스크 플레이어로부터 나오는 소신호는 전치증폭기(pre-amplifier)의 입력으로 사용된다. 프리앰프는 입력원으로부터 신호를 얻기 위한 적당한 입력 임피던스를 가지고 일정 레벨로 증폭하고 다음 단으로 출력을 전달한다. 프리앰프 다음으로 단 또는 다단 증폭단이 있어 소리톤이나 볼륨을 조절하는데 적합하도록 큰 출력을 만든다. 그 다음 이 신호는 수백 mW에서 수백 W까지 출력을 발생시키는 전력증폭기의 입력으로 사용된다. 전력증폭기에서는 고조파로 인한 파형의 왜곡 정도를 나타내는 지표로 전고조파 왜율(THD, Total Harmonic Distortion)을 사용한다. 고조파 성분이 많을수록 THD 값이 높아지게 되며 파형이 정현파로부터 왜곡이 심하다는 것을 의미한다. 전력증폭기에서 출력측 전압과 전류에 대한 왜율은 각각 식 (7.1)과 식 (7.2)로 표현할 수 있다.

$$V_{THD} = \frac{\sqrt{V_2^2 + V_3^2 + \ldots + V_n^2}}{V_1} \tag{7.1}$$

$$I_{THD} = \frac{\sqrt{I_2^2 + I_3^2 + \ldots + I_n^2}}{I_1} \tag{7.2}$$

여기서, V_1은 기본파 전압, $V_2, V_3, \ldots, V_n$은 각 차수별 고조파 전압을 나타낸다.

2.2. 전력증폭기 분류 및 부하선

전력증폭기(power amplifier)는 작은 입력전력을 증폭하여 큰 출력전력을 제공하는 소자를 말한다. 동작 조건에 따라 A, B, AB, C급 등으로 구분되며, 소신호 전압 증폭기([그림 7.2(a)])보다는 큰 신호 조건(대신호 증폭기([그림 7.2(b)]))에서 사용된다. 이러한 조건으로 인해 주로 시스템(유·무선통신 시스템의 송신부)의 출력단으로 사용된다.

[그림 7.2(a)]를 보면 알 수 있듯이 소신호 증폭기에서는 증폭하고자 하는 신호의 진폭이 작기 때문에 동작점(Q점)이 극단적으로 차단 또는 포화영역으로 치우쳐 위치하지 않으면 출력신호의 왜곡은 발생하지 않는다. 즉, 동작점의 위치가 크게 문제가 되지 않는다. 그러나 [그림 7.2(b)]와 같이 대신호 증폭기에서는 신호의 스윙폭이 크기 때문에 부하선의 중앙에 동작점이 위치하는 것이 왜곡이 없는 최대출력을 얻는데 유리하다.

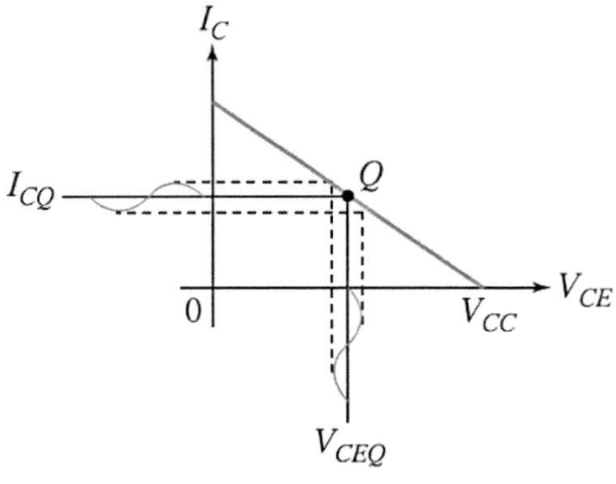

(a) 소신호 증폭기

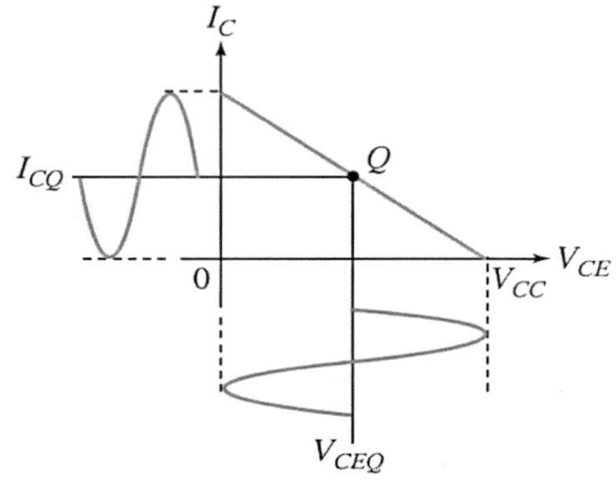

(b) 대신호 증폭기

[그림 7.2] 직류 및 교류 부하선

증폭기에 존재하는 커패시터들로 인하여 직류 및 교류에 대한 부하가 다르기 때문에 직류 부하선의 중앙에 정한 Q점으로는 교류신호의 최대 스윙폭을 제공하지 못한다. 따라서 교류 부하선의 중앙에 동작점 Q가 위치해야 한다. 직류 부하선과 교류 부하선에 대해 해석해 보자. 직류 부하선에 대해서는 실험 2를 참조바란다. 교류 부하선을 해석하기 위해 [그림 7.3]의 R_E를 가진 공통 이미터 증폭기를 살펴본다.

이러한 회로에 대한 출력단의 교류회로는 [그림 7.4(a)]와 같다. 컬렉터 루프에 KVL을 적용하여 풀면 교류 부하선에 대한 방정식은 식 (7.3)과 같이 표현할 수 있고, $I_{c(sat)}$과 $V_{ce(cut)}$은 식 (7.4) 및 식 (7.5)와 같이 각각 표현할 수 있다.

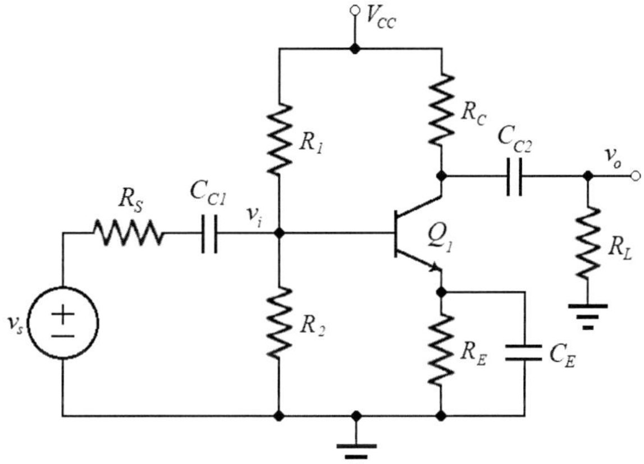

[그림 7.3] R_E를 가진 공통 이미터 증폭기

$$V_{CE} + R_{ac} I_C = V_{CEQ} + R_{ac} I_{CQ} \tag{7.3}$$

$$I_{c(sat)} = I_{CQ} + \frac{V_{CEQ}}{R_{ac}} \tag{7.4}$$

$$V_{ce(cut)} = V_{CEQ} + R_{ac} I_{CQ} \tag{7.5}$$

여기서, $R_{ac} = R_C \parallel R_L$, $I_c = \Delta I_C = I_C - I_{CQ}$, $V_{ce} = \Delta V_{CE} = V_{CE} - V_{CEQ}$이다.

[그림 7.4(b)]는 식 (7.4)와 식 (7.5)를 교류 부하선에 표현한 것이다. 동작점 Q (V_{CEQ}, I_{CQ})는 교류 부하선의 방정식을 만족하므로 Q점은 반드시 교류 부하선 상에 위치한다.

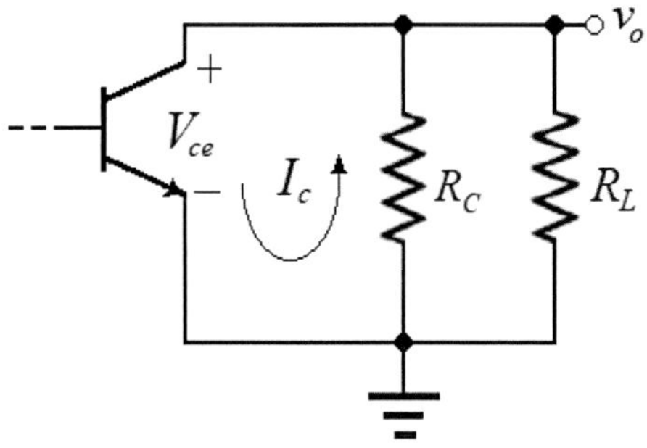

(a) 증폭기 출력단의 교류회로

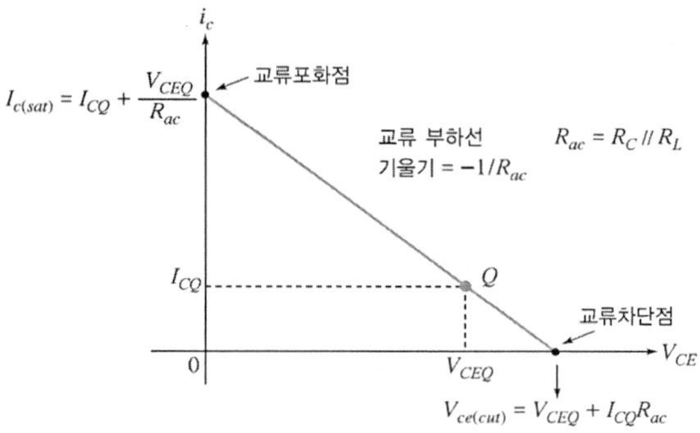

(b) 교류 부하선

[그림 7.4] 증폭기 출력단 교류회로 및 교류 부하선

직류 부하선과 교류 부하선의 관계

[그림 7.5]는 직류 부하선과 교류 부하선과의 관계를 나타낸다. 직류 부하저항 R_{DC}는 교류 부하저항 R_{ac}보다 크기 때문에 교류 부하선의 기울기가 더 높게 그려진다. Q점은 직류 부하선 상에서 결정되며, 교류 부하선은 Q점을 반드시 통과한다. $R_{DC} = R_{ac}$이면 두 부하선은 서로 일치하게 된다. 직류 부하선의 방정식은 식 (7.6)와 같이 나타내며, 교류 부하선 방정식은 식 (7.3)과 같다.

$$V_{CE} + R_{DC}I_C = V_{CC},\quad R_{DC} = R_E + R_C \tag{7.6}$$

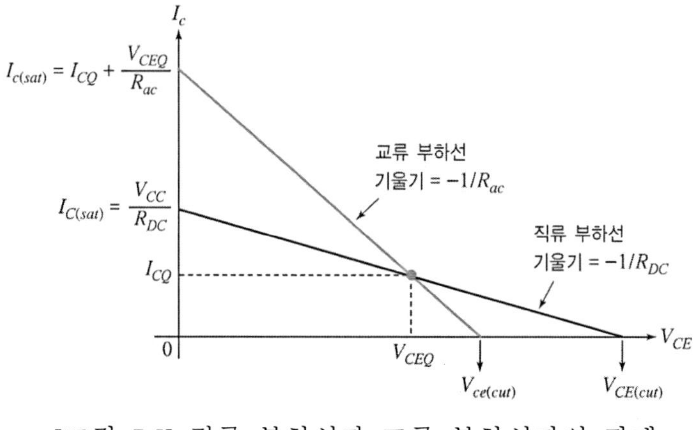

[그림 7.5] 직류 부하선과 교류 부하선과의 관계

Q점의 위치와 최대 스윙폭

[그림 7.6]은 Q점의 위치와 최대 스윙폭을 나타낸 것이다. Q점을 중심으로 한 교류의 왜곡이 없는 출력의 최대진폭을 스윙폭이라 한다. 실제 교류는 Q점을 중심으로 직류 부하선을 따라 움직이는 것이 아니라, 교류 부하선을 따라 움직인다. 따라서 교류의 스윙폭이 최대가 되기 위해서는 Q점은 교류 부하선의 중앙에 위치해야 한다. [그림 7.6(a)]에서 최대스윙폭은 $2R_{ac}I_{CQ}$이고, $V_{CEQ} > R_{ac}I_{CQ}$이므로 Q점이 직류 부하선의 중앙에 위치해서는 최대출력을 얻을 수 없다. [그림 7.5(b)]에서 최대스윙폭은 $2V_{CEQ} = 2R_{ac}I_{CQ}$이고, $V_{CEQ} = R_{ac}I_{CQ}$의 조건이 만족될 때 증폭기의 출력단에 왜곡이 없는 최대출력 전압을 얻을 수 있다.

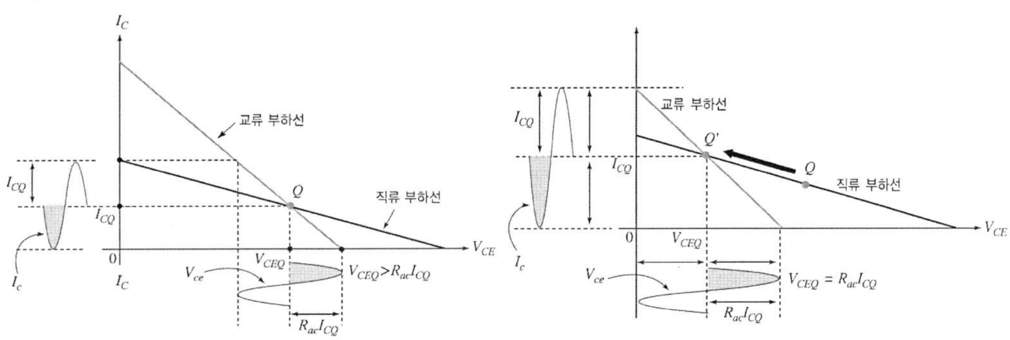

(a) Q점이 직류 부하선의 중앙에 위치 (b) Q점이 교류 부하선의 중앙에 위치

[그림 7.6] Q점의 위치와 최대 스윙폭

[표 7.1] 전력증폭기 비교

	A급	B급	C급	AB급
유통각	$\theta = 360°$	$\theta = 180°$	$\theta < 180°$	$180° < \theta < 360°$
특징	안정한 증폭기	반파 만큼 찌그러짐	찌그러짐이 가장 크나, 효율은 가장 좋음	
용도	완충 증폭기	푸시풀 방식 증폭기	주파수 체배기	저주파 증폭기

2.2.1. A급 전력증폭기

[그림 7.7]은 A급 전력증폭기의 입력-출력 전달특성을 나타낸 것이다. A급 증폭기 동작은 출력파형이 입력파형과 같은 모양으로 증폭되며, 입력파형과 동상이거나 180°의 위상차는 나타낸다. A급 동작은 트랜지스터가 항상 활성 영역

(MOSFET에서는 포화 영역)에서 동작하므로 입력 교류신호의 360°동안 도통상태를 유지한다.

[그림 7.8]은 A급 증폭기에서 출력단에 많이 사용되는 이미터 팔로워를 나타낸다. 직류 동작점이 출력전압 범위의 중간에 위치할 때 최대 A급 출력 신호를 얻을 수 있도록 설계되어 있다. 출력전압의 최댓값은 Q_1의 포화 V_{CE} 전압($V_{CE1(sat)}$)에 의해 제한되며, 최솟값은 Q_2의 포화 V_{CE} 전압($V_{CE2(sat)}$)에 의해 제한된다.

[그림 7.9]는 A 전력증폭기의 최대 파형을 나타낸 것이다.

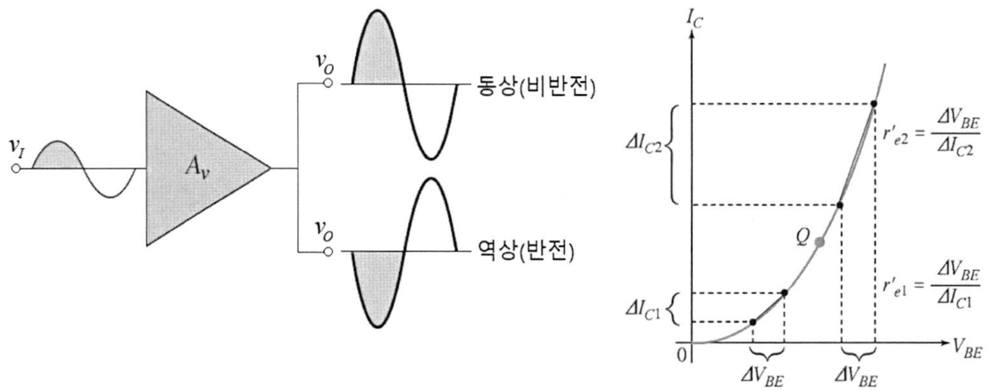

(a) 입력-출력 신호 파형 (b) 입력-출력 특성 곡선

[그림 7.7] A급 증폭기 입력-출력 전달특성

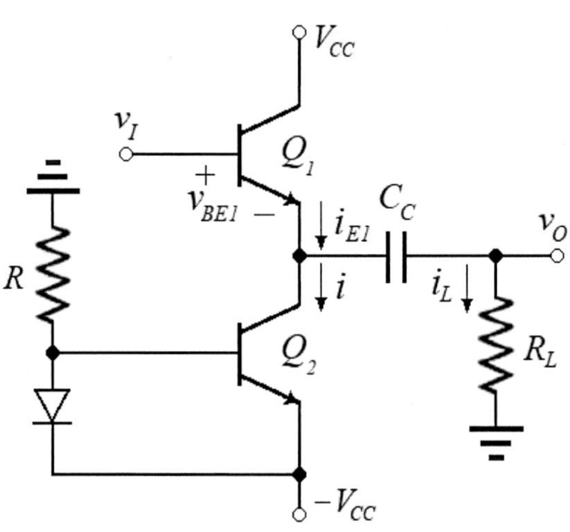

[그림 7.8] A급 증폭기로 동작하는 이미터 팔로워

① A급 전력증폭기의 전압이득

A급 증폭기의 전압이득은 소신호 교류증폭기의 전압이득에 대한 표현과 동일하다. 다만, A급 전력증폭기에서의 $r_e' = \Delta V_{BE}/\Delta I_C$로서 정의되며, 소신호 증폭기에서 $r_e' = 25mV/I_E$와는 다르다.

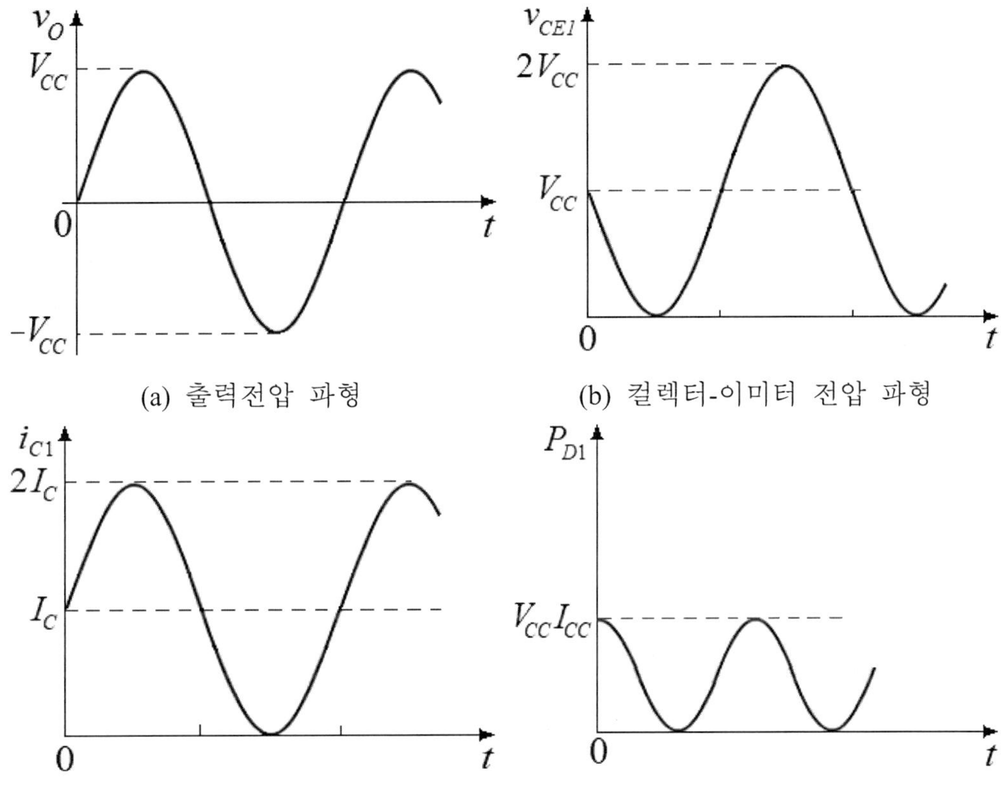

(a) 출력전압 파형 (b) 컬렉터-이미터 전압 파형

(c) 컬렉터 전류 파형 (d) 소비전력 파형

[그림 7.9] A 전력증폭기 최대 파형

② 전력이득, 무신호 전력 및 교류 출력전력

A급 증폭기의 전력이득 A_p, 무신호 전력(quiescent power) P_{DQ} 및 교류 출력전력(부하전력) P_o 은 각각 식 (7.7)~식 (7.9)와 같이 표현된다. 교류 입력신호가 없을 때 트랜지스터의 소비전력을 무신호 전력이라 한다.

$$A_p = A_i A_v = \beta_{DC} A_v \tag{7.7}$$

$$P_{DQ} = I_{CQ} V_{CEQ} \tag{7.8}$$

$$P_o = P_L = I_{crms} V_{cerms} \tag{7.9}$$

③ 전력 변환 효율

일반적으로 증폭기 변환 효율은 식 (7.10)과 같이 부하전력과 전원전력(직류 입력전력) $P_S(P_{DC})$의 비로 정의된다.

$$\eta = \frac{P_L}{P_{DC}} = \frac{1}{4} \frac{(V_o)^2}{I_{CC} R_L V_{CC}} \tag{7.10}$$

여기서, I_{CC} 는 전원으로부터 흐르는 평균 전류를 의미하며, $P_L = (V_o)^2 / 2R_L$, $P_{DC} = 2V_{CC} I_{CC}$ 를 나타낸다.

식 (7.10)으로 부터 최대 전력 효율은 $V_o = V_{CC} = I_{CC} R_L$일 경우에 얻을 수 있으며, 그 값은 25%로서 낮은 수치임을 알 수 있다. 그러나 선형영역의 중앙에 동작점을 설정하므로, 입출력 신호의 선형성이 우수하여 파형의 왜곡이 없는 장점이 있다. 실제의 증폭기는 차단영역과 포화영역을 제외한 선형영역에서 동작해야 하므로, $V_{cm} < V_{CC}/2$이고 $I_{cm} < I_{CQ}$(여기서, V_{cm}과 I_{cm}은 각각 컬렉터 전압과 전류 진폭)이며, 바이어스 회로에 의한 전력소비가 발생한다. 따라서 실제의 경우에 A급 증폭기의 전력효율은 25%보다 작은 값을 가지며, 나머지 전력은 트랜지스터에서 열로 소비된다. A급 증폭기는 큰 출력을 얻기 위한 증폭기로는 비효율적임을 알 수 있다. **인덕터 또는 변압기를 갖는 경우는 50%**까지 가능하다.

2.2.2. B급 전력증폭기

앞 절에서 설명한 바와 같이, A급 증폭기는 최대 전력변환 효율이 컬렉터 저항을 갖는 경우에는 25%, 인덕터 또는 변압기를 갖는 경우는 50%까지 가능하다. 또한 선형영역의 중앙에 동작점을 설정하므로, 입출력 신호의 선형성이 우수하여 파형의 왜곡은 없으나, 컬렉터 전류의 최대 진폭은 바이어스 전류값 이내가 되어 큰 진폭의 신호를 처리하기에 적합하지 않다. 출력단의 전력변환 효율을 높임과 동시에 큰 진폭의 신호를 처리하기 위해서는 푸시풀(push-pull) 증폭기 구조가 사용된다. 이 절에서는 B급 푸시풀 증폭기의 구조와 동작원리, 전력효율, 교차왜곡 등의 특성을 알아본다.

B급 푸시풀 증폭기에는 [그림 7.10]과 같이 보통의 푸시풀(DEPP, double-ended push-pull) 증폭기와 SEPP(single-ended push-pull) 증폭기가 있다.

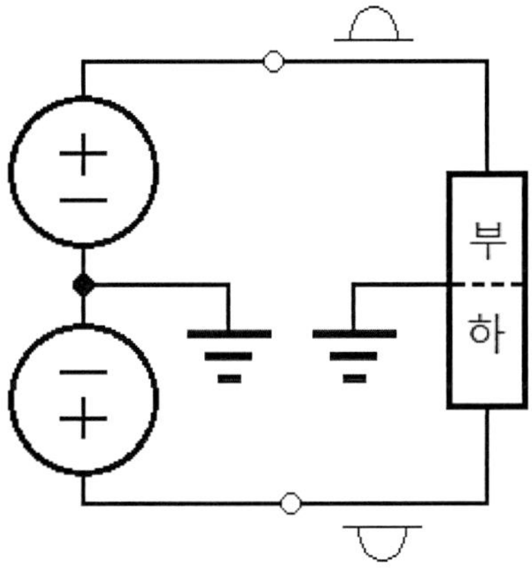

(a) DEPP

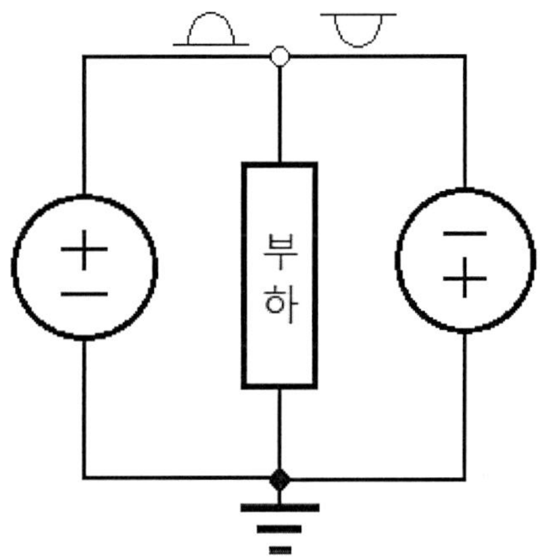

(b) SEPP

[그림 7.10] B급 전력증폭기

① 보통의 푸시풀(DEPP, double-ended push-pull) 증폭기

B급 푸시풀 증폭기는 [그림 7.11(a)]와 같이 npn 트랜지스터와 pnp 트랜지스터의 상보대칭형(complementary) 구조, 즉 2개의 이미터 팔로워로 구성되어 있으며, npn 트랜지스터의 컬렉터에는 양(+)의 전원 V_{CC}가 사용되고, pnp 트랜지스터의 컬렉터에는 음(-)의 전원 $-V_{CC}$가 사용된다. 입력신호 v_I는 두 트랜지스터의 베이스로 인가되며, 출력은 이미터 접점에서 얻어진다. 각 BJT는 동작점이 차단점에 설정되는 B급 바이어스를 갖는다. 직류 바이어스 전류는 0이며, 입력신호가 존재할 때만 전류가 흐르도록 구성되어 있다.

두 BJT가 이상적인 특성을 갖는다고 가정하면, $v_I > 0$인 경우에는 Q_N이 도통되고, Q_P는 차단되어 V_{CC}로부터 Q_N을 통해 부하 R_L로 전류가 흐르며, 따라서 Q_N은 이미터 팔로워로 동작하여 v_I와 v_O는 동일 위상을 갖는다. $v_I < 0$인 경우에는

Q_N은 차단되고, Q_P가 도통되어 R_L로부터 Q_P를 통해 $-V_{CC}$로 전류가 흐르며, 따라서 Q_P는 이미터 팔로워로 동작하여 v_I와 v_O는 동일 위상을 갖는다. 즉, 각 트랜지스터가 입력신호의 반 주기씩 통과시켜 입력신호 전체를 출력된다. 양의 입력의 반주기 동안 Q_N이 켜진 경우에는 전류를 부하 쪽으로 'Push(푸시)'하는 특성을 가지고, 음의 입력의 반주기 동안 Q_P가 켜진 경우에는 전류를 부하로부터 'Pull(풀)'하는 특성을 가진다. 이러한 특성으로 인해 B급 증폭기를 '푸시풀 증폭기'라고도 부르며, OTL(output transformerless) B급 푸시풀 증폭 회로는 출력 변압기를 사용하지 않은 푸시풀 증폭 회로를 말한다.

이상적인 B급 푸시풀 증폭기의 부하선은 [그림 7.11(b)]와 같다, 부하전류는 V_{CC}/R_L에서 $-V_{CC}/R_L$의 범위로 스윙하며, 컬렉터-이미터 포화전압을 무시하는 경우에 출력전압은 V_{CC} 에서 $-V_{CC}$ 범위로 스윙하여 최대 진폭이 V_{CC}가 되므로 큰 진폭의 신호를 부하에 전달할 수 있다.

실제로 BJT는 이미터-베이스 접합의 전압강하 $V_{BE(on)} \simeq 0.7\,V$를 가지고 있으므로, $-0.7 \le v_I \le 0.7$의 범위에서 트랜지스터 Q_N과 Q_P가 모두 차단되어 출력이 0이 된다. 따라서 [그림 7.11(c)]와 같이 출력파형에 왜곡이 발생하는데, 입력신호가 0을 통과하는 근처에서 왜곡이 발생하므로, 교차왜곡(crossover distortion)이라고 하며, 이 영역을 데드 존(dead zone)이라고 한다. 이와 같은 왜곡이 발생하지 않으려면 Q_N과 Q_P의 동작점을 선형영역 쪽으로 약간 옮겨 AB급으로 바이어스를 해야 한다. **B급 푸시풀 증폭기의 특징은 효율이 높고(78.5%), 우수차 고조파가 상쇄되며, 기수 고조파만 남기 때문에 왜곡이 감소한다.** B급 증폭기는 입력신호가 없을 때에는 전력을 사용하지 않고, 입력신호가 증가함에 따라 전원에서 소비되는 전력의 양과 부하로 전달되는 전력량은 모두 증가한다. 최대 직류공급전력과 부하에서 소비되는 전력은 각각 식 (7.11)와 식 (7.12)와 같이 표현된다.

$$P_{DC\max} = \frac{2V_{CC}I_m}{\pi} \tag{7.11}$$

$$P_L = \frac{v_{L(rs)}^2}{R_L} = \frac{v_{L(p)}^2}{2R_L} = \frac{v_{L(\mathrm{p-p})}^2}{8R_L} \tag{7.12}$$

여기서, I_m은 최대 콜렉터 전류를 나타낸다.

일반적으로 B급 증폭기 전력 변환 효율은 식 (7.13)과 같이 표현된다.

$$\eta = \frac{P_L}{P_{DC}} = \frac{\pi}{4}\frac{V_o}{V_{CC}} \tag{7.13}$$

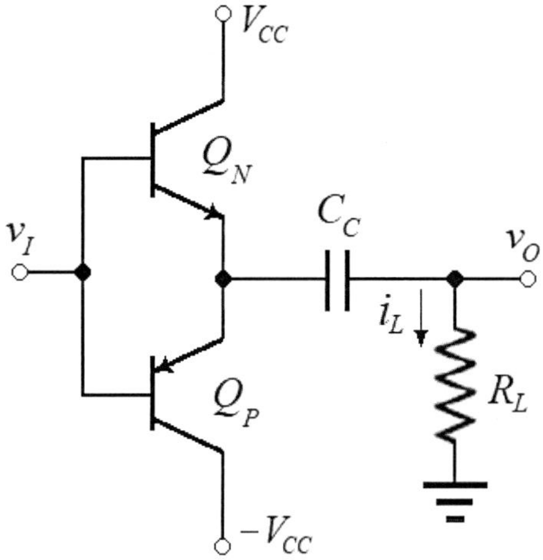

(a) 회로 예

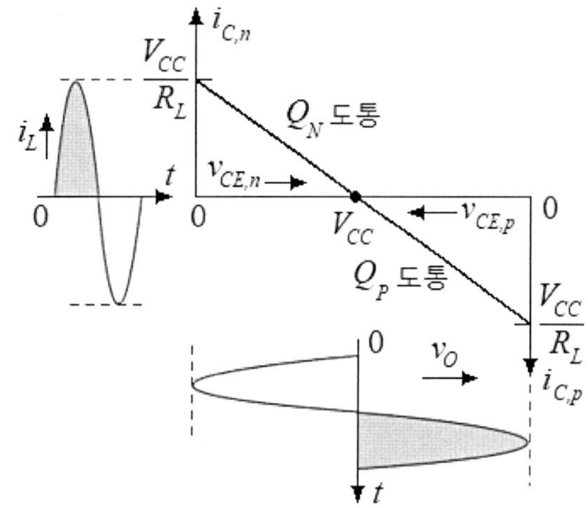

(b) 이상적인 부하선

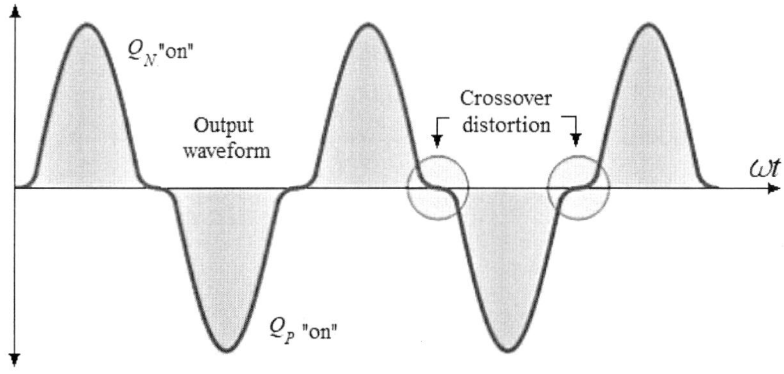

(c) 교차왜곡

[그림 7.11] B급 증폭기

최대 전력 효율은 V_o가 최대일 때 얻을 수 있으며, V_o의 최댓값은 Q_N과 Q_P의 포화에 의해 V_{CC} 부근으로 제한되므로, 최대 효율은 식 (7.14)와 같이 나타낼 수 있다.

$$\eta_{\max} = \frac{P_L}{P_{DC}} = \frac{\pi}{4} \approx 78.5\% \tag{7.14}$$

A급 증폭기의 최대 변환 효율 25%에 비해 B급 증폭기의 효율은 매우 높음을 알 수 있다. 그러나 전압 전달 특성으로부터 교차 왜곡이 발생하는 단점이 있다. **B급 푸시풀 증폭기를 구성하는 트랜지스터의 정격전력은 부하에 공급되는 최대 전력의 약 20% 이상 되어야 한다. 이는 트랜지스터 정격전력의 약 5배 정도의 최대 출력전력을 얻을 수 있다**는 의미이다. 예를 들어, B급 푸시풀 증폭기에서 최대 10W의 출력전력을 얻고자 한다면, 최소한 2W 이상의 정격전력을 갖는 트랜지스터를 선택해야 한다.

② SEPP(single-ended push-pull) 증폭기

SEPP는 DEPP와 대치되는 증폭회로로서 출력에 트랜스를 사용하지 않고 직접 부하를 구동할 수 있는 회로를 말한다. [그림 7.11(a)]와 같이 DEPP는 2개의 증폭소자를 부하에 대하여 직렬 접속한 구성이며, 부하에 대한 급전점(給電点)이 2개로 되어있기 때문에 DEPP라 하며, 직류적으로 V_{CC}와 병렬 접속된 한 쌍의 Q_N, Q_P의 각 콜렉터점이 출력점이 된다. SEPP는 [그림 7.12]와 같이 급전점이 하나이기 때문에 single-ended 푸시풀로 불리며, Q_N, Q_P가 직류적으로 직렬 접속되어 있지만 교류출력은 병렬로 빼낼 수 있고, 2개의 증폭소자가 부하에 대하여 병렬로 구성된다. SEPP 증폭기는 IPT와 OPT 변압기가 필요 없고, DEPP에 비해 트랜지스터의 출력전압이 작으며, 특성이 동일한 pnp 트랜지스터 또는 npn 트랜지스터를 사용한다.

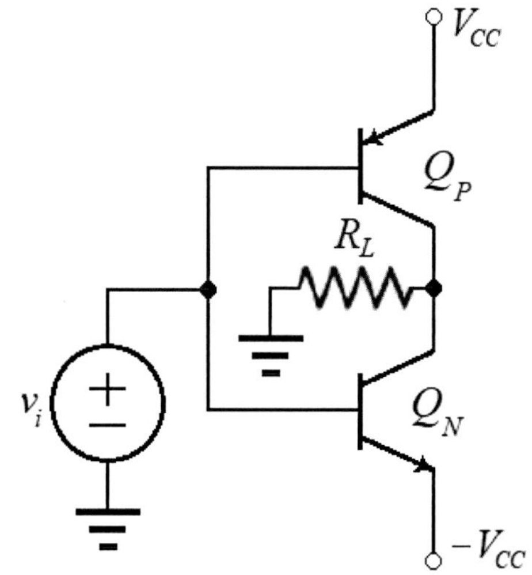

[그림 7.12] SEPP 증폭기

2.2.3. AB급 전력증폭기

[그림 7.13]은 AB급 전력증폭기의 예를 나타낸 것이다. [그림 7.13(a)]에서 Q_N과 Q_P의 베이스들 사이에 바이어스 전압 V_{BB}가 인가되므로, $v_I=0, v_O=0$인 경우에도 Q_N과 Q_P의 베이스-이미터 전압이 $V_{BB}/2$로 유지된다. 따라서 Q_N과 Q_P의 정적 전류인 i_N과 i_P는 식 (7.15)와 같이 결정된다.

$$i_N = i_P = I_Q = I_S e^{V_{BB}/2V_T} \tag{7.15}$$

[그림 7.13(b)]는 Q_N과 Q_P로 구성된 B급 증폭기에 다이오드 D_1, D_2, 저항 R_1, R_2를 이용하여 바이어스를 구현한 AB급 전력증폭기이다. AB급 증폭기는 B급 증폭기의 단점인 교차 왜곡은 많이 완화되고, 개선된 선형적인 특성을 보인다. B급 증폭기에 비해 추가적인 바이어스 회로가 필요하므로, AB급 증폭기의 최대 효율은 B급 증폭기보다 약간 작다. AB급 푸시풀 증폭기의 최대효율은 식 (7.16)와 같다. AB급 푸시풀 증폭기의 최대효율은 A급 증폭기의 최대효율이 25%라는 것과 비교하면 3배 이상의 고효율을 가진다.

$$\eta_{\max} = \frac{P_L}{P_{DC}} = \frac{\pi}{4} \approx 78.5\% \tag{7.16}$$

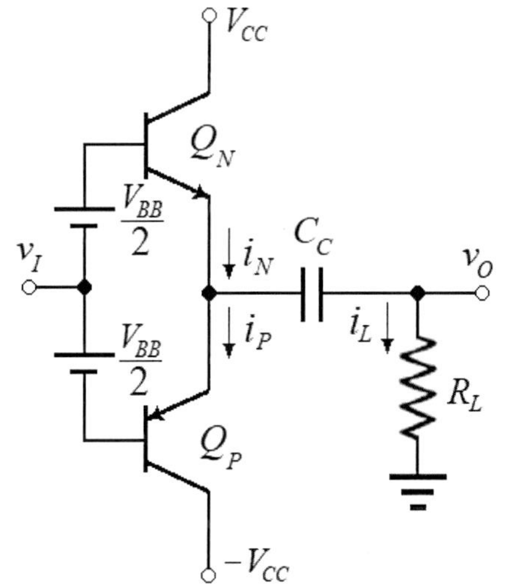

(a) 회로1

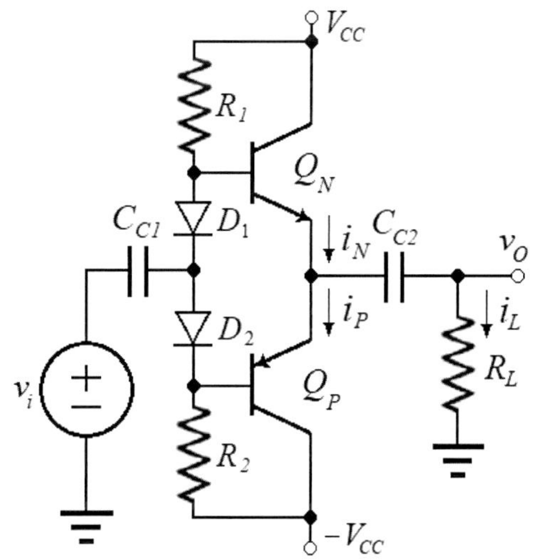

(b) 회로2

[그림 7.13] AB급 전력증폭기

3. 퀴즈

1. 전력증폭기에 대한 설명으로 틀린 것은?
   ① 대신호 동작용으로 사용된다.
   ② 증폭기의 선형동작에 의해 고조파 왜곡이 생긴다.
   ③ 고출력 증폭을 위해 사용된다.
   ④ 부궤환 회로를 적용하면, 저왜곡 고출력이 가능하다.

2. A급 및 B급 증폭기의 최대 가능 전력 변환 효율은 각각 얼마인가?
   ① 25%, 79% ② 79%, 25% ③ 25%, 50% ④ 50%, 25%

3. AB급 푸시풀 전력증폭기에서 다이오드의 역할은?
   ① 최대 출력 전압을 높인다. ② 출력파형의 왜곡을 방지한다.
   ③ 전력증폭기의 수명을 증가시킨다. ④ 발열을 줄인다.

4. AB급 전력증폭기에서 전원전력이 200mW, 입력전력이 10mW, 부하전력이 80mW일 때 전력변환 효율은?
   ① 20% ② 40% ③ 60% ④ 80%

5. 다음 중 증폭기의 종류에 해당되지 않는 것은?
   ① A급 증폭기 ② AB급 증폭기 ③ C급 증폭기 ④ AC급 증폭기

6. 전력증폭기의 직류공급 전압은 12[V], 전류는 400[mA]이고 효율이 60[%]일 때 부하에서의 출력전력은?
   ① 0.7[W] ② 1.44[W] ③ 2.88[W] ④ 4.8[W]

7. [그림 7.12] 회로에서 $V_{CC} = 16\,V$, $R_L = 5ohm$일 때 트랜지스터 1개당 최대 전력 손실은 약 몇 [W] 인가?
   ① 1.5[W] ② 2.5[W] ③ 3.5[W] ④ 4.5[W]

8. 선형 증폭기 동작을 위한 바이어스 조건은?
   ① A급 동작 ② B급 동작 ③ C급 동작 ④ D급 동작

9. 입력신호의 전주기에 대하여 선형영역에서 동작하는 증폭기는?
   ① A급 증폭기 ② B급 증폭기 ③ C급 증폭기 ④ D급 증폭기

10. 푸시풀(push-pull) 전력증폭회로의 가장 큰 장점은?
   ① 우수 고조파 상쇄로 왜곡이 감소한다.
   ② 직류성분이 없어지기 때문에 효율이 크다.
   ③ A급 동작 시 크로스오버(cross over) 왜곡이 감소한다.
   ④ 기수와 우수 고조파 상쇄로 효율이 증가한다.

11. 이상적인 A급 증폭기의 최대효율은?
   ① 18[%] ② 35[%] ③ 50[%] ④ 100[%]

12. 다음 중 전치 증폭기에 대한 설명으로 틀린 것은?
   ① 출력신호를 1차 증폭시킨다.
   ② 초기신호를 정형한다.
   ③ 고출력 증폭용으로 사용된다.
   ④ 일반적으로 종단 증폭기에 비해 증폭률이 낮다.

13. 다음 중 전력증폭기에 대한 설명으로 틀린 것은?
   ① 대신호 동작용으로 사용된다.
   ② 증폭기의 선형동작에 의해 고조파 왜곡이 생긴다.
   ③ 고출력 증폭을 위해 사용된다.
   ④ 부궤환 회로를 적용하면, 저왜곡 고출력이 가능하다.

14. 전력증폭기의 출력측 기본파 전압이 50[V]이고, 제2 및 제3 고조파의 전압이 각각 4[V]와 3[V]일 때 왜율은?
   ① 5[%] ② 10[%] ③ 15[%] ④ 20[%]

15. 다음 중 푸시풀 증폭기에서 출력파형의 찌그러짐이 작아지는 이유는?
   ① 기수고조파가 상쇄되기 때문이다.
   ② 우수고조파가 상쇄되기 때문이다.
   ③ 기수차 및 우수차 고조파가 상쇄되기 때문이다.
   ④ 직류성분이 없어지기 때문이다.

16. B급 푸시풀 증폭기의 최대 직류공급전력은? (단, I_m은 최대 콜렉터 전류, V_{cc}는 공급 전압이다.)
   ① I_mV_{cc} ② $2I_mV_{cc}$ ③ I_mV_{cc}/π ④ $2I_mV_{cc}/\pi$

17. 다음 중 A급 전력 증폭회로에 대한 설명으로 틀린 것은?
   ① 입력 신호의 전 주기에 대하여 항상 비활성영역에서 증폭동작을 한다.
   ② 입력 풀력 파형은 일그러짐이 없이 똑같은 형태를 유지한다.
   ③ 종단의 대신호 증폭에는 전력 손실이 크게 발생되므로 효율이 좋지 않다.
   ④ 직접 부하를 풀력에 접속하는 직접 결합방식과 변압기를경유하여 접속하는 변압기 결합방식으로 구분된다.

18. 다음 중 B급 SEPP 증폭기의 특징에 대한 설명으로 틀린 것은?
   ① IPT와 OPT 변압기가 필요없다.
   ② DEPP에 비해 TR의 출력전압이 작다.
   ③ 특성이 동일한 pnp 트랜지스터 또는 npn 트랜지스터를 사용한다.
   ④ 동일 출력을 낼 수 있는 부하의 크기는 DEPP의 2배이다.

19. 다음은 C급 동조 증폭기이다. 회로의 Q를 10이라고 할 때, 이 증폭기의 대역폭은 약 얼마인가? (단, C=470[pF], L=2[μH])
   ① 215[kHz] ② 380[kHz] ③ 430[kHz] ④ 519[kHz]

20. 트랜지스터 B급 증폭회로에서 실효 부하저항이 R_L이고 전원전압이 V_{CC}이면 최대출력(P_{max})은?
   ① $\frac{V_{CC}^2}{R_L}$ ② $\frac{V_{CC}}{R_L}$ ③ $\frac{V_{CC}^2}{2R_L}$ ④ $\frac{V_{CC}}{2R_L}$

21. 다음 전력증폭기 중 변압기가 없어도 푸시풀 동작이 가능하며 직접 부하(스피커)를 구동할 수 있는 것은?
   ① OTL 증폭기 ② D급 증폭기 ③ OCL 증폭기 ④ C급 증폭기

22. 다음 중 B급 푸시풀 증폭기의 출력 파형에 나타나는 고조파는?
   ① 기수 고조파 ② 우수 고조파
   ③ 제2, 제3 고조파 ④ 기수와 우수의 모든 고조파

4. 예비 보고서

4.1. 퀴즈에 대한 답을 제시하시오.

4.2. A급 동작을 하는 [그림 3.4]에서 PSpice를 이용하여 전력이득을 구하고, 이론 값과 비교하시오. 이때 $P_i = v_i^2/(8R_i^2)$, $P_o = v_o^2/(8R_L^2)$, $A_p = P_o/P_i$이고, R_1=6kΩ, R_2=3kΩ, R_S=2kΩ, R_C=3kΩ, C_{C1}=C_{C2}=C_E=1μF, R_E=3kΩ, R_L=50kΩ, v_s의 동작주파수 f=10kHz, V_{CC}=12V라 가정한다.

4.3. [그림 7.11(a)]에 대해 ① 전력 변환 효율을 계산으로 구하시오. ② 입력-출력 전압 전달 특성을 PSpice를 이용하여 그리시오.

4.4. [그림 7.13(b)]에 대해 ① 전력 변환 효율을 계산으로 구하시오. ② 입력-출력 전압 전달 특성을 PSpice를 이용하여 그리시오.

5. 실험기자재 및 부품

5.1. 사용기기

- 직류 전원공급기
- 디지털 멀티미터
- 함수 발생기
- 오실로스코프

5.2. 사용부품

- 트랜지스터 :

2N3904(npn형 BJT, data sheet : https://www.alldatasheet.com/datasheet-pdf/pdf/564911/KODENSHI/2N3904.html)

2N3906(pnp형 BJT, data sheet : https://www.alldatasheet.com/datasheet-pdf/pdf/69032/KEC/2N3906.html)

2N3904	2N3906
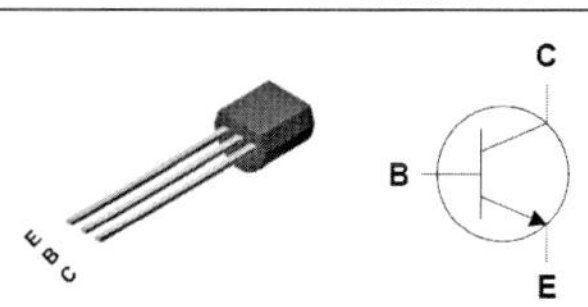 E: 이미터 B: 베이스 C: 컬렉터	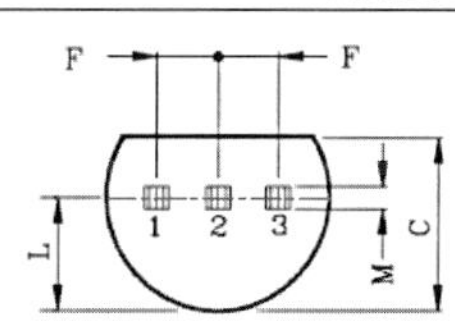 1: 이미터 2: 베이스 3: 컬렉터

- 다이오드 :

1N914(data sheet : https://www.alldatasheet.com/datasheet-pdf/pdf/76151/MICROSEMI/1N914.html)

- 저항 : 6kΩ(2개), 3kΩ(6개), 2kΩ(1개), 50kΩ(1개), 기타
- 커패시터 : 1μF(3개), 기타(C_E 등)

6. 실험방법 및 절차

6.1. [그림 3.4] 회로(예비 보고서 4.2. 참고)를 설계하시오.

6.2. [그림 7.11(a)] 회로를 설계하시오.

① [그림 7.11(a)]에서 $CLSUBC$를 제거하고 회로를 구성한다. $V_{CC}=12V$, $-V_{CC}=-12V$를 인가하고, $R_L=1k\Omega$을 연결한다. v_I에 직류 전압을 인가하되, $-12V$부터 $12V$까지 $1V$ 간격으로 변화시키면서 v_O 직류 전압을 측정하여 [표 7.1]에 기록하고, 입력-출력 (V_I-v_O) 전달특성 곡선을 [그림 7.14]에 그리시오.

② [그림 7.11(a)] 회로를 구성한다. v_I에 10kHz의 $12V_{p\text{-}p}$ 정현파 입력을 인가한다. 이때 B급 증폭기의 입력-출력과 전류의 크기를 [표 7.2]에 기록하고, 전력이득을 구하시오. 크기와 위상을 고려하여 v_I와 v_O의 파형을 캡처하여 [그림 7.15]에 기록하시오.

③ 전원전력을 측정하여 [표 7.2]에 기록하고, 전력 변환 효율을 구하시오.

6.3. [그림 7.13(b)] 회로를 설계하시오.

① [그림 7.13(b)]에서 $CLSUBC1$, C_{C2}를 제거하고 회로를 구성한다. $V_{CC}=12V$, $-V_{CC}=-12V$를 인가하고, $R_1=R_2=6k\Omega$, $R_L=1k\Omega$을 연결한다. v_i에 직류 전압을 인가하되, $-12V$부터 $12V$까지 $1V$ 간격으로 변화시키면서 v_O 직류 전압을 측정하여 [표 7.3]에 기록하고, 입력-출력 (V_i-v_O) 전달특성 곡선을 [그림 7.16]에 그리시오.

② [그림 7.13(b)] 회로를 구성한다. v_i에 10kHz의 $12V_{p\text{-}p}$ 정현파 입력을 인가한다. 이때 AB급 증폭기의 입력-출력과 전류의 크기를 [표 7.4]에 기록하고, 전력이득을 구하시오. 크기와 위상을 고려하여 v_i와 v_O의 파형을 캡처하여 [그림 7.17]에 기록하시오.

③ 전원전력을 측정하여 [표 7.5]에 기록하고, 전력 변환 효율을 구하시오.

7. 실험결과

7.1. [그림 3.4] 회로(예비 보고서 4.2. 참고)를 설계(측정 파형 캡처)

(a) 입력 파형 (b) 출력 파형

[그림 7.14] R_S가 없는 경우

7.2. [그림 7.11(a)] 회로 설계

[표 7.1] [그림 7.11(a)]의 입력-출력 전달특성 확인을 위한 측정 데이터

V_I(V)	v_O(V)	npn BJT 동작 영역	pnp BJT 동작 영역	V_I(V)	v_O(V)	npn BJT 동작 영역	pnp BJT 동작 영역
-12				1			
-11				2			
-10				3			
-9				4			
-8				5			
-7				6			
-6				7			
-5				8			
-4				9			
-3				10			
-2				11			
-1				12			
0							

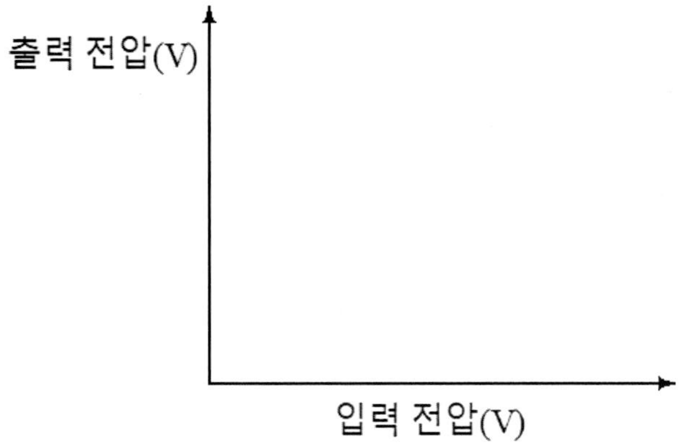

[그림 7.15] B급 증폭기의 입력-출력 전달특성 곡선

[표 7.2] B급 증폭기의 입력-출력 전력 측정 및 전력 이득

입력전압	입력전류	입력전력	출력전압	출력전류	출력전력	전력이득	전원전력	전력변환 효율

(a) 입력 파형

(b) 출력 파형

[그림 7.16] [그림 7.11(a)]의 입력 및 출력 파형

7.3. [그림 7.13(b)] 회로 설계

[표 7.3] [그림 7.13(b)]의 입력-출력 전달특성 확인을 위한 측정 데이터

V_i(V)	v_O(V)	npn BJT 동작 영역	pnp BJT 동작 영역	V_i(V)	v_O(V)	npn BJT 동작 영역	pnp BJT 동작 영역
-12				1			
-11				2			
-10				3			
-9				4			
-8				5			
-7				6			
-6				7			
-5				8			
-4				9			
-3				10			
-2				11			
-1				12			
0							

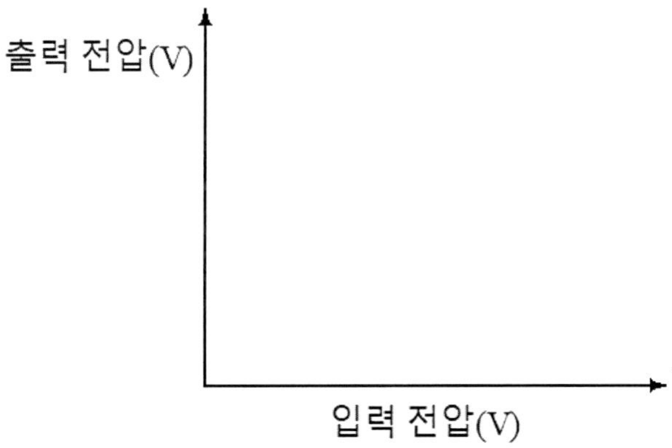

[그림 7.17] AB급 증폭기의 입력-출력 전달특성 곡선

[표 7.4] AB급 증폭기의 입력-출력 전력 측정 및 전력 이득

입력전압	입력전류	입력전력	출력전압	출력전류	출력전력	전력이득	전원전력	전력변환 효율

(a) 입력 파형 (b) 출력 파형

[그림 7.18] [그림 7.13(b)]의 입력 및 출력 파형

실험 8 차동증폭기

1. 실험 목적

본 실험을 통해
- 단일 입력에서 차동증폭기의 출력 파형을 관찰하고, 입력 파형에 대한 출력 파형의 위상을 알아본다.
- 위상이 반대인 두 입력신호(차동 모드)가 가해질 때, 차동증폭기의 출력파형을 관찰하고, 입력에 대한 출력의 위상을 알아본다.
- 위상이 같은 두 신호(공통 모드)가 입력에 가해질 때 차동증폭기의 출력 파형을 관찰하고, 입력 및 출력 위상 관계를 알아본다.

2. 기초이론

차동증폭기(differential amplifier)는 공통 이미터(또는 소스) 저항을 갖고 CE(또는 CS)가 병렬로 연결되어 있는 회로로 거의 모든 연산증폭기(operational amplifier)의 입력단으로 사용되는 회로를 말한다. 이러한 증폭기는 출력이 단일한 단일 증폭기(single-ended amplifier)에 비해 잡음과 간섭에 영향이 적고, 커플링(결합) 및 바이패스 커패시터를 사용하지 않아도 증폭 회로를 바이어싱 할 수 있다. 다단 증폭기의 각 단을 용이하게 결합할 수 있으므로, 집적회로의 제작 공정이 좀 더 용이하기 때문에 널리 사용되고 있다.

2.1. BJT를 이용한 차동증폭기

차동증폭기는 연산증폭기와 같은 직접 결합 선형 IC 증폭기에 가장 많이 응용된다. [그림 8.1(a)]는 기본적인 차동증폭기이며, 공통 이미터 저항을 갖고 두 개의 CE가 병렬로 연결되어 있다. 차동증폭기의 동작을 이해하기 위해, 정전류원의 출력저항 R_E는 클수록 바람직하기 때문에 크다고 가정하고, 차동쌍을 구성하는 특성이 정합되었다고 가정한다. 두 개의 입력전압(v_1, v_2)은 차동쌍을 구성하는 각 트랜지스터의 베이스로 인가되며, 두 개의 출력전압(v_{c1}, v_{c2})은 컬렉터에서 얻어진다. 전원과 컬렉터 사이에 부하저항 R_C가 연결되며, 실제 IC에서는 능동부하로 구현된다. 결합 커패시터와 바이패스 커패시터가 없기 때문에 입력신호의 주파는 0Hz, 즉 직류신호까지 증폭이 가능하다. 입력 회로는 대칭적이며, 두 개의 트랜지스터 Q_1과 Q_2는 동일한 특성을 지닌다. 이미터 저항 R_E는 두 트랜지스터에 공통으로 걸리며, 컬렉터 부하 저항 R_{L1}=R_{L2}로 작용한다. 또한, 두 입력 회로도 동일하다. 즉 $v_1 = v_2$ 및 R_1=R_2가 된다. 이상적으로 같은 트랜지스터와 컬렉터 저항을 가진다. 완전한 대칭이므로 두 입력이 같으면 출력은 0이다.

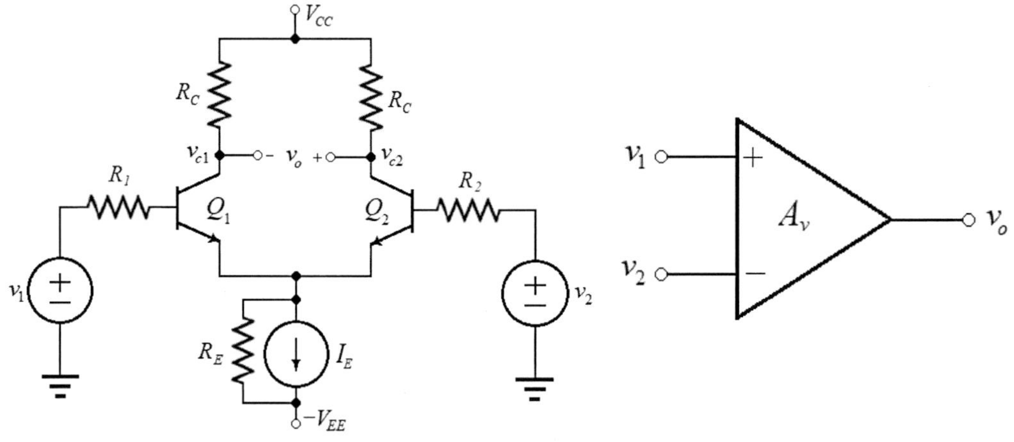

(a) 회로 (b) 블록 다이어그램

[그림 8.1] 차동증폭기

차동 증폭기의 직류해석

[그림 8.2]는 차동증폭기의 직류 등가회로(제2 근사해석)를 나타낸다. 차동증폭기는 2개의 트랜지스터가 이미터 저항을 공유하고 있다. 이 공통저항으로 흐르는 전류를 **꼬리전류**(tail current)라 한다. [그림 8.1(a)]에서 베이스 저항(R_1, R_2)이 없다고 가정한다. 제2 근사해석에서 이미터 저항 위쪽 전압은 V_{BE}이다. 따라서 꼬리전류는 식 (8.1)과 같이 나타낸다.

$$I_E = \frac{V_{EE} - V_{BE}}{R_E} \tag{8.1}$$

여기서 실리콘의 경우 $V_{BE} = 0.7\,V$이다.

베이스 저항이 꼬리전류에 미치는 영향을 살펴보자. 베이스 저항이 사용되더라도 잘 설계된 차동증폭기에서 꼬리전류에 미치는 효과는 무시할 수 있다. 베이스 저항 $R_{1(2)}$을 해석에 포함시키면 꼬리전류는 식 (8.2)와 같다.

$$I_E = \frac{V_{EE} - V_{BE}}{R_E + R_{1(2)}/2\beta_{DC}} \tag{8.2}$$

실제 회로 설계 시 $R_{1(2)}/2\beta_{DC}$는 R_E의 1% 이하이다. 따라서 꼬리전류를 계산할 때 식 (8.1)을 사용해도 된다.

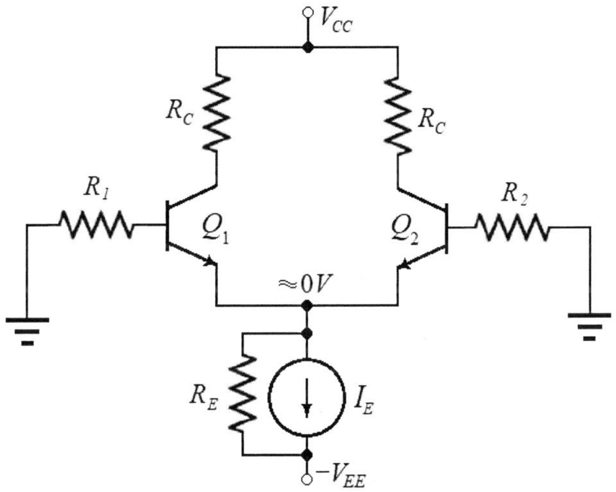

[그림 8.2] 차동증폭기 제2 근사해석

차동증폭기의 동작을 좀 더 자세히 이해하기 위해, 두 입력단자에 동일한 신호가 인가되는 경우와 서로 다른 신호가 인가되는 경우로 구분하여 생각해 보자.

차동모드 이득

차동모드 신호가 인가되는 경우, 즉 $v_1 = v_d/2$, $v_2 = -v_d/2$를 고려하자. 교류 출력전압 v_o는 [그림 8.1(a)]에 표시한 극성을 가진 컬렉터 간의 전압으로 정의하며,

차동 출력전압이라 부른다. 그 이유는 두 개의 교류 컬렉터 전압을 조합하여 식 (8.3)과 같이 한 개의 컬렉터 전압의 차로 표기하였기 때문이다.

$$v_o = v_{c1} - v_{c2} \tag{8.3}$$

여기서, $v_d = v_1 - v_2$.

[그림 8.1(a)]에서 v_1은 출력 v_o와 동상이므로 **비반전 입력**이라 하고, v_2는 출력 v_o와 180° 위상차가 나므로 **반전 입력**이라 한다. 경우에 따라 비반전 입력은 접지되고, 반전입력만 사용되는 수도 있다.

반전입력과 비반전입력이 둘 다 있을 경우 **차동입력**이라 부른다. 이때 출력전압은 식 (8.4)와 같다. 출력 신호는 두 입력신호 사이의 차에 비례한다.

$$v_o = A_{dm}(v_1 - v_2) \tag{8.4}$$

여기서, A_{dm}은 차동증폭기의 차동모드 전압이득이다.

[표 8.1]은 차동증폭기의 4가지 형태를 요약한 것이다. 일반적인 경우 차동입력과 차동출력을 가지지만 나머지 경우도 고려할 수 있다. 예를 들어 한 개의 입력을 가지려면 입력 중 하나는 사용하고, 다른 하나는 접지시킨다. 단측입력일 때 연산증폭기의 입력은 비반전 입력 v_1 또는 반전 입력 v_2 중 어느 것이라도 사용할 수 있다.

[표 8.1] 차동증폭기 구성 형태

입력	출력	v_i	v_o
차동	차동	$v_1 - v_2$	$v_{c2} - v_{c1}$
차동	단측(single-ended)	$v_1 - v_2$	v_{c2}
단측	차동	v_1 또는 v_2	$v_{c2} - v_{c1}$
단측	단측	v_1 또는 v_2	v_{c2}

여기서는 차동증폭기에 대한 전압이득을 얻기 위해 가장 간단한 형태인 비반전 입력 및 단측출력을 가지는 회로에 대해 검토한다. 해석을 좀 더 간단히 하기 위해 [그림 8.1(a)]에서 베이스 저항(R_1, R_2)이 없다고 가정한다.

[그림 8.3(a)]는 비반전 입력 및 단측출력을 가지는 회로를 나타낸 것이다. R_E가 크므로 꼬리전류는 교류 신호가 인가될 때 거의 일정하다. 이런 이유로 Q_1의 이

미터 전류가 증가하면 Q_2의 이미터 전류는 감소한다. 반대의 특성도 동일하다. [그림 8.3(a)]에서 Q_1은 이미터 저항에 교류 전압이 나타나는 이미터 팔로워 회로이다. 이 교류 전압은 v_1의 반에 해당한다. 입력전압 중 양의 반은 Q_1의 이미터 전류를 증가시키고, Q_2의 이미터 전류는 감소시킨다. 또한, Q_2의 컬렉터 전압은 증가한다. 마찬가지로 입력전압 중 음의 반은 Q_1의 이미터 전류를 감소시키고, Q_2의 이미터 전류는 증가시킨다. 또한, Q_2의 컬렉터 전압은 감소한다. 증폭된 교류 정현파는 비반전 입력과 동상이 된다.

[그림 8.3(b)]는 교류등가회로를 나타낸 것이다. 각 트랜지스터는 교류 이미터 저항 r_e'을 가진다. Q_2의 베이스를 접지시켰기 때문에 바이어스 저항 R_E는 오른쪽 트랜지스터 r_e'과 병렬이다. R_E는 r_e'보다 훨씬 크기 때문에 무시할 수 있다.

[그림 8.3(c)]는 간략화된 등가회로로서 v_1이 직렬로 된 두 r_e'에 인가된다. 두 저항이 같으므로 각 r_e' 양단전압은 v_1의 반이다. [그림 8.3(c)]에서 교류 입력전압과 출력전압은 각각 식 (8.5)와 식 (8.6)과 같다.

$$v_i = i_e r_e' + i_e r_e' = 2 i_e r_e' \tag{8.5}$$

$$v_o = i_c R_C \tag{8.6}$$

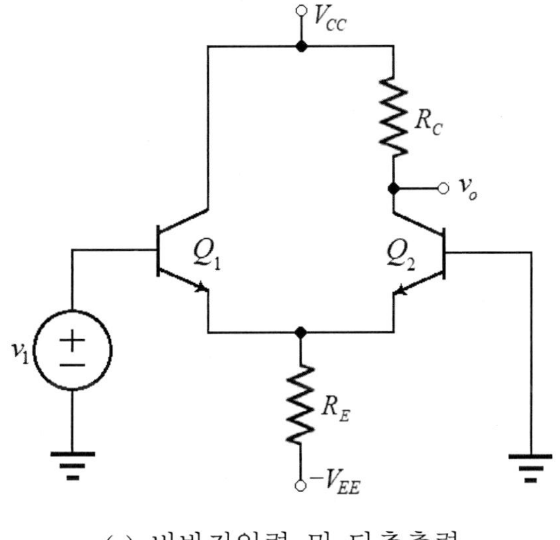

(a) 비반전입력 및 단측출력

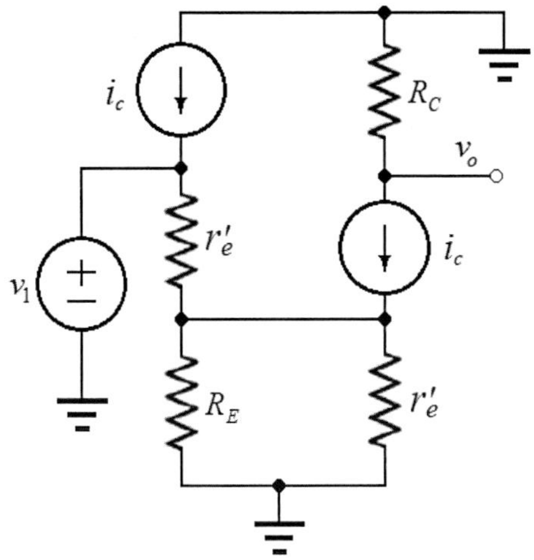

(b) 교류등가회로

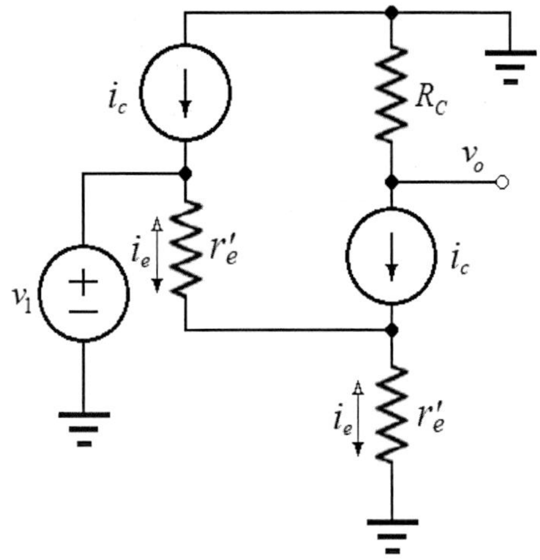

(c) 간략화된 교류등가회로

[그림 8.3] 차동증폭기 교류등가회로

출력전압을 입력전압으로 나누어 단측출력에 대한 전압이득을 구하면 식 (8.7)과 같다.

$$A_{dm} = \frac{R_C}{2r_e'} \tag{8.7}$$

[그림 8.4]는 비반전 입력 및 차동출력을 가지는 교류등가회로를 나타낸다. [그림 8.3]과 동일한 방법으로 해석하면 입력전압, 출력전압 및 차동출력에 대한 전압이득은 각각 식 (8.8)~식 (8.10)과 같다.

$$v_i = i_e r_e' + i_e r_e' = 2 i_e r_e' \tag{8.8}$$

$$v_o = 2 i_c R_C \tag{8.9}$$

$$A_{dm} = \frac{R_C}{r_e'} \tag{8.10}$$

[표 8.2]는 각 차동증폭기 회로구성에 따른 전압이득을 요약한 것이다. 표에서 언급한 바와 같이 차동출력을 가질 때 전압이득은 최대가 되며, 단측출력을 가질 경우 출력전압이 반으로 줄어듦을 알 수 있고, 단측출력이 사용될 경우 입력은 반전 또는 비반전 될 수 있다.

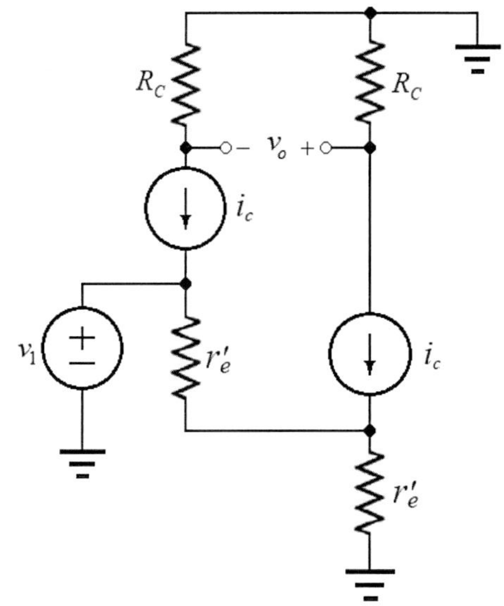

[그림 8.4] 비반전 입력 및 차동출력

[표 8.2] 차동증폭기 전압이득

입력	출력	A_{dm}	v_o
차동	차동	R_C/r_e'	$A_{dm}(v_1-v_2)$
차동	단측(single-ended)	$R_C/2r_e'$	$A_{dm}(v_1-v_2)$
단측	차동	R_C/r_e'	$A_{dm}v_1$ 또는 $-A_{dm}v_2$
단측	단측	$R_C/2r_e'$	$A_{dm}v_1$ 또는 $-A_{dm}v_2$

CE 증폭기에서 베이스에서 들여다 본 입력 임피던스는 $R_{i(b)}=\beta r_e{}'$이지만, 차동 증폭기의 경우 각 베이스에서 들여다 본 입력 임피던스는 식 (8.11)과 같이 2배가 된다.

$$R_{i(b)}=2\beta r_e{}' \tag{8.11}$$

공통모드 이득

두 입력단자에 동일한 신호 v_{CM}, 즉 공통모드 전압이 인가되는 경우이다. Q_1, Q_2가 정합되어 있고 회로가 대칭구조를 가지므로, 바이어스 전류 I_E는 두 트랜지스터에 절반씩 분배되어 흐른다. 따라서 각 트랜지스터의 이미터 전류는 $i_{e1}=i_{e2}=I_E/2$가 되고, 이미터 전압은 식 (8.12)와 같다.

$$v_e = v_{CM} - V_{BE} \tag{8.12}$$

트랜지스터의 전류이득이 $\beta_{o1} = \beta_{o2} \gg 1$이라고 하면 $i_{e1} \simeq i_{c1}, i_{e2} \simeq i_{c2}$이므로, 각 트랜지스터의 컬렉터 전압은 식 (8.13)과 같고, 두 컬렉터 전압의 차는 식 (8.14)와 같다.

$$v_{c1} = v_{c2} = V_{CC} - R_C I_E / 2 \tag{8.13}$$

$$v_{c2} - v_{c1} = 0 \tag{8.14}$$

즉, **이상적인 차동 증폭기에 공통모드 전압이 인가되어 $v_d = 0$인 경우, 두 컬렉터 전압의 차는 0이 된다**.

따라서 단측출력에 대한 공통모드 전압이득은 식 (8.15)와 같이 표현할 수 있다.

$$A_{cm} = \frac{v_{c1}}{v_{CM}} = \frac{v_{c2}}{v_{CM}} = -\frac{R_C}{r_e' + 2R_E} \simeq -\frac{R_C}{2R_E} (R_E \gg r_e' \text{이라고 가정}) \tag{8.15}$$

공통모드 제거비(CMRR)

차동증폭기는 차동 모드 입력 신호에 대해 높은 이득을 가져야 하고, 공통 모드 신호에 대해서는 매우 낮은 이득을 가져야 한다. 차동모드 신호의 이득을 A_{dm}이라 하고, 공통모드 신호의 이득을 A_{cm}이라할 때, 공통모드 제거비(CMRR)는 식 (8.16)과 같이 차동모드 이득과 공통모드 이득의 비로 정의된다. 이는 공통모드 입력이 출력되는 것을 억제하고 차동모드 입력만 증폭하여 출력하는 성능을 나타낸다. 차동모드 이득이 클수록 그리고 공통모드 이득이 작을수록 CMRR이 커져 성능이 우수한 차동증폭기가 된다.

$$CMRR = \left| \frac{A_{dm}}{A_{cm}} \right| \tag{8.16}$$

출력을 단측(single-ended)으로 보았을 경우에 CMRR은 식 (8.7)과 식 (8.15)를 이용하여 식 (8.17)과 같이 계산할 수 있다.

$$CMRR = \left| \frac{A_{dm}}{A_{cm}} \right| = \frac{R_E}{r_e'} \tag{8.17}$$

출력을 차동으로 보았을 경우에 $v_{c2}-v_{c1}=0$ 따라서 $A_{cm}=0$이므로, $CMRR=\infty$가 된다. 차동쌍이 완전히 매칭되었다고 가정하면, CMRR은 ∞가 될 수 없다. 두 개의 부하저항 R_D 값이 불일치가 발생했을 경우, 차동출력으로 본다 하더라도 CMRR은 ∞가 될 수 없다. 이런 경우에 대해 식 (8.18)~식 (8.20)을 참고하길 바란다.

$$A_{cm} \approx -\frac{\triangle R_C}{2R_E} \tag{8.18}$$

$$A_{dm} \approx \frac{R_C}{r_e'} \tag{8.19}$$

$$CMRR=\left(\frac{2R_E}{r_e'}\right)/\frac{\triangle R_C}{R_C} \tag{8.20}$$

2.2. MOSFET을 이용한 차동증폭기

[그림 8.5]는 기본적인 MOSFET 차동증폭기 쌍 구조를 나타낸 것으로, 두 개의 동일한 규격의 MOSFET에 대해 각 MOSFET의 두 소스를 서로 연결하여 정전류원으로 바이어스 한다. 각 MOSFET의 드레인은 저항을 통해 정전압원으로 연결된다.

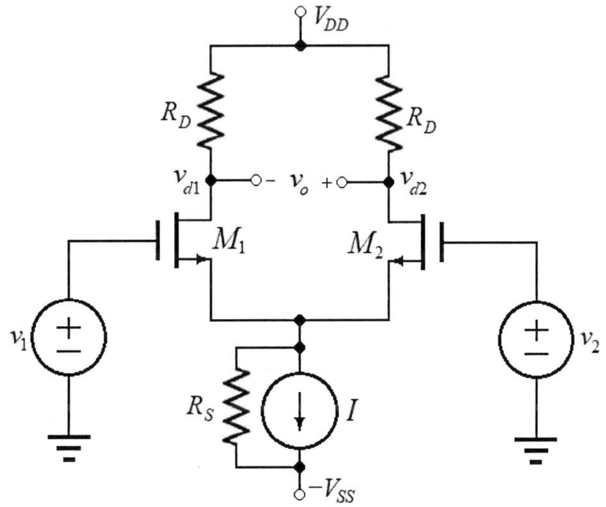

[그림 8.5] MOSFET 차동증폭기 구성

MOSFET 차동증폭기를 구성하기 위해 우선 필요한 것은 각각의 MOSFET이 허용할 수 있는 공통 모드 입력 전압의 범위를 구해야 한다. [그림 8.6(a)]는 MOSFET 차동증폭기에 대한 공통 모드 입력을 나타낸 것이고, 식 (8.21)~식 (8.24)는 공통 모드 입력 전압의 최대값 $v_{cm(\max)}$, 최소값 $v_{cm(\min)}$ 등을 나타낸다.

$$v_{d1} = v_{d2} = V_{DD} - \frac{1}{2} IR_D \tag{8.21}$$

$$v_s = v_{cm} - V_{GS} = v_{cm} - V_{th} - \sqrt{I/\left(k_n{}' \frac{W}{L}\right)} \tag{8.22}$$

$$v_{cm(\max)} = V_{th} + v_{d1} (= v_{d2}) = V_{th} + V_{DD} - \frac{1}{2} IR_D \tag{8.23}$$

$$v_{cm(\min)} = - V_{SS} + V_{CS} + V_{th} + \sqrt{I/\left(k_n{}' \frac{W}{L}\right)} \tag{8.24}$$

[그림 8.6(b)]는 차동 입력에 대한 증폭기 동작을 나타낸 것이다. 공통 입력 증폭 회로와 마찬가지로 차동 입력 증폭 회로를 설계하기 위해 우선 허용할 수 있는 M_1, M_2의 게이트 최대 전압차를 구해야 한다. M_2의 게이트는 접지시키고, M_1의 게이트에 v_{id}를 인가할 때 이 값의 범위는 식 (8.26)과 같다.

$$v_{id} = v_{gs1} - v_{gs2} \tag{8.25}$$

$$- \sqrt{2I/\left(k_n{}' \frac{W}{L}\right)} \le v_{id} \le \sqrt{2I/\left(k_n{}' \frac{W}{L}\right)} \tag{8.26}$$

일반적으로 v_{id}는 M_1, M_2의 게이트에 인가된 전압의 차이를 의미하는데, 이 값은 대신호 동작에서는 각 MOSFET의 드레인 전류를 결정하게 되고, 소신호 동작에서는 전압이득을 계산하는 데 있어서 입력전압이다.

[그림 8.7(a)]는 MOSFET 차동증폭기의 입력 및 출력 전압 회로를 나타낸 것이다. 식 (8.27)과 같이 MOSFET 차동증폭기의 입력전압은 공통 모드 전압 성분 v_{cm}과 차동 모드 전압 성분 v_{id}의 조합으로 표현된다.

$$v_1 = v_{cm} + \frac{1}{2} v_{id}, \ v_2 = v_{cm} - \frac{1}{2} v_{id} \tag{8.27}$$

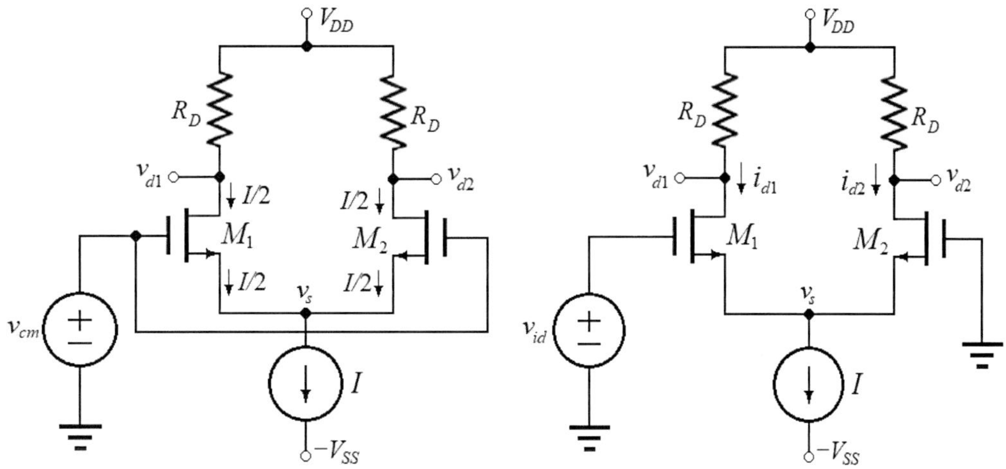

(a) 공통 모드 입력 (b) 차동 입력

[그림 8.6] MOSFET 차동증폭기 증폭 회로 동작

[그림 8.7(b)]는 [그림 8.7(a)]에 대한 소신호 등가회로를 나타낸다. M_1, M_2의 출력 전압에 대한 식 (8.28)~식 (8.31)로 표현한 후, 식 (8.32)와 같은 차동증폭기의 전압이득을 구할 수 있다.

$$g_m = 2I_D / \sqrt{I / \left(k_n{}' \frac{W}{L}\right)} = I / \sqrt{I / \left(k_n{}' \frac{W}{L}\right)} \tag{8.28}$$

$$v_{gs1} = \frac{v_{id}}{2},\ v_{gs2} = -\frac{v_{id}}{2} \tag{8.29}$$

$$i_{d1} = g_m\left(\frac{v_{id}}{2}\right),\ i_{d2} = -g_m\left(\frac{v_{id}}{2}\right) \tag{8.30}$$

$$v_{o1} = -g_m\frac{v_{id}}{2}R_D,\ v_{o2} = g_m\frac{v_{id}}{2}R_D,\ v_o = v_{o2} - v_{o1} = g_m v_{id} R_D \tag{8.31}$$

$$A_d = \frac{v_o}{v_{id}} = g_m R_D \tag{8.32}$$

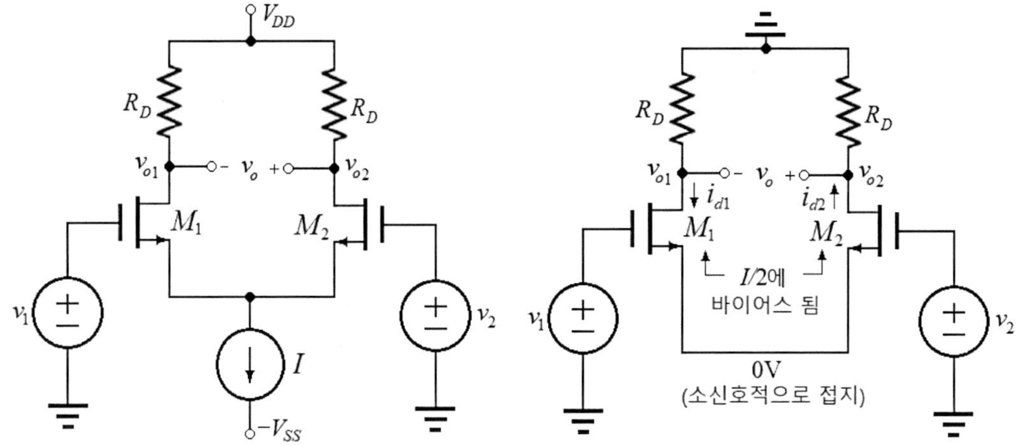

(a) 입력 및 출력 전압　　　　(b) 소신호 등가회로

[그림 8.7] MOSFET 차동증폭 회로

3. 퀴즈

1. 이상적으로 CMRR 값이 무한대인 차동증폭기 회로에서 발생하는 잡음은 출력단자에 어떻게 나타나는가?
   ① 발생한 잡음의 크기가 그대로 나타난다.
   ② 발생한 잡음이 증폭되어 출력에 나타난다.
   ③ 발생한 잡음의 크기보다 작게 나타난다.
   ④ 발생한 잡음은 출력단자에 나타나지 않는다.

2. 차동증폭기의 차동 이득을 증가시키기 위한 방법으로 맞지 않는 것은?
   ① 입력 트랜지스터의 전달컨덕턴스를 증가시킨다.
   ② 입력 트랜지스터의 W/L을 증가시킨다.
   ③ 부하저항을 감소시킨다.
   ④ 바이어스 전류를 증가시킨다.

3. 차동증폭기가 단일 출력 증폭기(공통 이미터 증폭기 등)에 비해 가지는 장점이 아닌 것은?
   ① 바이패스 및 커플링 커패시터를 사용하지 않고도 증폭회로를 바이어싱 할 수 있다.
   ② 잡음과 간섭에 의한 영향이 적다.

③ 다단 증폭기의 각 단을 용이하게 커플링 할 수 있으므로, 집적회로의 제작 공정이 좀 더 용이하다.

④ 전력 소모를 줄일 수 있다.

4. 차동증폭기의 공통 모드 입력 전압이 제한되는 요인이 아닌 것은?

① 바이어스 전류 ② 대역폭

③ 공통 모드 출력 전압 ④ 전원 전압

5. 차동증폭기의 차동 입력 전압 범위를 감소시키기 위한 방법으로 맞지 않는 것은?

① 부하저항을 감소시킨다.

② 입력 트랜지스터의 W/L을 증가시킨다.

③ 입력 트랜지스터의 전달컨덕턴스를 감소시킨다.

④ 바이어스 전류를 감소시킨다.

6. [그림 8.1(a)] 회로에서 R_E가 증가하면 어떤 현상이 일어나는가?

① 차동이득이 감소한다. ② 차동이득이 증가한다.

③ 동상이득이 감소한다. ④ 동상이득이 증가한다.

7. 이상적인 차동증폭기의 동상제거비(CMRR)는?

① 0 ② 1 ③ -1 ④ ∞

8. 차동증폭기의 동위상 신호제거비(CMRR)를 표현한 식으로 맞는 것은?

① CMRR = 차동이득 +동위상이득

② CMRR = 차동이득 - 동위상이득

③ CMRR = 동위상이득 ÷ 차동이득

④ CMRR = 차동이득 ÷ 동위상이득

9. [그림 8.1(a)] 회로의 특성에 대한 설명으로 틀린 것은?

① 동상신호 제거비(CMRR)를 높게 하기 위해 h_{fe}가 높은 트랜지스터를 사용한다.

② 동상신호 제거비(CMRR)를 높게 하기 위해 R_E 값을 감소시킨다.

③ 동상이득을 높게 하기 위해 R_{C1}과 R_{C2} 값을 감소시킨다.

④ 차동이득을 높게 하기 위해 R_E 값을 감소시킨다.

10. 다음 중 차동증폭기(Differential Amplifier)의 특징에 대한 설명으로 틀린 것은?
   ① 직류와 교류 모두 증폭할 수 있다.
   ② 부품의 절대치가 변동하여도 증폭이 거의 안정적이다.
   ③ 작은 온도 변화에도 동작이 안정적이다.
   ④ 종합 증폭도는 이미터 접지방식보다 크다.

11. 다음 중 차동증폭기의 동상신호제거비(CMRR)에 대한 설명으로 틀린 것은?
   ① 동상신호제거비가 작을수록 간접신호 제거 특성이 좋다.
   ② 개루프 전압이득이 100,000이고 공통-모드 이득이 0.2인 연산증폭기의 공통신호제거비는 500,000이다.
   ③ 동상신호제거비는 동상신호를 제거할 수 있는 성능척도이다.
   ④ 입력 동상신호에 대한 오차를 나타내는 성능척도이다.

12. 어떤 차동증폭기의 차동이득이 1,000이고 동상이득이 0.1일 때, 이 증폭기의 동상신호제거비(CMRR) 값은?
   ① 10　　② 100　　③ 1,000　　④ 10,000

13. 다음 중 차동 증폭기의 CMRR에 대한 설명으로 거리가 먼 것은?
   ① 동상입력 이득에 대한 이상입력 이득의 비를 말한다.
   ② 이 값이 클수록 차동 증폭기의 성능이 좋다.
   ③ 동상신호를 제거하는 척도이다.
   ④ 회로의 안정도에서 이 값이 작을수록 유리하다.

14. 차동증폭기에서 차신호에 대한 전압이득이 A_d, 동상신호에 대한 전압이득이 A_c인 경우, 동상신호제거비(CMRR)는?
   ① $\frac{A_c + A_d}{2}$　　② $\frac{A_d}{A_c}$　　③ $\frac{A_c}{A_d}$　　④ $\frac{A_c - A_d}{2}$

4. 예비 보고서

4.1. 퀴즈에 대한 답을 제시하시오.

4.2. 증폭 회로를 구성하기 위해 [그림 8.1]에서 Q_1, Q_2에 인가할 공통 모드 전압을 결정해야 한다. 증폭회로에 사용하는 npn BJT는 실험 7에서 사용한 소자(2N3904)를 사용한다. PSpice를 이용하여 10kHz, 0.1V_{pp}의 정현파 입력신호에 대해 50V/V 이상의 차동전압이득 A_d를 갖는 차동증폭기를 설계하시오. 이때, 원하는 I_E가 흐를 수 있도록 전압분배바이어스 회로를 구성한다. 그 모의실험 결과를 이론 값과 비교하시오.

4.3. 증폭 회로를 구성하기 위해 [그림 8.5]에서 M_1, M_2에 인가할 공통 모드 전압을 결정해야 한다. 증폭회로에 사용하는 실험 5에서 사용한 NMOS(2N7000)를 사용한다. PSpice를 이용하여 10kHz, 0.1V_{pp}의 정현파 입력신호에 대해 20V/V 이상의 차동전압이득을 갖는 차동증폭기를 설계하시오. 이때, 원하는 I가 흐를 수 있도록 전압분배바이어스 회로를 구성한다.그 모의실험 결과를 이론 값과 비교하시오.

5. 실험기자재 및 부품

5.1. 사용기기

- 직류 전원공급기
- 디지털 멀티미터
- 함수 발생기
- 오실로스코프

5.2. 사용부품

- 트랜지스터 :
  2N3904(npn형 BJT)(2개), 2N7000(NMOS)(2개)
- 저항, 커패시터 : 기타

6. 실험방법 및 절차

6.1. [그림 8.1] 회로를 설계하시오.

① [그림 8.1]을 설계하기 위해 Q_1, Q_2의 동작점을 먼저 결정해야 한다. Q_1, Q_2에 인가할 공통 모드 전압을 $V_{CC}/2(=3V)$로 결정하였을 때, 출력 공통 모드 전압이 $V_{CC}/2(=3V)$가 되도록 R_C와 I_E를 정하시오. 이때, 원하는 I_E가 흐를 수 있도록 전압분배바이어스 회로를 구성한다.

② 입력의 공통 모드 전압 레벨을 구하기 위해 입력의 공통 모드 전압을 변화시키면서 I_E 전류가 흐르고, 출력의 공통 모드 전압이 $V_{CC}/2(=3V)$로 유지되는 범위를 구해서 [표 8.3]에 기록하시오.

③ 10kHz, 0.1V$_{pp}$의 정현파 입력신호에 대해 50V/V 이상의 차동전압이득 A_d를 갖는 차동증폭기를 설계하시오. 입력 파형과 출력 파형을 캡처해서 결과보고서에 삽입하시오.

6.2. [그림 8.5] 회로를 설계하시오.

① [그림 8.5]를 설계하기 위해 M_1, M_2의 동작점을 먼저 결정해야 한다. M_1, M_2에 인가할 공통 모드 전압을 $V_{DD}/2(=3V)$로 결정하였을 때, 출력 공통 모드 전압이 $V_{DD}/2(=3V)$가 되도록 R_D와 I를 정하시오. 이때, 원하는 I가 흐를 수 있도록 전압분배바이어스 회로를 구성한다.

② 입력의 공통 모드 전압 레벨을 구하기 위해 입력의 공통 모드 전압을 변화시키면서 I 전류가 흐르고, 출력의 공통 모드 전압이 $V_{DD}/2(=3V)$로 유지되는 범위를 구해서 [표 8.4]에 기록하시오.

③ 10kHz, 0.1V$_{pp}$의 정현파 입력신호에 대해 20V/V 이상의 차동전압이득을 갖는 차동증폭기를 설계하시오. 입력 파형과 출력 파형을 캡처해서 결과보고서에 삽입하시오.

7. 실험결과

7.1. [그림 8.1] 회로 설계

[표 8.3] 입력 공통 모드 전압을 범위를 구하기 위한 측정

R_1, R_2	I_E	R_C	입력의 공통 모드 전압(V)	출력의 공통 모드 전압(V)

(a) 입력 파형 (b) 출력 파형

[그림 8.8] 입력 및 출력 파형(측정 파형 캡처)

7.2. [그림 8.5] 회로 설계

[표 8.4] 입력 공통 모드 전압을 범위를 구하기 위한 측정

R_1, R_2	I	R_D	입력의 공통 모드 전압(V)	출력의 공통 모드 전압(V)

(a) 입력 파형 (b) 출력 파형

[그림 8.9] 입력 및 출력 파형(측정 파형 캡처)

실험 9

연산증폭기 특성

1. 실험 목적

본 실험을 통해

- 연산증폭기의 전압이득, 입력저항, 출력저항, 대역폭, 오프셋(offset) 전압, 슬루율 등 기본적인 성능 파라미터들을 학습한다.
- 이러한 성능 파라미터들 측정하여, 이를 바탕으로 연산증폭기를 이용한 응용회로를 설계할 수 있는 능력을 배양한다.

2. 기초이론

연산증폭기(Op-amp, operation amplifier)란 두 개의 입력 단자에 입력되는 전압의 차이를 매우 높은 전압이득으로 증폭하여 출력하는 집적회로이다. 고전력용 연산증폭기들이 있지만 대부분의 연산증폭기는 1W 이하의 최대정격전력을 갖는 저전력 소자이다. 어떤 연산증폭기는 대역폭용에, 어떤 것들은 낮은 입력 오프셋용에, 또한 어떤 것들은 낮은 잡음 특성용에 사용할 수 있다. 아날로그 시스템에서 가장 기본적인 능동소자 중의 하나로서 연산증폭기는 가격이 저렴하고 다용도로 사용할 수 있기 때문에 제어, 통신, 컴퓨터, 전력 장치 등 다양한 분야의 아날로그 회로(변환기, 발진기, 능동필터 등)에 폭넓게 이용되고 있다.

2.1. 연산증폭기 기초

[그림 9.1]은 연산증폭기 계통도를 나타낸 것이다. 입력단은 차동증폭기이며, 그 다음단에 이득증폭단과 B급 푸시풀(push-pull) 이미터(또는 소스) 팔로워 단이 차례로 접속된다. 첫 단은 차동증폭기로 구성되어 있는데, 이 차동증폭기는 연산증폭기의 입력특성을 결정하는 데 아주 중요하다. 대부분의 연산증폭기에서 출력은 [그림 9.1]과 같이 단측출력을 가진다. 물론 모든 증폭기가 [그림 9.1]과 같이

설계되어 있지는 않고, B급 푸시풀 출력을 사용하지 않으며, 또 어떤 것들은 차동출력(양쪽 트랜지스터의 컬렉터(또는 드레인)에서 얻음)을 갖고 있다.

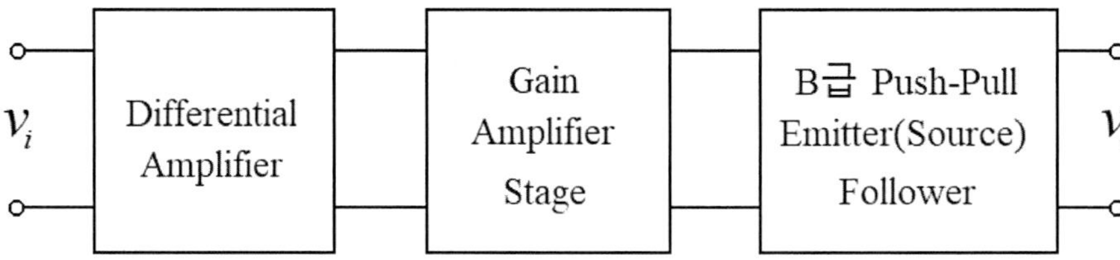

[그림 9.1] 연산증폭기 계통도

[그림 9.2(a)]는 연산증폭기의 도식적 기호를 나타내며, 비반전 및 단측출력 단자를 가지고 있다. 이상적으로 이 기호는 증폭기가 무한대의 전압이득, 무한대의 입력 임피던스 및 0의 출력 임피던스를 갖는다는 것을 의미한다. 이상적인 연산증폭기는 완전한 전압증폭기이며, 종종 VCVS(voltage-controlled voltage source)라 부른다. [그림 9.2(b)]는 VCVS를 나타낸다. 이러한 회로는 식 (9.1)과 같이 입력전압 v_{i1}과 v_{i2}의 차이에 비례하는 출력전압을 생성한다. 그림에서 보는 바와 같이 연산증폭기의 주요 입출력 단자로는 "+"로 표시한 비반전(non-inverting) 입력단자, "-"로 표시한 반전(inverting) 입력 단자, "$+V_{CC}$" 또는 $+V_{DD}$와 "$-V_{EE}$" 또는 $-V_{SS}$로 표시한 전원 공급 단자 및 출력 단자로 구성되어 있다.

$$v_o = A_{VOL}(v_{i1} - v_{i2}) \tag{9.1}$$

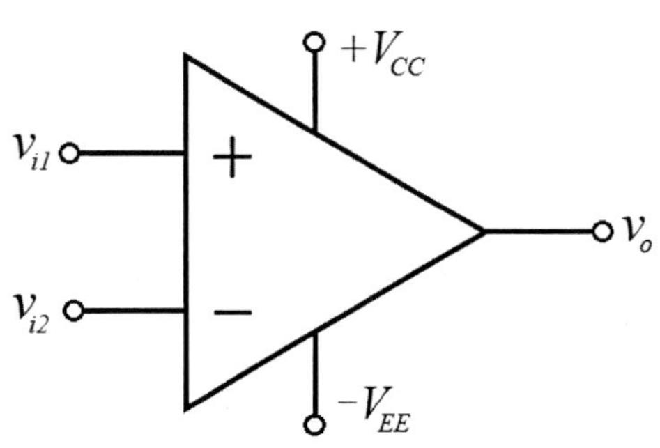

(a) 기호

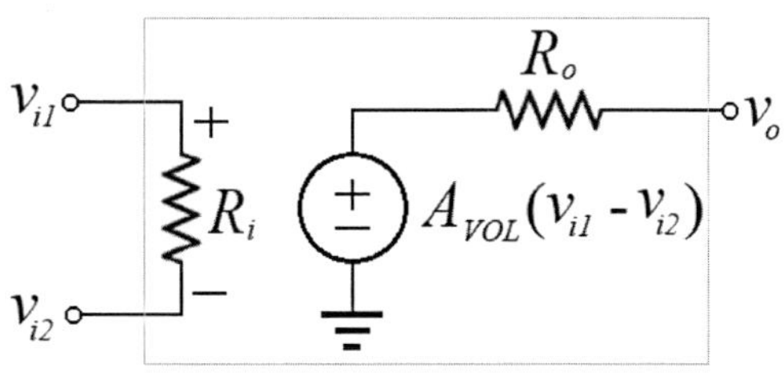

(b) 등가회로

[그림 9.2] 기본적인 연산증폭기

[그림 9.3(a)]와 같이 음(-)의 입력을 접지로 하고, 양(+)의 입력에 입력신호를 인가하는 회로를 비반전 증폭기라고 하고, [그림 9.3(b)]와 같은 회로를 반전 증폭기라고 한다.

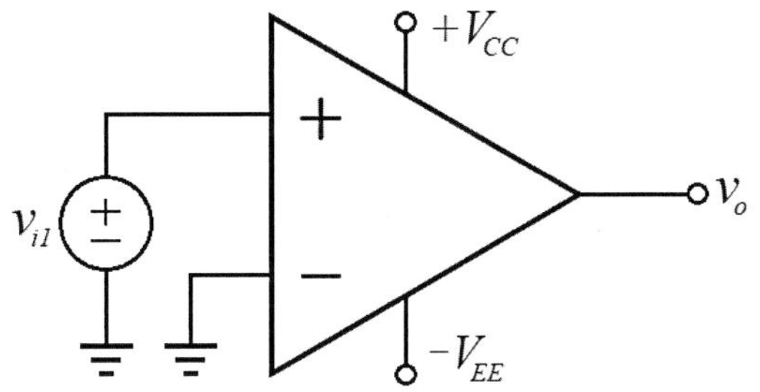

(a) 비반전 증폭기

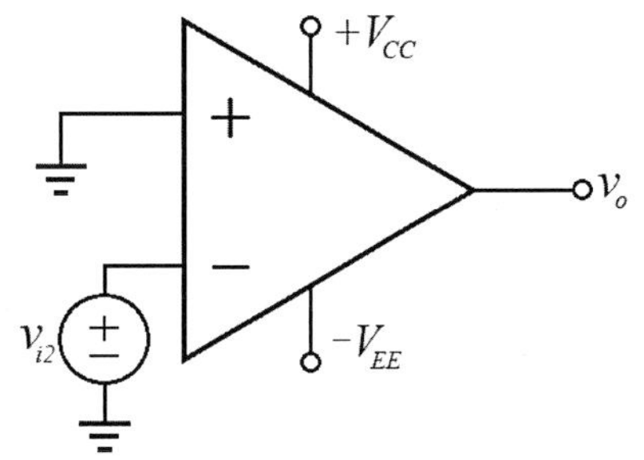

(b) 반전 증폭기

[그림 9.3] 비반전 및 반전 증폭기

이상적인 연산증폭기를 이용하여 피드백(궤환) 회로를 구성([그림 2.8] 참조)하면, 식 (9.5)에서 전압이득이 무한대일 경우 v_{i1}과 v_{i2}는 같아진다. 즉 가상 단락(virtual ground)으로 볼 수 있다. 이 개념은 연산증폭기를 이용한 응용 회로 분석에 매우 유용하게 사용될 수 있다.

[표 9.1]은 이상적인 연산증폭기 특성을 요약한 것이다. 일반적으로, 이상적인 연산증폭기는 전압이득, 단위이득 주파수, 입력 임피던스 및 CMRR 모두 ∞이고, 출력저항, 바이어스 전류 및 오프셋이 0의 조건을 만족한다고 가정한다. 제조사는 이와 같은 이상적인 값에 근접하도록 실제적으로 소자를 제작한다.

[표 9.1] 대표적인 연산증폭기 특성

변수	기호	이상적	LM741C	LF157A
개방 루프 이득	A_{VOL}	∞	100,000	200,000
단위이득 주파수	f_{unity}	∞	1MHz	20MHz
입력 저항	R_i	∞	2MΩ	10^{12}Ω
출력 저항	R_o	0	75Ω	100Ω
입력 바이어스 전류	$I_{i(bias)}$	0	80nA	30pA
입력 오프셋 전류	$I_{i(off)}$	0	20nA	3pA
입력 오프셋 전압	$V_{i(off)}$	0	2mV	1mV
공통 모드 제거비	CMRR	∞	90dB	100dB

2.2. 연산증폭기 성능 변수

개방 루프 이득

회로에서 궤환이 없다면 전압이득은 최대가 되며, 이를 **개방 루프 전압이득**([표 9.1] 참조)이라 부른다. 연산증폭기의 개방 루프 이득은 연산증폭기를 사용하는 궤환 시스템의 정확도를 결정한다. 이득을 높이기 위해서는 속도 및 출력전압 스윙과 같은 변수들의 성능 저하가 뒤따르므로 최소한 필요한 이득을 반드시 알아야 한다. 또한, 일반적으로 높은 개방 루프 이득은 비선형성을 억제하는 효과도 가져온다. LM741의 경우 개방 루프 이득이 아주 크기 때문에 회로 성능을 향상시키기 위해 부궤환이 크게 걸리도록 한다.

슬루율(Slow Rate)

많은 응용분야에서 연산증폭기는 반드시 큰 과도신호와 함께 동작해야 한다. 이러한 조건에서는 비선형 특성으로 인해 개방 루프 응답과 같은 소신호 특성만으로 속도를 제어하는 것이 어려워진다. 연산증폭기의 입력전압이 양(+)의 계단전압이라 가정할 경우, 지수함수의 초기 기울기를 **슬루율**이라 부르며, 식 (9.2)와 같이 정의한다.

$$S_R = \frac{\Delta v_o}{\Delta t} = \frac{I_{MAX}}{C_C} \tag{9.2}$$

여기서, C_C는 증폭기의 보상 커패시터를 나타낸다.

[그림 9.4] 연산증폭기의 슬루율 측정을 위한 회로를 나타낸다. 연산증폭기를 이용한 비반전 증폭기에서 입력의 크기가 작을 때(소신호일 경우), 입력의 크기가 두 배 증가하면 출력의 기울기도 두 배로 증가된다. 반면 대신호일 경우에는 입력 크기에 무관하게 출력이 초기에 선형적으로 정착하는 모양을 보인다. 이는 연산증폭기 내부의 트랜지스터의 동작 영역이 포화영역에서 벗어나면서 비선형적인 특성을 보이기 때문이다. 예를 들어 741C의 슬루율이 0.5V/μs일 경우, 이 증폭기의 출력은 1μs에서 0.5V/μs보다 더 빨리 변할 수 없다. 즉, 741C의 입력으로 초기전압이 큰 계단전압으로 구동되면 출력전압이 갑자기 변할 수 없으므로 지수형 출력파형을 가진다.

정현파에 대해서도 슬루율은 한계를 가진다. 출력 정현파의 크기가 작고 주파수가 작으면 슬루율은 문제가 없지만 출력 정현파의 크기가 크고 주파수가 크면 슬루율은 출력파형을 찌그러지게 한다. 이를 식으로 표현하면 다음과 같다.

$$S_S = 2\pi f V_p \tag{9.3}$$

여기서, S_S는 정현파의 초기 기울기이고, V_p는 정현파의 피크전압이다.

슬루율 왜곡을 제거하기 위해서는 S_S가 S_R보다 작아야 한다. 만약 두 값이 같으면 이때가 슬루율의 왜곡이 시작되는 시점이다. 이 식을 주파수에 대해 풀면 식 (9.4)와 같다.

$$f_{\max} = \frac{S_R}{2\pi V_p} \tag{9.4}$$

여기서 $f_{\max}$는 슬루율 왜곡 없이 신호를 증폭할 수 있는 최대주파수이다. 종종 연산증폭기의 전력대역폭(power bandwidth) 또는 대신호 대역폭이라 부른다.

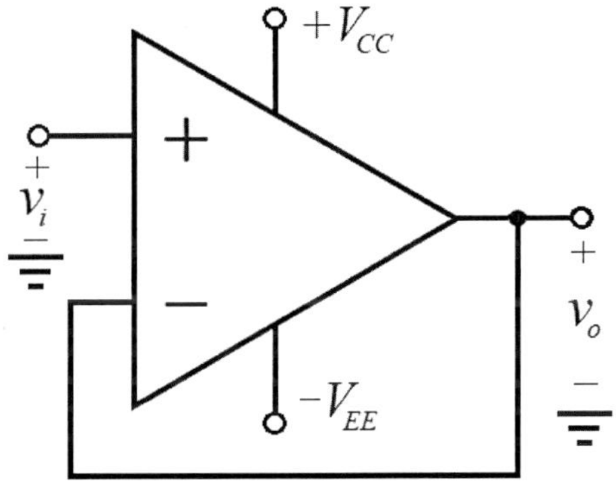

[그림 9.4] 연산증폭기의 슬루율 측정을 위한 회로

소신호 대역폭

많은 응용분야에서 연산증폭기의 소신호 동작은 중요한 역할을 한다. 예를 들어, 동작주파수가 증가함에 따라 개방 루프 이득은 감소하기 시작하여 궤환 시스템의 오차를 증가시킨다. 소신호 대역폭은 일반적으로 '단위이득' f_u로 정의하며, CMOS 연산증폭기에서는 1GHz가 넘는다. 또한, 3dB 주파수를 알면 폐루프 주파수의 반응을 쉽게 예측할 수 있다. 연산증폭기의 주파수 특성은 식 (9.5)와 같이 표현할 수 있다.

$$\frac{V_o}{V_{i1}-V_{i2}}(s)=\frac{A_{VOL}}{1+\frac{s}{\omega_1}} \tag{9.5}$$

출력 스윙

연산증폭기를 사용하는 대부분의 시스템은 다양한 신호 진폭을 수용하기 위해 큰 출력전압 스윙이 필요하다. 그러나 최대 전압 스윙을 선택하면 소자 크기, 바이어스 전류 및 속도를 희생해야 하는 문제가 있으므로 설계 시 유의해야 한다.

선형성

개방 루프 연산증폭기는 일반적으로 심각한 비선형성 문제를 가지고 있다. 이러한 문제를 해결하기 위해 짝수 차수 고조파를 억제하기 위해 완전 차동 구조를 이용거나 충분히 큰 개방 루프 이득을 가지도록 설계하여 폐루프 궤환 시스템이 적절한 선형성을 달성할 수 있도록 한다.

공급 전압 제거 비(PSRR, power supply rejection ratio)

공급 전압 제거 비는 전원장치 불완전성이 출력에 얼마나 직접적으로 영향을 미치는지를 나타낸다. 연산증폭기는 종종 혼합신호(mixed-signal) 시스템에 사용되어 잡음이 있는 디지털 공급 라인에 연결된다. 따라서 특히 잡음 주파수가 증가할 때, 공급 잡음 하에서 연산증폭기의 성능은 매우 중요하다. 이러한 이유로 완전 차동 토폴로지를 선호한다.

3. 퀴즈

1. 증폭기에서 발생하는 일그러짐(Distortion) 현상이 아닌 것은?
   ① 비직선 일그러짐　　② 잡음(Noise)
   ③ 주파수 일그러짐　　④ 위상 일그러짐

2. 이상적인 연산증폭기의 특성으로 틀린 것은?
   ① 입력 임피던스(Z_i)가 무한대이다.
   ② 출력 임피던스(Z_o)가 무한대이다.
   ③ 전압이득(A_v)이 무한대이다.

④ CMRR이 무한대이다.

3. 다음 중 이상적인 연산증폭기의 특성이 아닌 것은?
   ① 전압증폭도가 무한대 ② 입력 임피던스가 무한대
   ③ 출력 임피던스가 무한대 ④ 주파수 대역폭이 무한대

4. 다음 중 연산증폭기 성능을 판단하는 파라미터로 관련이 없는 것은?
   ① V_{io}(입력 오프셋 전압) ② CMRR(동상 신호 제거비)
   ③ I_B(입력 바이어스 전류) ④ PIV(최대 역 전압)

5. RC 결합 증폭회로에서 대역폭을 4배로 증가 시키려면 전압증폭이득을 약 몇 [dB] 감소시켜야 하는가?
   ① 0.5 ② 4 ③ 6 ④ 12

6. 다음 중 연산증폭기의 성능 파라미터가 아닌 것은?
   ① 이득 ② 지연 ③ 슬루율 ④ 출력 스윙

7. 이상적인 연산증폭기의 조건이 아닌 것은?
   ① 입력저항 = ∞ ② 전압이득 = ∞ ③ 전류이득 = ∞ ④ 출력저항 = 0

8. 다음 설명의 빈칸에 공통으로 들려갈 말은?

일반적으로 개방 루프 연산증폭기는 심각한 ( ) 문제를 안고 있다. ( ) 문제를 해결하기 위해서 일반적으로 다음과 같은 두 가지 방법을 이용한다. 첫 번째 방법은 짝수 차수 고조파를 억제하기 위해 완전 차동 구조를 이용하는 방법이고, 다른 방법은 충분히 큰 개방 루프 이득을 가지도록 설계하는 것이다.

   ① 출력 스윙 ② 이득 ③ 오프셋 ④ 비선형성

4. 예비 보고서

4.1. 퀴즈에 대한 답을 제시하시오.

4.2. [그림 9.2]에 대해 아래 열거한 각 파라미터들(이번 실험에서 사용하고자 하는 연산증폭기(LM741)의 데이터 시트 참고)을 측정하기 위한 방법을 설명하시오.

◦ 연산증폭기 파라미터 : 전압이득, 공통 모드 입력 전압 범위, 입력 전압 스윙 레벨, 출력 전압 스윙 레벨, 공통 모드 제거비(CMRR), 입력 임피던스, 출력

임피던스, 오프셋 전압, 슬루율, 대역폭(f_{3dB}), 단위 이득 주파수

4.3. [그림 9.4]와 같이 구성하고, PSpice를 이용하여 10mV와 2V 크기의 스텝 입력을 각각 인가하였을 경우의 출력 파형을 구하고, 슬루율을 구하시오. 이때 양의 전원은 5V, 음의 전원은 접지시킨다.

5. 실험기자재 및 부품

5.1. 사용기기

- 직류 전원공급기
- 디지털 멀티미터
- 함수 발생기
- 오실로스코프

5.2. 사용부품

- IC : 연산증폭기(LM741)
- 저항, 커패시터 : 기타

6. 실험방법 및 절차

6.1. [그림 9.2(a)] 회로에 대해 기본 특성을 측정하시오.

① [그림 9.2(a)]에서 연산증폭기 입력의 공통 모드 전압 범위를 구하시오. 입력의 공통 모드 전압을 변화시키면서, 연산증폭기의 직류 전류가 일정하게 흐르고 출력의 공통 모드 전압이 일정하게 유지되는 범위를 구해서 [표 9.2]에 기록하시오.

② 연산증폭기의 입력 및 출력 스윙 레벨을 구하시오. 음의 입력 단자에는 실험 절차 ①에서 구한 입력 공통 모드 전압 범위의 중간값에 해당하는 공통 모드 전압을 인가하고, 양의 단자에는 10kHz 주파수를 가진 사인파를 인가한다. 이때, 사인파 크기를 100mV~10V까지 100mV 단위로 증가시키면서 출력 전압의 크기 및 파형을 관찰하여 [표 9.3]에 기록하시오.

③ 공통 모드 전압 이득을 구하기 위해 연산증폭기의 두 입력을 공통 모드 전압에 연결하고, 10kHz의 사인파를 입력한 후, [표 9.4]와 같이 주파수를 변경하면서 출력을 측정하여 이득(A_{cm})을 구하시오.

④ 입력의 공통 모드 전압 이득을 중심으로 10kHz의 종현파 차동 입력신호를 인가하되, 크기를 10mV~100mV까지 증가시키면서 [표 9.5]와 같은 형태로 출력전압과 차동 모드 전압 이득(A_{dm})을 기록하시오.

⑤ 실험 절차 ④에서 입력 전압의 크기를 10mV로 고정하고, 주파수를 10kHz~1MHz로 변화시키면서 [표 9.6]에 기록하시오.

⑥ ③에서 구한 A_{cm}과 ④에소 구한 A_{dm}을 바탕으로 CMRR을 구하시오.

6.2. [그림 9.4] 회로에 대해 슬루율을 측정하시오.

① [그림 9.4]를 구성하고, 입력전압의 스텝 입력을 인가하되, 100mV~10V까지 100mV 단위로 증가시키면서 출력파형을 관찰한다. 스텝 크기를 증가시키면서 출력 응답 측성 중 슬루율을 측정하여 [표 9.7]에 기록하시오.

7. 실험결과

7.1. [그림 9.2(a)] 회로에 대해 기본 특성 측정

[표 9.2] 연산증폭기의 입력 공통 모드 전압을 범위를 구하기 위한 측정

입력의 공통 모드 전압(V)	연산증폭기 직류 전류(mA)	출력의 공통 모드 전압(V)

[표 9.3] 입력-출력 스윙을 구하기 위한 측정 결과

공통 모드 입력전압 크기(mV)	공통 모드 입력주파수 (kHz)	입력전압 크기(mV)	출력전압 크기(mV)

[표 9.4] 공통 모드 전압이득을 계산하기 위한 측정 결과

공통 모드 입력전압 크기(mV)	공통 모드 입력주파수(kHz)	공통 모드 출력전압 크기(mV)	공통 모드 출력주파수(kHz)	공통 모드 전압이득(A_{cm})

[표 9.5] 차동 모드 전압이득을 계산하기 위한 측정 결과

차동 모드 입력전압 크기(mV)	차동 모드 입력주파수(kHz)	차동 모드 출력전압 크기(mV)	차동 모드 출력주파수(kHz)	차동 모드 전압이득(A_{dm})

[표 9.6] CMRR 측정 결과

차동 모드 전압 크기(mV)	차동 모드 주파수(kHz)	공통 모드 전압이득(A_{cm})	차동 모드 전압이득(A_{dm})	CMRR

7.2. [그림 9.4] 회로에 대해 슬루율 측정

[표 9.7] 슬루율을 구하기 위한 측정 결과

스텝 입력 크기(V)	슬루율(mV/s)

실험 10 연산증폭기 응용 회로 1

1. 실험 목적

본 실험을 통해

- 연산증폭기를 이용한 응용 회로를 분석하고, 설계할 수 있는 능력을 학습한다.
- 연산증폭기를 이용하여 반전 증폭기, 비반전 증폭기, 반전 가산기, 전압 팔로워, 반전 증폭기 변형 회로를 구성하고, 연산증폭기의 특성이 응용 회로에 미치는 영향을 파악하고 학습한다.

2. 기초이론

2.1. 부궤환(feedback) 증폭 회로 특성

2.1.1. 부궤환 증폭 회로 개요

부귀환 증폭기를 사용하는 이유는 기본 증폭기만의 개방 루프이득 A_{VOL}은 주위 온도 및 소자 특성 등에 따라 대단히 유동적이고, 불안정한 것이 일반적이다. 따라서 믿을 수 있는 수동소자만으로 구성된 궤환율 β를 사용하여 출력을 간접 제어한다. 부궤환 증폭 회로 구성은 다음과 같은 특성을 보인다.

- 이득의 감도를 낮춤
  - 온도 변화 등에 따른 회로소자 특성변동에 덜 민감토록 함
  - 안정된 전압 이득
- 선형 동작의 증대
  - 비선형 왜곡의 경감
  - 출력이 입력에 선형적으로 비례하도록 함
  - 이득이 신호레벨에 무관하도록 함
- 입출력 임피던스의 바람직한 제어

- 고 입력 임피던스, 저 출력 임피던스

• 신호 대 간섭비 감소

- 잡음의 감소 및 잡음의 영향을 줄임 : 비교적 간섭이 없는 증폭기(전치증폭기 : 전압이득 제공)를 간섭 받기 쉬운 증폭기(전력증폭기 : 전력이득 제공) 앞에 놓아 신호 대 간섭비를 높이는데 사용

• 주파수 대역폭 증가

- 주파수 응답 특성 개선

부궤환 증폭기는 루프이득($A_{VOL}\beta$)이 주파수에 따라 어떻게 변하는지에 따라 증폭기 안정도에 영향을 받는다. 180° 위상 주파수에서 루프이득은 -1이 되며, 이는 정궤환 발진 조건이 된다. 여기서, 그 크기가 1보다 작으면 안정하게 되나, 1보다 크면 불안정해진다.

2.1.2. 부궤환 증폭기의 4가지 구성 형태

① 직렬-병렬 궤환(Series-Shunt Feedback)

직렬-병렬 궤환 회로는 이상적인 전압증폭기로서 비반전 구동을 하며, 전압 궤환(VCVS, Voltage- Controlled Voltage Source, 전압제어 전압원) 회로를 구성한다. 안정된 전압이득, 높은 입력 임피던스 및 **낮은 출력 임피던스(출력 전압 안정)**를 제공한다.

② 병렬-직렬 궤환(Shunt-Series Feedback)

병렬-직렬 궤환 회로는 이상적인 전류증폭기로서 반전 구동을 하며, 전류 궤환(ICIS, Current-Controlled Current Source, 전류제어 전류원) 회로를 구성한다.

안정된 전류이득, 낮은 입력 임피던스 및 **높은 출력 임피던스(출력 전류 안정)**를 제공한다.

③ 직렬-직렬 궤환(Series-Series Feedback)

직렬-직렬 궤환 회로는 전달 컨덕턴스 증폭기로서 비반전 구동을 하며, 전압-전류 변환기(VCIS, Voltage-Controlled Current Source, 전압제어 전류원) 회로를 구성한다. 높은 입출력 임피던스를 제공한다.

④ 병렬-병렬 궤환(Shunt-Shunt Feedback)

병렬-병렬 궤환 회로는 전달 저항 증폭기로서 반전 구동을 하며, 전류-전압 변환기(ICVS, Current-Controlled Voltage Source, 전류제어 전압원) 회로를 구성한다. 낮은 입출력 임피던스를 제공한다.

[표 10.1]은 이상적인 부궤환 증폭기의 4가지 구성을 비교한 것이다.

[표 10.1] 부궤환 증폭기의 4가지 구성 비교

입력	출력	형태	명명	입력 임피던스	출력 임피던스	변환	관련수식
전압	전압	VCVS	이상적인 전압증폭기	∞	0	-	$A_v = v_o/v_i$
전류	전류	ICIS	이상적인 전류증폭기	0	∞	-	$A_i = i_o/i_i$
전압	전류	VCIS	전달 컨덕턴스 증폭기	∞	∞	전압→전류	$A_{gm} = i_i/v_i$
전류	전압	ICVS	전달 저항 증폭기	0	0	전류→전압	$A_r = v_o/i_i$

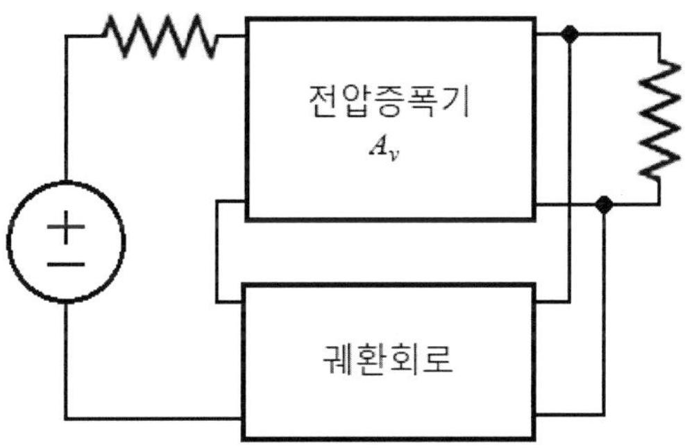

(a) 직렬-병렬 궤환(전압 궤환)

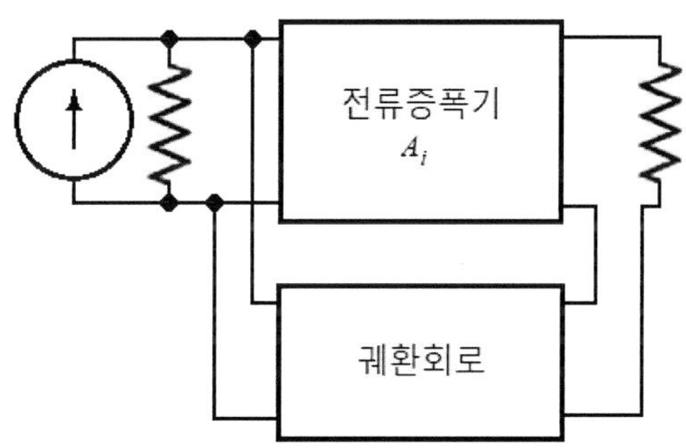

(b) 병렬-직렬 궤환(전류 궤환)

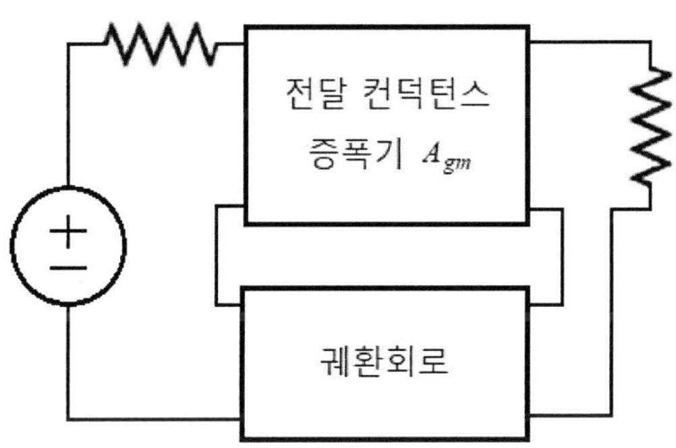

(c) 직렬-직렬 궤환

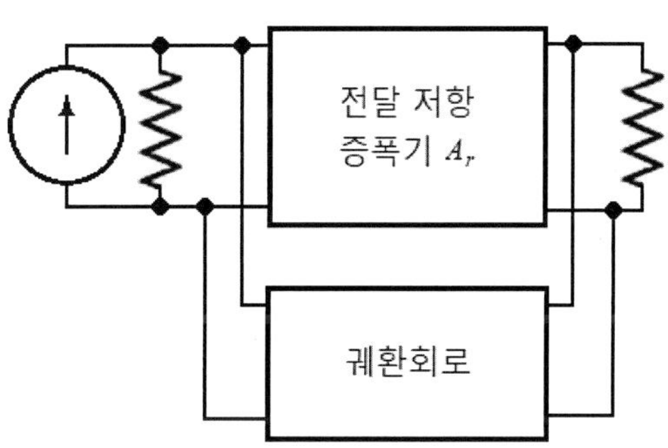

(d) 병렬-병렬 궤환

[그림 10.1] 부궤환 증폭기의 4가지 구성 형태

[그림 10.1]으로부터 출력측에 궤환저항이 있으면 전압궤환, 없으면 전류궤환, 그리고 입력측에 궤환저항이 있으면 병렬궤환, 없으면 직렬궤환으로 판단할 수 있다. [표 10.2]는 부궤환 회로에 대한 입력 및 출력 임피던스 변화를 정리한 것이다.

[표 10.2] 부궤환 회로의 입력 및 출력 임피던스 변화

	직렬전압(VCVS)	병렬전류(ICIS)	직렬전류(VCIS)	병렬전압(ICVS)
전압	증가	감소	증가	감소
전류	감소	증가	증가	감소

2.2. 반전 증폭기(Inverting amplifier)

연산증폭기 입력단자의 입력 임피던스는 매우 큰 값을 갖기 때문에 R_1을 통해 흐르는 전류 $i_1(t)$는 연산증폭기의 반전 입력 단자로는 거의 흐르지 않고(가상접지, virtual ground), 대부분이 R_2를 따라 흐르게 된다. 따라서 출력 전압 $v_o(t)$는 식 (10.1)과 같이 표현할 수 있다.

$$v_o(t) = -\frac{R_2}{R_1} v_i(t) \tag{10.1}$$

이 회로의 입력전압 $v_1(t)$과 출력전압 $v_o(t)$의 비를 나타내는 폐루프 전압이득은 식 (10.2)와 같이 나타낼 수 있다.

$$A_{VCL} = \frac{v_o(t)}{v_i(t)} = -\frac{R_2}{R_1} = -\frac{1}{\beta} \tag{10.2}$$

식 (10.2)로부터 알 수 있듯이 출력전압은 입력전압과 반대되는 부호(polarity) 특성을 갖기 때문에, 이를 반전 증폭기라고 한다. 또한 반전 증폭기에 대한 폐루프 입력 임피던스와 대역폭은 각각 식 (10.3) 및 식 (10.4)로 표현할 수 있다.

$$Z_{i(CL)} = R_1 \tag{10.3}$$

$$f_{2(CL)} = (1 + A_{VOL}\beta) f_2 \tag{10.4}$$

여기서 f_2는 연산증폭기의 개방루프 대역폭을 나타낸다.

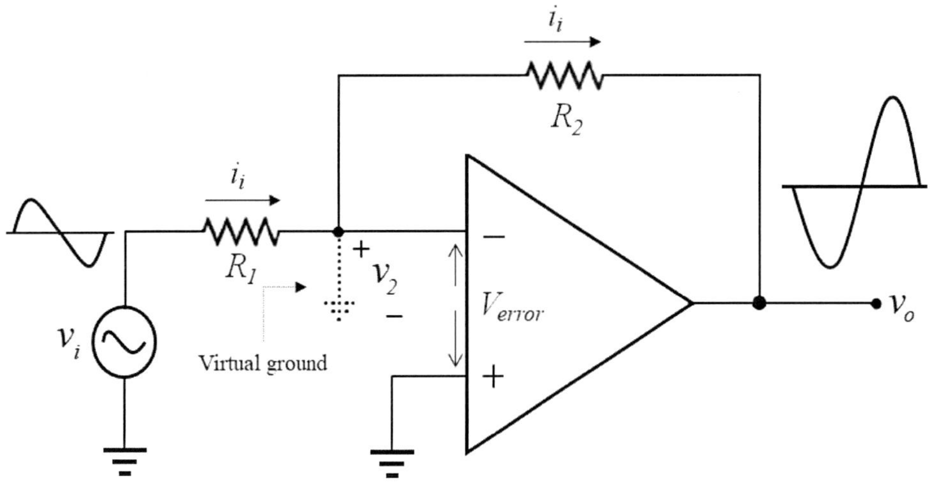

[그림 10.2] 반전 증폭기

식 (10.4)에 나타냈듯이 폐루프 대역폭은 개방루프 대역폭에 비해 $(1+A_{VOL}\beta)$배 만큼 증가함을 알 수 있다.

2.3. 비반전 증폭기(non-inverting amplifier)

연산증폭기를 이용한 비반전 증폭기의 전형적인 회로 구성은 [그림 10.3]에 나타낸 바와 같다. 앞서 언급한 바와 같이 연산증폭기에서 두 입력 단자 간의 전압 차이는 0이라고 할 수 있기 때문에 저항 R_1에 걸리는 전압은 $v_i(t)$가 된다. 따라서 R_1을 흐르는 전류 $i_1(t)$는 식 (10.5)와 같이 계산할 수 있다.

$$i_1(t)=\frac{v_i(t)}{R_1} \tag{10.5}$$

연산증폭기 입력 단자의 입력 임피던스는 매우 큰 값을 갖는다는 점을 고려하면 전류 $i_1(t)$는 저항 R_2를 통해 흐르게 되므로, 출력 전압 $v_o(t)$는 식 (10.6)과 같이 표현할 수 있다.

$$v_o(t)=v_i(t)+R_2 i_1(t)=\left(1+\frac{R_2}{R_1}\right)v_i(t) \tag{10.6}$$

따라서 이 회로의 입력 전압과 출력 전압의 비를 나타내는 폐루프 전압이득은 식 (10.7)과 같다.

$$A_{VCL} = \frac{v_o(t)}{v_i(t)} = 1 + \frac{R_2}{R_1} \approx \frac{1}{\beta} \tag{10.7}$$

여기에서 알 수 있듯이 출력전압은 입력전압과 동일한 부호 특성을 갖기 때문에 이를 비반전 증폭기라고 한다. 또한 반전 증폭기에 대한 폐루프 입력 임피던스와 출력 임피던스, 출력 오프셋 전압은 각각 식 (10.8)~식 (10.10)로 표현할 수 있다.

$$Z_{i(CL)} = (1 + A_{VOL}\beta)R_i \tag{10.8}$$

$$Z_{o(CL)} = \frac{R_o}{1 + A_{VOL}\beta} \tag{10.9}$$

$$v_{o(off)} = \frac{v_o}{1 + A_{VOL}\beta} \tag{10.10}$$

식 (10.8)에 나타냈듯이 폐루프 입력 임피던스는 개방루프에 비해 $(1 + A_{VOL}\beta)$배 만큼 증가하고, 출력 임피던스는 개방루프에 비해 $(1 + A_{VOL}\beta)$배 만큼 감소함을 알 수 있다.

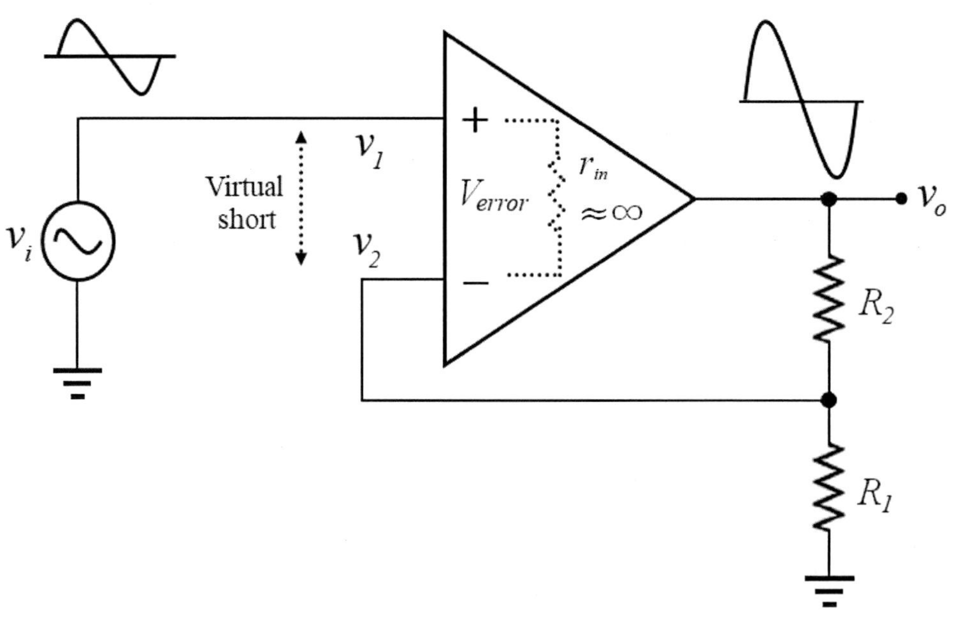

[그림 10.3] 비반전 증폭기

2.4. 기타 연산증폭기 응용 회로

2.4.1. 반전 가산기(Inverting adder, summation amplifier)

[그림 10.4]는 반전 가산기의 기본적인 회로 구성을 나타내고 있다. 그림에서 보는 바와 같이 2개의 입력전압이 반전 입력단자에 병렬로 연결되어 있고, 비반전 단자는 접지되어 있다. 앞서 언급한 바와 같이 연산증폭기의 두 입력단자 간의 전압 차이는 0으로 가정할 수 있기 때문에, 각 입력전압에 직렬로 연결된 저항 R_1에 흐르는 전류 $i_1(t)$, $i_2(t)$는 각각 식 (10.11)과 같다.

$$i_1(t) = -\frac{v_1(t)}{R_1}, \quad i_2(t) = -\frac{v_2(t)}{R_2} \tag{10.11}$$

연산증폭기의 입력 임피던스가 매우 크기 때문에 전류 $i_1(t)$, $i_2(t)$는 저항 R_2를 통해 흐르게 되고, 결과적으로 출력 전압 $v_o(t)$는 식 (10.12)와 같다.

$$v_o(t) = -\frac{R_F}{R_1}v_1(t) - \frac{R_F}{R_2}v_2(t) \tag{10.12}$$

만약 $R_1 = R_2 = R_F = R$일 때 식 (10.12)는 식 (10.13)과 같이 표현된다.

$$v_o(t) = -(v_1(t) + v_2(t)) \tag{10.13}$$

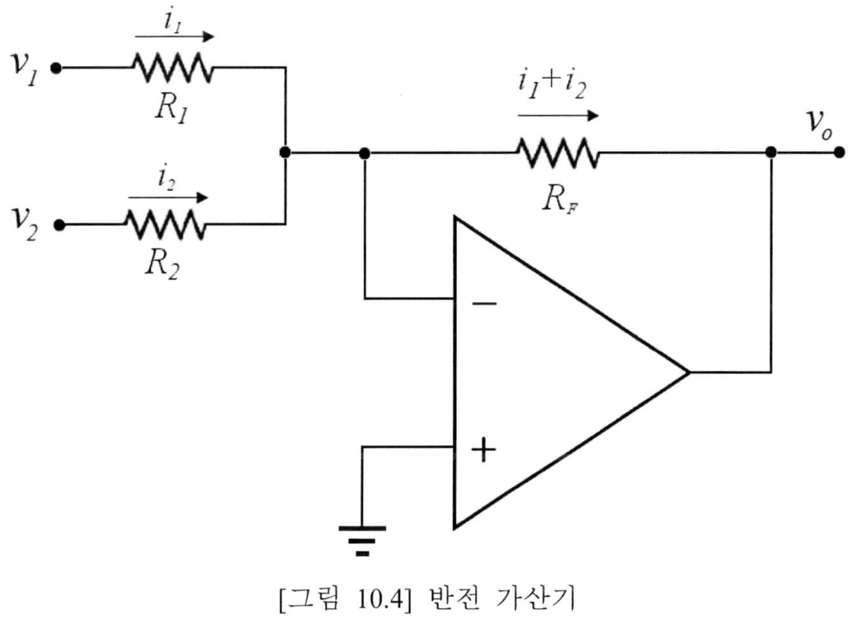

[그림 10.4] 반전 가산기

2.4.2. 전압 팔로워(Voltage follower)

[그림 10.5]는 전압 팔로워의 기본적인 회로 구성을 나타내고 있다. 그림에서 보는 바와 같이 [그림 10.3]에서 $R_1=\infty$, $R_2=0$인 경우로 가정할 수 있다. 따라서 식 (10.7)로부터 식 (10.14)를 얻을 수 있다. 폐루프 전압이득이 1이기 때문에 팔로워는 버퍼 증폭기로 활용한다.

$$A_{VCL}=1 \tag{10.14}$$

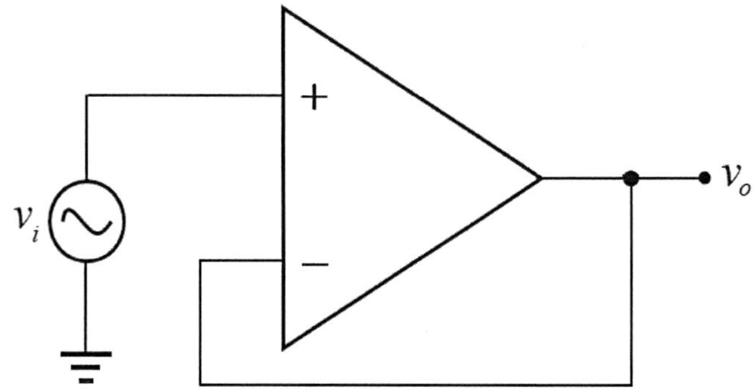

[그림 10.5] 전압 팔로워

2.4.3. 반전 증폭기 변형 회로

[그림 10.6]은 반전 증폭기 변형 회로를 나타낸다. 전압이득을 좀 더 용이하기 얻기 위해 [그림 10.7(a)]와 같은 와이(Y) 회로망을 [그림 10.7(b)]로 변경한다. 식 (10.15.1)~식 (10.15.3)은 델타(△) 회로망으로 변경된 저항값들을 나타낸다.

$$R_A=\frac{R_1R_2+R_2R_3+R_1R_3}{R_1} \tag{10.15.1}$$

$$R_B=\frac{R_1R_2+R_2R_3+R_1R_3}{R_2} \tag{10.15.2}$$

$$R_C=\frac{R_1R_2+R_2R_3+R_1R_3}{R_3} \tag{10.15.3}$$

앞에서 언급한 바와 같이 연산증폭기 입력단자의 입력 임피던스는 매우 큰 값을 갖기 때문에 R_4을 통해 흐르는 전류 $i_i(t)$는 연산증폭기의 반전 입력 단자로는 거의 흐르지 않고(가상접지, 대부분이 델타(△) 회로망으로 흐르게 된다. 이때, 이러한 전류는 반전 입력 단자가 가상접지로 가정하므로, R_C로는 흐르지 않고

R_A로 흐른다. 또한 이상적인 반전 증폭기의 입력 임피던스는 0이므로, 이러한 전류는 R_B로는 흐르지 않고, 바로 출력전압 v_o 단자로 흐르게 된다. 따라서 이러한 결과를 반영한 전압이득은 식 (10.16)과 같다.

$$A_{VCL} = \frac{v_o(t)}{v_s(t)} = -\frac{R_A}{R_4} \tag{10.16}$$

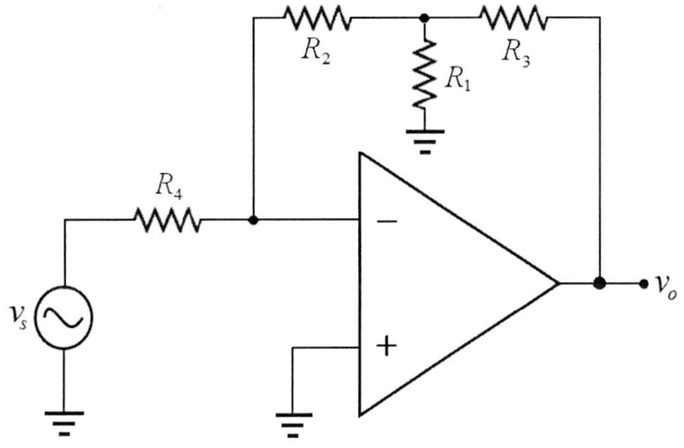

[그림 10.6] 반전 증폭기 변형 회로

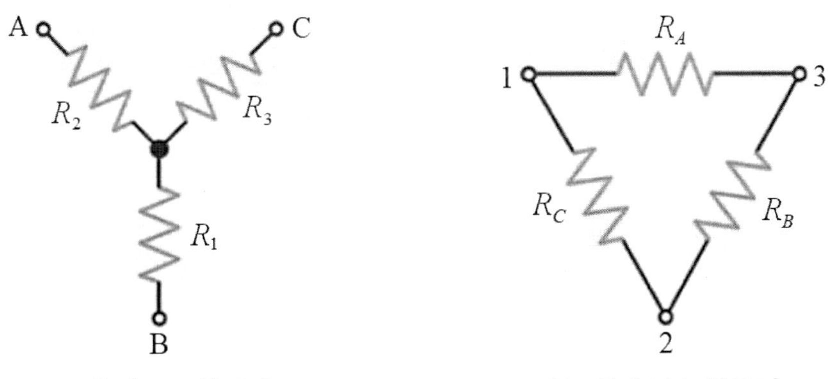

(a) 와이(Y) 회로망 (b) 델타(△) 회로망

[그림 10.7] 회로망 변환

주파수 측면에서 분석해 보자. 기본 증폭기의 개방 루프 이득 A_{VOL}과 $f_{c(OL)}$을 알고 있으면, 폐루프 이득 A_{VCL}을 갖는 궤환 증폭기의 대역폭 $f_{c(CL)}$을 구할 수 있다. A_{VCL}과 대역폭 $f_{c(CL)}$ 간에 교환조건이 존재함을 알 수 있다. 즉 β가 클수록(즉, 궤환이 많을수록) A_{VCL}은 감소하며, $f_{c(CL)}$은 증가하게 된다. 전압이득과 대역폭 간의 관계는 식 (10.17)과 같이 표현할 수 있다.

$$f_{c(CL)} = \frac{A_{VOL}}{A_{VCL}} f_{c(OL)} \tag{10.17}$$

3. 퀴즈

1. 부궤환 증폭회로의 특징으로 틀린 것은?
   ① 비직선 일그러짐 감소　② 잡음 감소
   ③ 이득 증가　④ 대역폭 증대

2. 다음 그림과 같은 연산증폭기의 전압이득(v_o/v_s)은 얼마인가? (단, 증폭기는 이상적이라고 가정하며, R_1=2[kΩ], R_2=R_3=R_4=30[kΩ]이다.)
   ① -14　② -17　③ -20　④ -23

3. 다음 부궤환 방식 중 입력 임피던스는 감소하고 출력 임피던스가 증가하는 방식은?
   ① 전류 병렬 궤환회로　② 전압 병렬 궤환회로
   ③ 전류 직렬 궤환회로　④ 전압 직렬 궤환회로

4. 입력 저항이 20[kΩ]인 증폭기에 직렬 전류 궤환회로를 적용할 경우 입력 저항값은 얼마가 되는가? (단, $A_{VOL}\beta$=9이다.)
   ① 0.1[MΩ]　② 0.2[MΩ]　③ 0.3[MΩ]　④ 0.4[MΩ]

5. 다음 중 궤환 증폭기에서 입 · 출력 임피던스가 모두 증가되는 것은?
   ① Voltage shunt　② Current series　③ Voltage series　④ Current shunt

6. 부궤환 증폭기에서 부궤환량을 증가시켰을 때 증폭기의 대역폭은?
   ① 감소한다.　② 증가한다.
   ③ 영향을 받지 않는다.　④ 왜곡이 발생한다.

7. 다음은 부궤환 증폭 회로의 기본형이다. 옳은 명칭은 다음 중 어느 것인가?
   ① 직렬 전압 궤환　② 직렬 전류 궤환
   ③ 병렬 전압 궤환　④ 병렬 전류 궤환

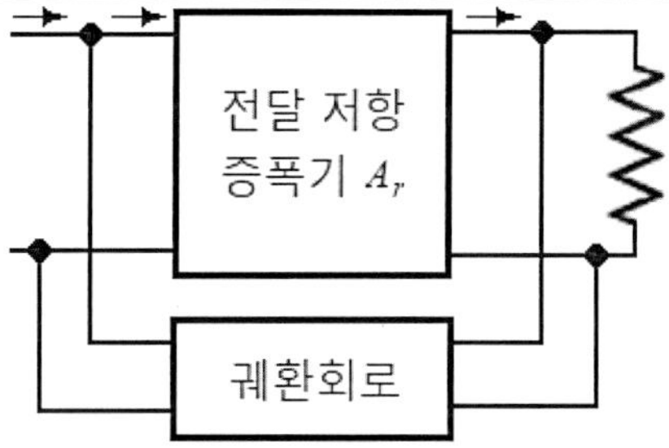

8. 부궤환 증폭기의 특징에 대한 설명으로 틀린 것은?
   ① 주파수 대역폭이 증대 된다. ② 이득이 증가한다.
   ③ 주파수 일그러짐이 감소된다. ④ 안정도가 향상된다.

9. 다음 중 부궤환 증폭기의 특성이 아닌 것은?
   ① 잡음이 감소된다. ② 주파수 특성이 개선된다.
   ③ 비직선 왜곡이 감소된다. ④ 안정도가 다소 감소된다.

10. 다음 회로의 종류는?

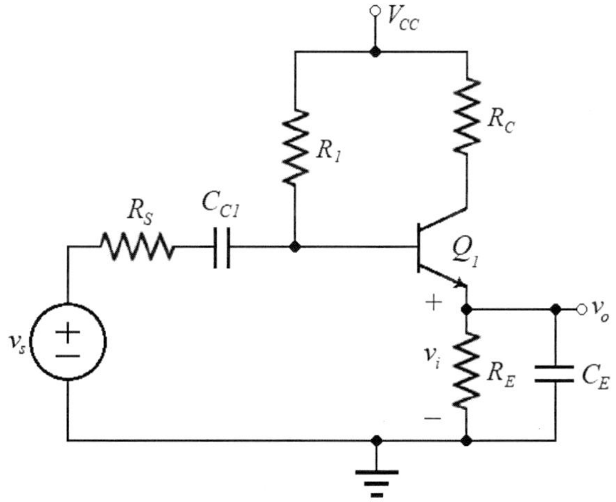

   ① 병렬전압부궤환 ② 병렬전류부궤환
   ③ 직렬전압부궤환 ④ 직렬전류부궤환

11. 전압 이득이 60[dB]인 저주파 증폭기에 궤환율 0.08인 부궤환을 걸면 비직선 왜곡의 개선율은 얼마가 되는가?
   ① 0.11[%] ② 0.99[%] ③ 1.23[%] ④ 8.77[%]

12. 아래의 괄호 안에 들어갈 알맞은 답을 앞에서부터 순서에 맞게 나열한 것은?

궤환전압 또는 전류가 원래의 입력신호와 동위상이 될 때 (　　)이라 하고, 역위상이 될 때 (　　)이라 하며, 궤환을 가한 증폭기를 (　　)라 한다. ㉮ Feedback Amplifier ㉯ Positive Feedback ㉰ Negative Feedback

① ㉮ ㉯ ㉰　　② ㉯ ㉰ ㉮　　③ ㉰ ㉮ ㉯　　④ ㉰ ㉯ ㉮

13. 부궤환 증폭기의 특징이 아닌 것은?
① 부하변동에 의한 이득변동이 감소한다.
② 일그러짐과 잡음이 감소한다.
③ 주파수 특성이 좋다.
④ 증폭도가 증가한다.

14. [그림 10.3] 회로에서 궤환율이 0.04이고, $R_1 = 10k\Omega$일 때 R_2 값은?
① 200[kΩ]　　② 20[kΩ]　　③ 24[kΩ]　　④ 240[kΩ]

15. [그림 10.3]에서 입력단자에 0.2[V]의 전압을 입력시켰다면 출력전압은? (단, R_1=1[kΩ], R_2=9[kΩ])
① 2[V]　　② -2[V]　　③ 0.02[V]　　④ -0.02[V]

16. 전압이득이 400이고 차단주파수가 40[kHz]인 개방루프(Open Loop) 증폭기에 부궤환 회로를 사용하여 전압이득이 20으로 감소되었을 경우 폐루프(Closed-Loop) 증폭기의 차단주파수는?
① 800[kHz]　　② 600[kHz]　　③ 400[kHz]　　④ 200[kHz]

17. 전류 궤환 증폭기의 출력 임피던스는 궤환이 없을 경우에 비해 어떻게 변화하는가?
① 변화가 없다.　② 0이 된다.　③ 감소한다.　④ 증가한다.

18. [그림 10.4]에서 $v_1 = 4\,V, v_2 = 6\,V, R_1 = R_F = 10k\Omega, R_2 = 100k\Omega$일 때, 다음과 출력 전압은?
① -64[V]　　② -4.6[V]　　③ +64[V]　　④ +4.6[V]

19. [그림 10.3]에서 $R_1 = 10k\Omega, R_2 = 90k\Omega$일 때 궤환율은?
① 10　　② 1.1　　③ 0.5　　④ 0.1

20. [그림 10.3]에서 $R_1 = 10k\Omega, R_2 = 40k\Omega$일 때 폐루프(Closed-Loop) 차단주파수는? [단, 개방루프(Open Loop)일 때, 이득-대역폭 곱은 1×10^6[Hz]이다.]
① 200[kHz] ② 100[kHz] ③ 50[kHz] ④ 10[kHz]

21. [그림 10.3]에서 $R_1 = 10k\Omega, R_2 = 90k\Omega$일 때 폐루프(Closed-Loop) 이득은? (단, 증폭기의 증폭도는 무한대(∞) 이다.)
① 10 ② 5 ③ 3 ④ 1

22. 다음 중 부궤환 증폭회로의 특징이 아닌 것은?
① 전압 이득이 감소한다. ② 잡음이 감소한다.
③ 비직선 일그러짐이 감소한다. ④ 대역폭이 좁아진다.

23. [그림 10.4]에서 R_1=R_2=100[kΩ]이고, R_F=25[kΩ], v_1=2[V], v_2=4[V] 일 때 출력전압 v_o는?
① -1.3[V] ② -1.5[V] ③ -1.7[V] ④ -2.0[V]

24. [그림 10.4]에서 R_2에 병렬로 R_3가 연결되고 입력전압 v_3가 인가될 때 출력전압 v_o는? [단, R_1=50[kΩ], R_2=100[kΩ], R_3=10[kΩ], R_F=10[kΩ]이고, v_1=3[V], v_2=2[V], v_3=8[V]이다.]
① -8.2[V] ② -8.4[V] ③ -8.6[V] ④ -8.8[V]

25. 개루프 전압이득이 40[dB]인 저주파 증폭기에서 비직선 일그러짐이 10[%]일 때, 이것을 1[%]로 개선하기 위한 부궤환 증폭기의 전압궤환율 β는?
① 1/40 ② 9/100 ③ 9/1000 ④ 11/1000

26. 연산증폭기의 3dB 주파수를 f_{3dB}라 할 때, 부궤환 회로를 구성하면 이득은 (㉠)하게 되고, 3dB 주파수는 (㉡)하게 된다. ㉠과 ㉡에 각각 맞는 답을 고르시오.
① ㉠ $\left(1+\frac{R_1}{R_1+R_2}A_{VOL}\right)$ 만큼 증가 ㉡ $\left(1+\frac{R_1}{R_1+R_2}A_{VOL}\right)$ 만큼 감소
② ㉠ $\left(1+\frac{R_1}{R_1+R_2}A_{VOL}\right)$ 만큼 감소 ㉡ $\left(1+\frac{R_1}{R_1+R_2}A_{VOL}\right)$ 만큼 증가
③ ㉠ $\left(1+\frac{R_2}{R_1+R_2}A_{VOL}\right)$ 만큼 증가 ㉡ $\left(1+\frac{R_2}{R_1+R_2}A_{VOL}\right)$ 만큼 감소

④ ㉠ $\left(1+\frac{R_2}{R_1+R_2}A_{VOL}\right)$ 만큼 감소 ㉡ $\left(1+\frac{R_2}{R_1+R_2}A_{VOL}\right)$ 만큼 증가

4. 예비 보고서

4.1. 퀴즈에 대한 답을 제시하시오.

4.2. [그림 10.2]에 대해 입력과 출력 간의 전달함수를 구하시오. 또한, PSpice를 이용하여 (a) $R_1=10k\Omega$, $R_2=20k\Omega$, (b) $R_1=10k\Omega$, $R_2=200k\Omega$인 경우의 전압이득을 구하시오. 이때, 주파수는 10kHz, 입력단자(음의 단자)에 직류 2V, $v_i=200mV$를 인가하고, 양의 단자에 직류 2.5V를 인가한다. 이때 양의 전원은 5V, 음의 전원은 접지시킨다.

4.3. [그림 10.3]에 대해 입력과 출력 간의 전달함수를 구하시오. 또한, PSpice를 이용하여 (a) $R_1=10k\Omega$, $R_2=20k\Omega$, (b) $R_1=10k\Omega$, $R_2=200k\Omega$인 경우의 전압이득을 구하시오. 이때, 주파수는 10kHz, 입력단자(양의 단자)에 직류 2V, $v_i=200mV$를 인가하고, 음의 단자에 직류 2.5V를 인가한다. 이때 양의 전원은 5V, 음의 전원은 접지시킨다.

4.4. [그림 10.4]에 대해 입력과 출력 간의 전달함수를 구하시오. 또한, PSpice를 이용하여 (a) $R_1=10k\Omega$, $R_2=20k\Omega$, $R_F=40k\Omega$인 경우의 전압이득을 구하시오. 이때, 주파수는 10kHz, 입력단자(음의 단자)에 직류 2V, $v_1=400mV$, $v_2=200mV$를 인가하고, 양의 단자에 직류 2.5V를 인가한다. 이때 양의 전원은 5V, 음의 전원은 접지시킨다.

5. 실험기자재 및 부품

5.1. 사용기기

- 직류 전원공급기
- 디지털 멀티미터
- 함수 발생기
- 오실로스코프

5.2. 사용부품

- IC : 연산증폭기(LM741)
- 저항, 커패시터 : 기타

6. 실험방법 및 절차

6.1. [그림 10.2] 반전 증폭기를 설계하시오.

① [그림 10.2]를 구성하고, $R_1 = 10k\Omega$, $R_2 = 20k\Omega$를 연결한다. 연산증폭기의 음의 단자에 주파수가 10kHz인 사인파를 인가하되, 크기를 $v_i = 200mV$에서 2V까지 200mV 간격으로 변경하며 인가한다. 출력전압의 크기를 측정하여 [표 10.3]에 기록하고, 전압이득을 구하시오.

② 실험 절차 ①에서 $R_1 = 10k\Omega$, $R_2 = 200k\Omega$으로 교체하고, 나머지는 실험 절차 ①과 동일하게 측정하여 [표 10.4]에 기록하시오.

6.2. [그림 10.3] 비반전 증폭기를 설계하시오.

① [그림 10.3]을 구성하고, $R_1 = 10k\Omega$, $R_2 = 20k\Omega$를 연결한다. 연산증폭기의 양의 단자에 주파수가 10kHz인 사인파를 인가하되, 크기를 $v_i = 200mV$에서 2V까지 200mV 간격으로 변경하며 인가한다. 출력전압의 크기를 측정하여 [표 10.5]에 기록하고, 전압이득을 구하시오.

② 실험 절차 ①에서 $R_1 = 10k\Omega$, $R_2 = 200k\Omega$으로 교체하고, 나머지는 실험 절차 ①과 동일하게 측정하여 [표 10.6]에 기록하시오.

6.3. [그림 10.4] 반전 가산기를 설계하시오.

① [그림 10.4]를 구성하고, $R_1 = 10k\Omega$, $R_2 = 20k\Omega$, $R_F = 40k\Omega$를 연결한다. 연산증폭기의 양의 단자에 주파수가 10kHz인 사인파, $v_1 = 400mV$, $v_2 = 200mV$를 인가하였을 경우의 출력전압을 [표 10.7]에 기록하시오. R_1, R_2 크기를 [표 10.7]과 같이 변경하면서 출력전압을 기록하시오.

7. 실험결과

7.1. [그림 10.2] 반전 증폭기 설계

[표 10.3] 반전 증폭기 이득 측정($R_1 = 10k\Omega$, $R_2 = 20k\Omega$ 경우)

입력전압 크기(mV)	출력전압 크기(V)	전압이득
200		
400		
600		
800		
1,000		
1,200		
1,400		
1,600		
1,800		
2,000		

[표 10.3] 반전 증폭기 이득 측정($R_1 = 10k\Omega$, $R_2 = 200k\Omega$ 경우)

입력전압 크기(mV)	출력전압 크기(V)	전압이득
200		
400		
600		
800		
1,000		
1,200		
1,400		
1,600		
1,800		
2,000		

7.2. [그림 10.3] 비반전 증폭기 설계

[표 10.5] 비반전 증폭기 이득 측정($R_1 = 10k\Omega$, $R_2 = 20k\Omega$ 경우)

입력전압 크기(mV)	출력전압 크기(V)	전압이득
200		
400		
600		
800		
1,000		
1,200		
1,400		
1,600		
1,800		
2,000		

[표 10.6] 비반전 증폭기 이득 측정($R_1 = 10k\Omega$, $R_2 = 200k\Omega$ 경우)

입력전압 크기(mV)	출력전압 크기(V)	전압이득
200		
400		
600		
800		
1,000		
1,200		
1,400		
1,600		
1,800		
2,000		

7.3. [그림 10.4] 반전 가산기 설계

[표 10.7] 반전 가산기 이득 측정($v_1 = 400mV$, $v_2 = 200mV$ 경우)

R_1 크기(kΩ)	R_2 크기(kΩ)	출력전압 크기(V)	전압이득
10	20		
10	40		
20	20		
20	40		
40	20		
40	40		

실험 11 연산증폭기 응용 회로 2

1. 실험 목적

본 실험을 통해

- 연산증폭기를 이용한 응용 회로를 분석하고, 설계할 수 있는 능력을 학습한다.
- 연산증폭기를 이용하여 적분기, 미분기, 비교기, 슈미트 트리거(Schmitt Trigger) 회로, 가변 이득 증폭기 등을 구성하고, 연산증폭기의 특성이 응용 회로에 미치는 영향을 파악하고 학습한다.
- 빈-브리지(Wien-Bridge) 발진회로, 위상천이 발진회로, 하틀리 발진회로, 반전-비반전 혼합 증폭기, 정전압 회로, 대수 증폭기 회로, 피크 검출기(Peak Detector), 반파 정류 회로에 대해서 학습한다.

2. 기초이론

2.1. 미분기(Differentiator)

[그림 11.1]은 미분기를 나타낸다. 미분기는 반전 증폭기 회로에서 저항 R_1 대신에 커패시터 C로 대체한 회로로서, 출력전압이 입력전압의 미분에 비례한다.

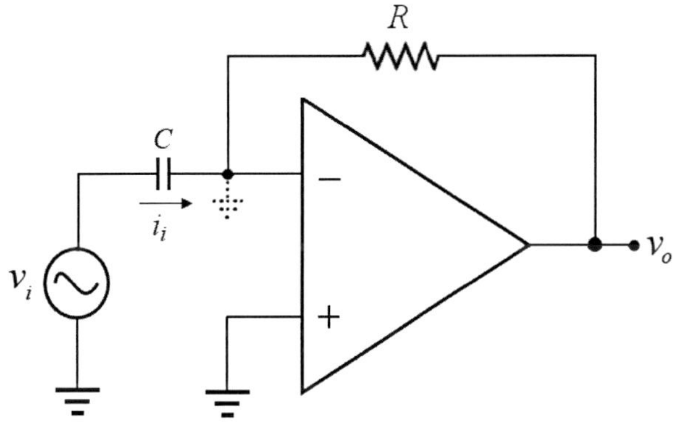

[그림 11.1] 미분기

이를 식으로 표현하면 식 (11.1)과 같다. **미분회로에 삼각파를 입력했을 때 나타나는 출력파형은 구형파가 된다.**

$$v_o(t) = -RC\frac{dv_i(t)}{dt} \tag{11.1}$$

2.2. 적분기(Integrator)

[그림 11.2]는 적분기를 나타낸다. 적분기는 미분기 회로에서 저항과 커패시터를 서로 바꾼 회로로서, 출력전압이 입력전압의 적분에 비례한다. 이를 식으로 표현하면 식 (11.2)와 같다. 이상적인 연산증폭기로 가정할 경우 적분기 특성을 나타내므로 **입력에 계단 전압(step voltage)을 인가할 때 출력에는 크기가 직선적으로 변하는 형태의 전압이 나타난다.** 이러한 회로는 저역통과 RC 회로 역할을 한다.

$$v_o(t) = -\frac{1}{RC}\int_0^t v_i(t)d\tau \tag{11.2}$$

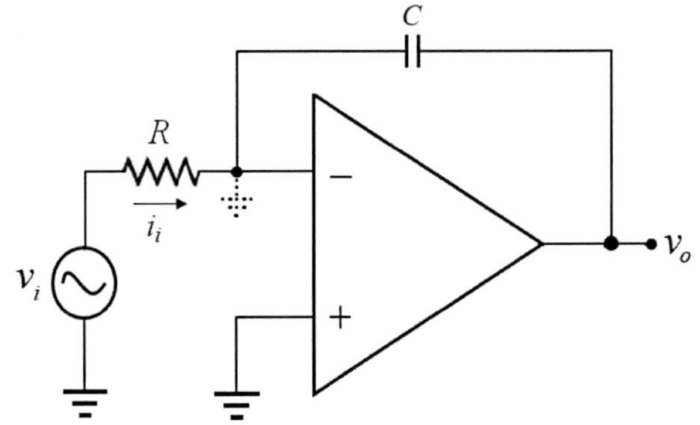

[그림 11.2] 적분기

2.3. 기타 연산증폭기 응용 회로

2.3.1. 비교기(Comparator)

[그림 11.3]은 비교기를 나타낸 것이다. 비교기는 입력전압이 어떤 일정 레벨(V_{REF})을 넘는 것을 감지하는 회로이며, 연산증폭기의 비선형 특성을 이용한 대표적인 응용 회로이다.

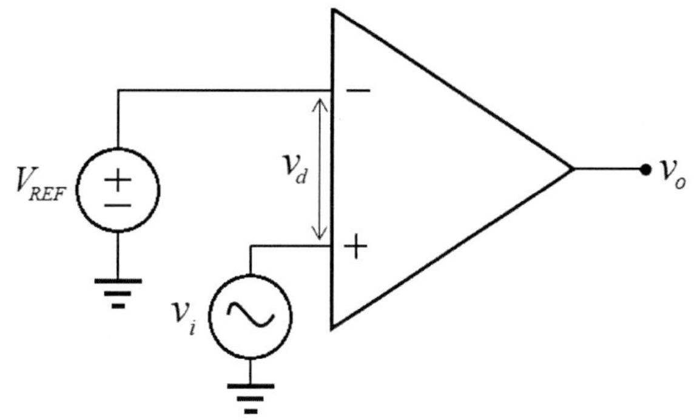

[그림 11.3] 비교기

[그림 11.4]와 식 (11.3)과 식 (11.4)로부터 알 수 있듯이 입력전압 v_i가 참조 전압 레벨 V_{REF} 보다 크거나 같을 경우 출력전압 v_o은 $V_{\max}$를 제공하고, 그렇지 않을 경우 v_o은 $-V_{\max}$를 제공한다.

$$v_d = v_i - V_{REF} \tag{11.3}$$

$$v_o = A_{VOL}(v_i - V_{REF}) = \begin{cases} +V_{\max} & v_i \geq V_{REF} \\ -V_{\max} & v_i < V_{REF} \end{cases} \tag{11.4}$$

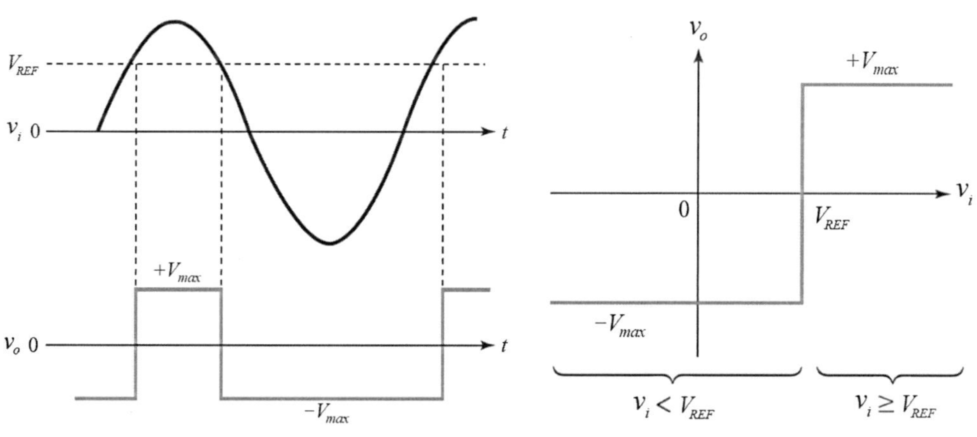

(a) 입출력 파형 (b) v_i와 v_o 전달특성

[그림 11.4] 비교기 입출력 파형

[그림 11.5]는 V_{REF}를 발생시키기 위한 회로 구성을 나타낸 것이다. [그림 11.5(a)]와 같이 전압분배기를 이용하는 방법과 [그림 11.5(b)]와 같이 제너 다이오드를

이용하는 방법이 있다. 전압분배기를 이용하는 방법은 식 (11.5.1)과 같이 R_1, R_2를 조절하여 원하는 V_{REF}를 발생시킬 수 있다. 제너 다이오드를 이용하는 방법은 식 (11.5.2)와 같이 제너 다이오드를 항복영역에서 동작시켜서 V_{REF}를 제너 전압으로 설정할 수 있다.

$$V_{REF} = \frac{R_2}{R_1 + R_2} \tag{11.5.1}$$

$$V_{REF} = V_Z \tag{11.5.2}$$

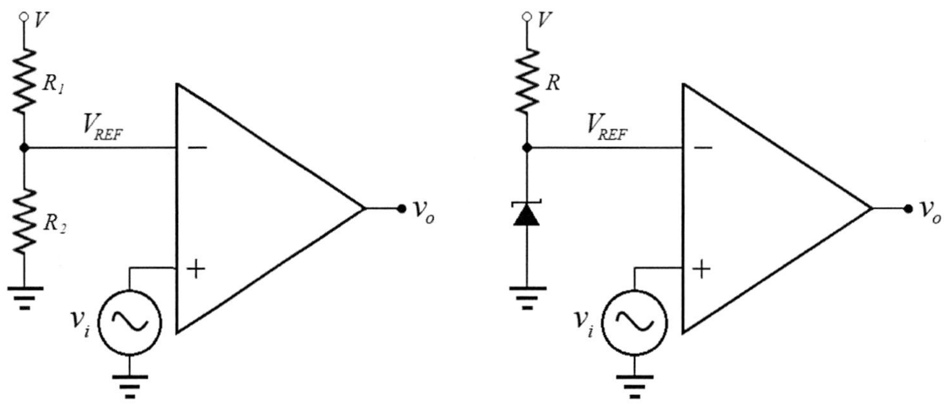

(a) 전압분배기 이용 (b) 제너 다이오드 이용

[그림 11.5] V_{REF} 발생 회로 구성

2.3.2. 슈미트 트리거(Schmitt Trigger) 회로

[그림 11.6]은 슈미트 트리거(Schmitt trigger) 회로를 나타낸 것이다. 비교기에서 입력에 잡음이 포함되는 경우 출력파형에 오차를 발생시킨다. 일반 비교기는 잡음 면역도(noise immunity)가 낮은 단점이 있다. 비교기에서 잡음에 대한 영향을 줄이기 위하여 히스테리시스를 발생시키는 정(+)궤환을 이용한 회로를 슈미트 트리거 회로라 한다. 즉, [그림 11.6]에 보인 바와 같이 출력전압의 일부를 비반전 단자로 궤환한다. 슈미트 트리거 회로는 다음과 같은 특징이 있다.

- 입력이 어느 레벨이 되면 비약하여 사각 파(구형 파, 방형 파)을 발생시킴
- 입력전압의 크기가 on, off 상태를 결정(두 개의 안정상태를 가짐)

· 용도 : 사각 파(구형 파, 방형 파) 생성 회로, 아날로그-디지털 변환기(ADC), 전압 비교 회로, 쌍안정 회로

슈미트 트리거 동작원리는 다음과 같다. [그림 11.7(a)]는 $+V_{\max}$에서 $-V_{\max}$로의 변환과정을 나타낸다. 출력 v_o가 $+V_{\max}$일 때 궤환되는 전압 V_{UTP}와 차동입력 v_d는 각각 식 (11.6)과 식 (11.7)과 같다. v_d가 음(-)이 되는 순간, 즉 $v_i > V_{UTP}$일 때 출력전압이 $+V_{\max}$에서 $-V_{\max}$로 전환된다.

$$V_{UTP} = \frac{R_1}{R_1 + R_2}(+V_{\max}) > 0 \tag{11.6}$$

$$v_d = V_{UTP} - v_i \tag{11.7}$$

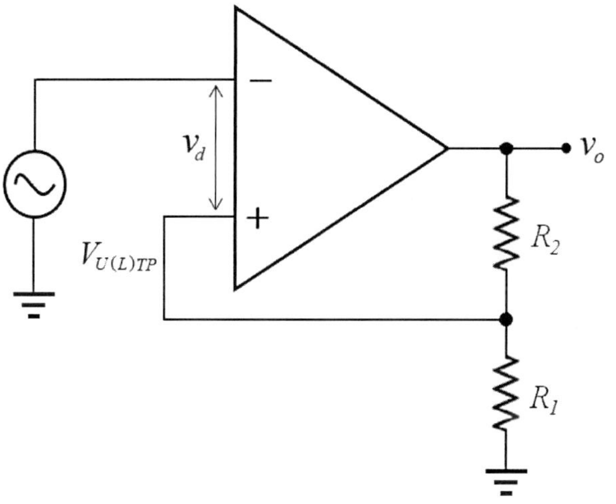

[그림 11.6] 슈미트 트리거 회로

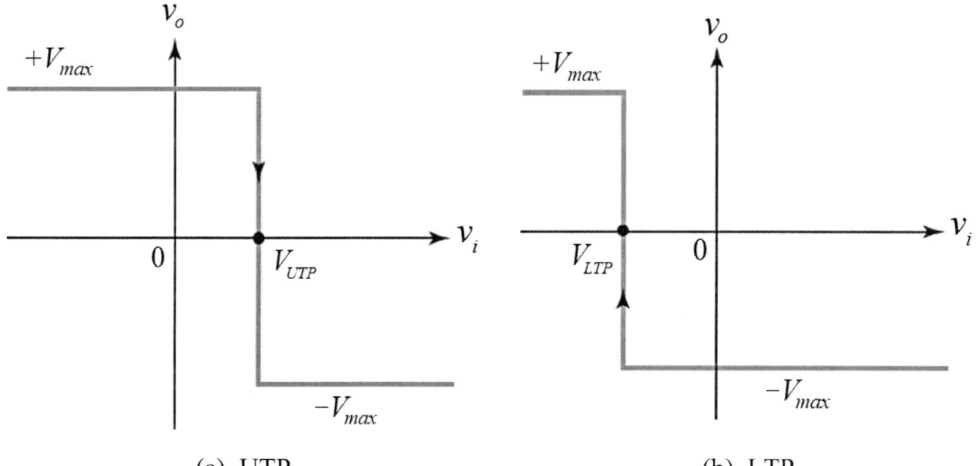

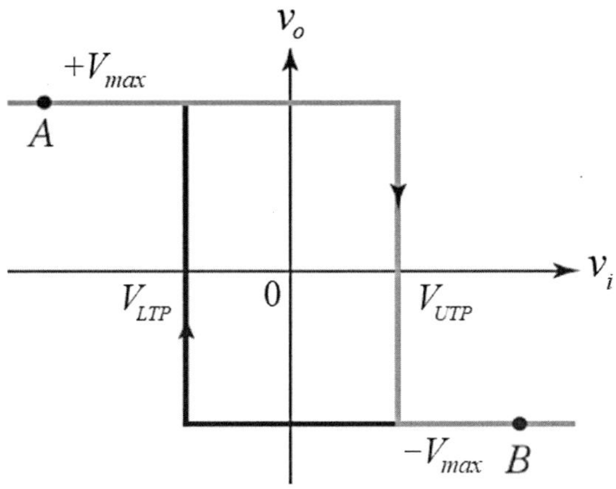

(c) 입출력 특성

[그림 11.7] 슈미트 트리거 v_i와 v_o 전달특성

[그림 11.7(b)]는 $-V_{\max}$에서 $+V_{\max}$로의 변환과정을 나타낸다. 출력 v_o가 $-V_{\max}$일 때 궤환되는 전압 V_{LTP}와 차동입력 v_d는 각각 식 (11.8)과 식 (11.9)와 같다. v_d가 양이 되는 순간, 즉 $v_i < V_{LTP}$일 때 출력전압이 $-V_{\max}$에서 $+V_{\max}$로 전환된다.

$$V_{LTP} = \frac{R_1}{R_1 + R_2}(-V_{\max}) < 0 \tag{11.8}$$

$$v_d = V_{LTP} - v_i \tag{11.9}$$

[그림 11.7(c)]는 슈미트 트리거 회로의 입출력 특성을 나타낸다. 상태 변환은 화살표 방향으로만 일어난다. 이를 히스테리시스 현상이라 한다. A점에서 현재 상태가 $+V_{\max}$인데 $-V_{\max}$로의 상태변환은 v_i가 V_{UTP}보다 커지는 순간에 아래로 향하는 화살표 방향으로 상태변환이 일어난다. B점에서 현재 상태가 $-V_{\max}$인데 $+V_{\max}$로의 상태변환은 v_i가 V_{LTP}보다 작아지는 순간에 위로 향하는 화살표 방향으로 상태변환이 일어난다.

[그림 11.8]은 두 개의 제너 다이오드를 이용한 슈미트 트리거 응용 회로를 나타낸다. 이 회로의 응용은 사각파(구형파, 방형파)를 생성하기 위한 회로이다. 즉, **정현파 입력 시 출력파형은 구형파를 나타낸다.** [그림 11.8(c)]의 슈미트 트리거 회로는 출력에 2개의 안정 상태를 갖고, 궤환 효과는 공통 이미터 저항을 통하여 이루어지며, 입력 전압의 크기가 출력의 상태를 결정하여 준다.

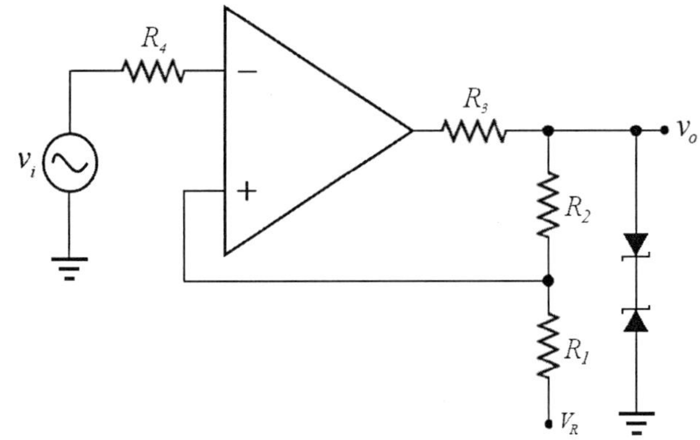

(a) 유형 #1

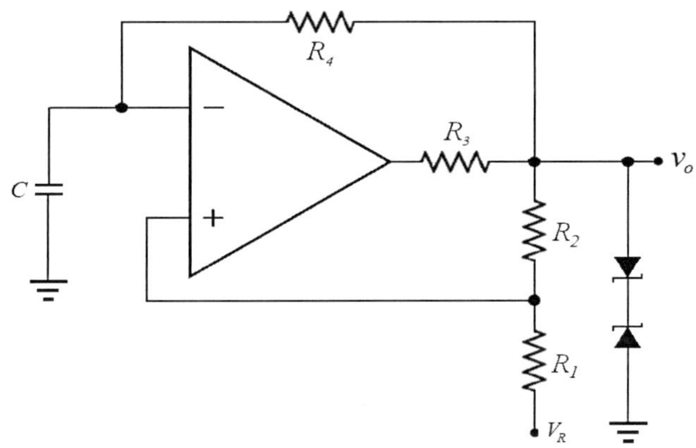

(b) 유형 #2

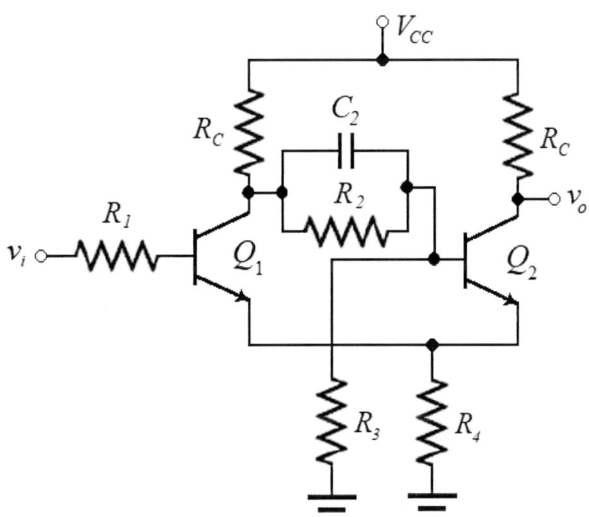

(c) 유형 #3

[그림 11.8] 슈미트 트리거 응용 회로

2.3.3. 가변 이득 증폭기(VGA, Variable Gain Amplifier)

연산증폭기를 이용한 응용 회로 중에서 가장 널리 사용되는 회로가 가변 이득 증폭기(VGA, Variable Gain Amplifier)이다. [그림 11.9]는 가변 이득 증폭기를 나타낸다. 일반적인 통신 시스템에서 입력신호의 크기에 따라서 적절한 이득을 주기 위해서는 가변으로 이득을 줄 수 있는 가변 이득 증폭기가 필요하다. 즉, 입력신호는 일반적으로 진폭이 작기 때문에 ADC에서 필요로 하는 신호 레벨로 증폭을 시켜 주기 위해 가변 이득 증폭기가 필요하다. 연산증폭기와 저항 궤환을 이용하면 디지털 신호에 따라서 이득을 조절할 수 있는 가변 이득 증폭기 구현이 가능하다. [그림 11.9]과 같이 차동 신호입력을 받아 차동 출력을 내기 위해 두 개의 연산증폭기, 저항 및 가변 저항(CMOS 스위치들로 구성 가능)을 이용하여 구성할 수 있다. [그림 11.9]의 가변 이득 증폭기의 전압이득은 식 (11.10)과 같다. R_1과 R_2의 비에 의해 이득이 결정되며, R_2를 가변으로 설계하면 가변 이득을 낼 수 있는 증폭기가 된다.

$$A_{VCL} = \frac{v_o - v_{ob}}{v_i - v_{ib}} = 1 + \frac{R_1}{R_2} \tag{11.10}$$

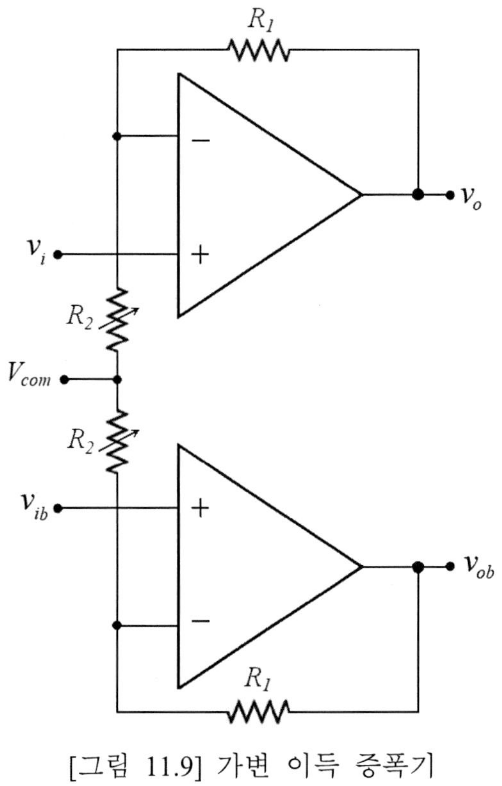

[그림 11.9] 가변 이득 증폭기

2.3.4. 빈-브리지(Wien-Bridge) 발진회로

RC 궤환 발진기(Oscillator)는 커패시터와 저항을 이용한 충전/방전 회로의 충·방전 주기 조절로써 주기적인 파형(정현파)을 만드는 회로를 말한다. 구현 원리로는 RC 위상천이 회로 및 증폭기 회로 구성을 통한 정궤환 효과를 이용하여 정현파 발진을 도모한다. 주요 종류로는 빈-브리지 발진기(Wien-bridge), 위상천이 발진기, Twin-T 발진기, Bridge-T 발진기 등이 있다. 여기서는 일반적으로 많이 사용되는 빈-브리지 발진회로에 대해 학습한다.

[그림 11.10]은 빈-브리지 발진회로를 나타낸 것이다. 이러한 회로는 1891년 Max Wein에 의해 개발된 임피던스 측정용 브리지 회로로서 회로 구조는 반전증폭기와 정궤환(RC 회로에 의한 궤환 구조)을 이용한다. 2개의 피드백(정궤환 $v_o \sim v^+$, 부궤환 $v_o \sim v^-$)에서 정궤환은 진상(lag-phase)회로(R_1, C_2) 및 지상(delay-phase)회로(R_2, C_1)를 결합하고, 부궤환 요소($v_o \sim v^-$)를 통해 개방루프 이득이 연산증폭기에 가해진다. 브리지 암은 R_g, R_3, 진상회로(R_1, C_2) 및 지상회로(R_2, C_1)로 구성되며, 이득 조절은 R_g와 R_3을 이용한다. 위상 천이는 진상회로 및 지상회로를 결합한 "진상-지상 회로"를 이용한다. **R_1, R_2 값이 감소할 경우 발진주파수는 증가한다.**

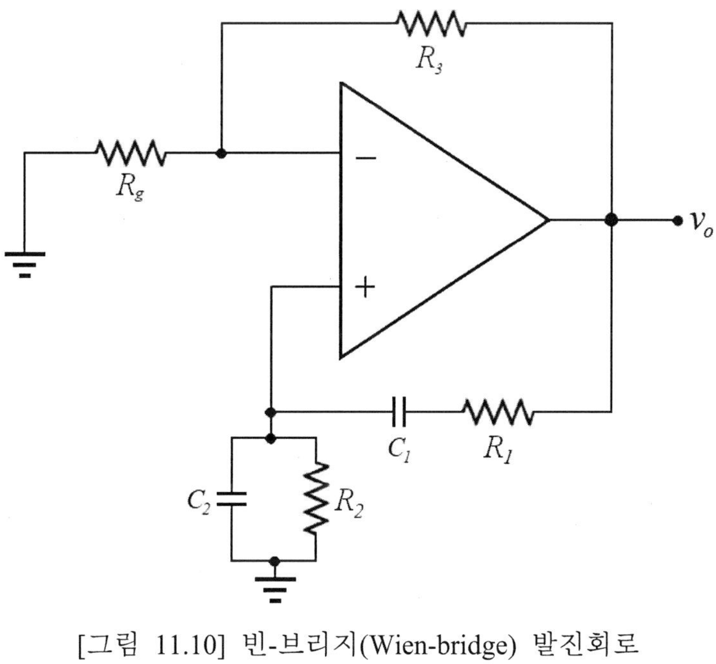

[그림 11.10] 빈-브리지(Wien-bridge) 발진회로

[그림 11.11(a)]는 위상천이 발진회로(RC 발진회로)와 하틀리 발진회로(LC 발진회로)를 나타낸 것이다.

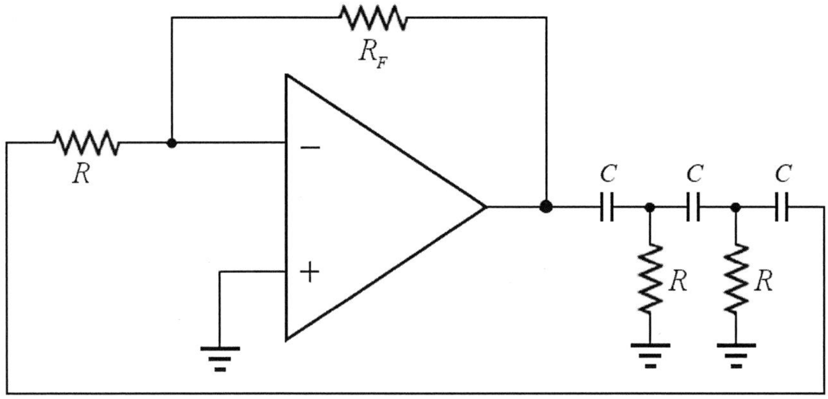

(a) 위상천이 발진회로

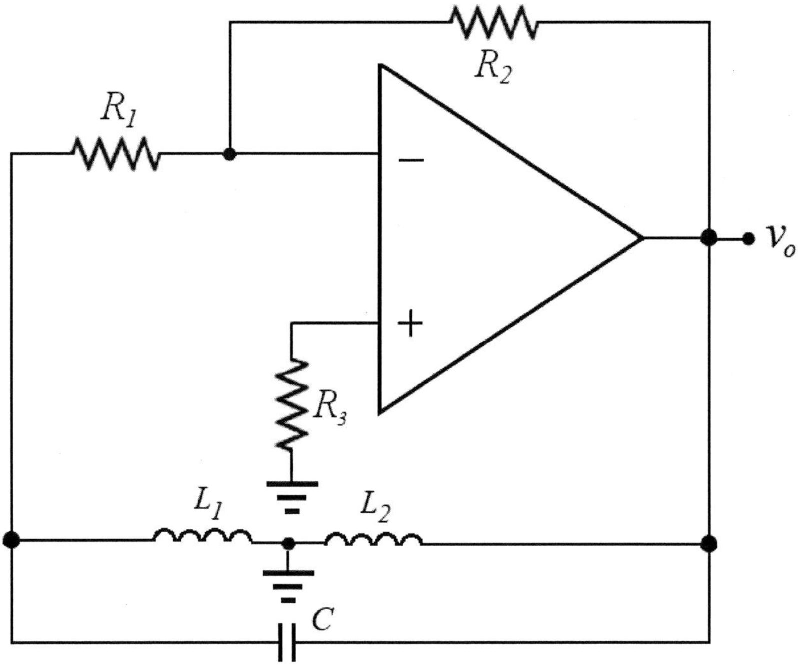

(b) 하틀리 발진회로

[그림 11.11] RC 및 LC 발진회로

2.3.5. 기타 연산증폭기 응용 회로

① 반전-비반전 혼합 증폭기

[그림 11.12]는 반전-비반전 혼합 증폭기를 나타낸다. 관련 수식들은 식 (11.11)~식 (11.15)와 같다.

$$v_o = A_1v_1 + A_2v_2 + A_3v_3 + A_4v_4 \tag{11.11}$$

$$A_1 = -\frac{R_F}{R_1} \tag{11.12}$$

$$A_2 = -\frac{R_F}{R_2} \tag{11.13}$$

$$A_3 = \left(\frac{R_F}{R_1 \parallel R_2} + 1\right)\left(\frac{R_4 \parallel R_5}{R_4 \parallel R_5 + R_3}\right) \tag{11.14}$$

$$A_4 = \left(\frac{R_F}{R_1 \parallel R_2} + 1\right)\left(\frac{R_3 \parallel R_5}{R_3 \parallel R_5 + R_4}\right) \tag{11.15}$$

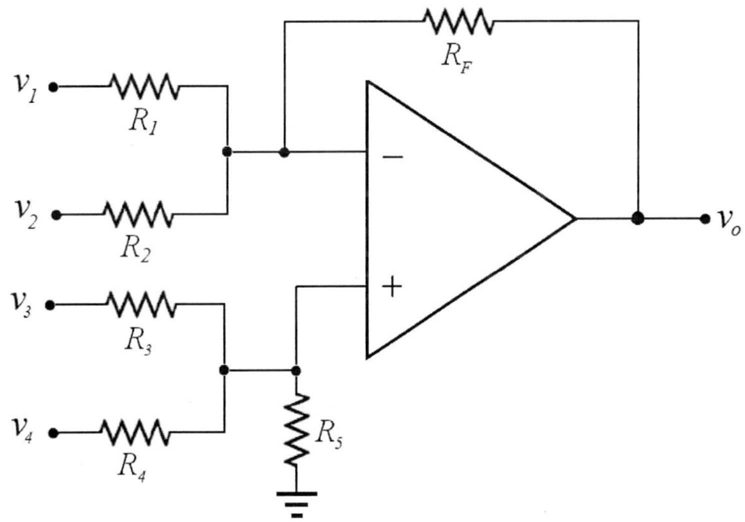

[그림 11.12] 반전-비반전 혼합 증폭기

② 정전압 회로

[그림 11.13]은 정전압 회로를 나타낸 것이다. $V_Z=V_f$일 때 출력전압 v_o은 식 (11.16)과 같다.

$$v_o = \left(1 + \frac{R_2}{R_3}\right) V_f \qquad (11.16)$$

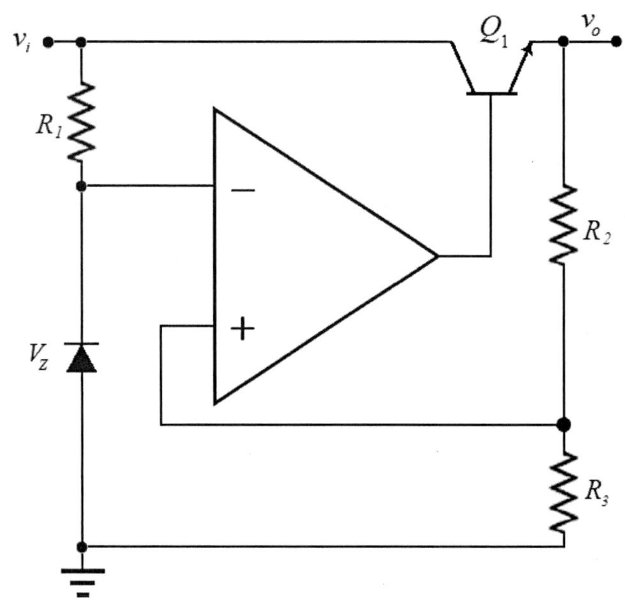

[그림 11.13] 정전압 회로

③ 대수 증폭기 회로

[그림 11.14]는 대수 증폭기 회로를 나타낸 것이다. [그림 11.14(a)] 회로의 경우 **v_o는 v_i의 자연대수에 비례(양의 기울기를 가짐)**하고, [그림 11.14(b)] 회로의 경우 **v_o는 v_i의 자연대수에 비례(원점을 기준으로 양과 음의 기울기를 가짐)**하는 특징을 갖는다.

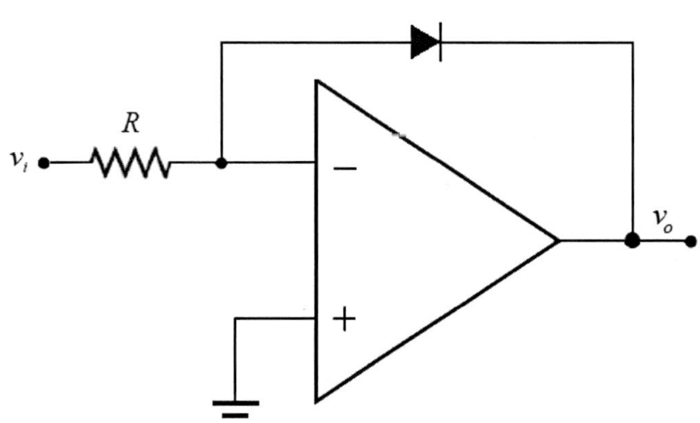

(a) 대수 증폭기 회로 #1

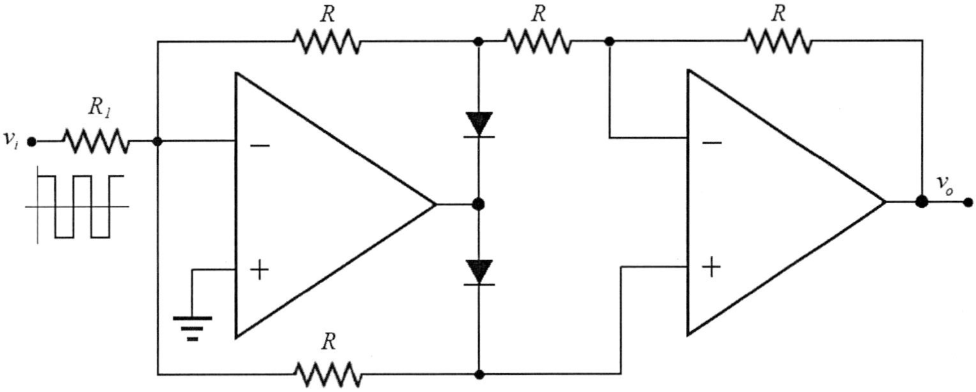

(b) 대수 증폭기 회로 #2

[그림 11.14] 대수 증폭기 회로

④ 피크 검출기(Peak Detector)

[그림 11.15]는 피크 검출기를 나타낸다. 피크 검출기는 수신된 신호의 피크들을 식별한다. 고정된 또는 조정 가능한 시간 윈도우 동안 피크들을 검출할 수 있다. 이러한 회로는 초광대역 신호 펄스들과 같은 높은 대역폭 신호들을 검출하고, 상대적 최소 전력을 소비하기 위해서 사용될 수 있다.

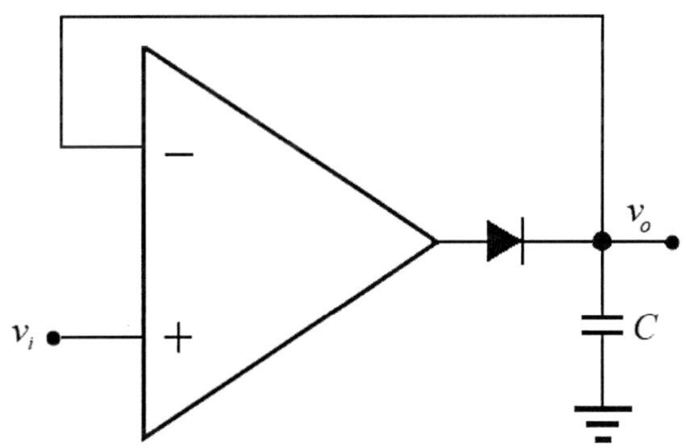

[그림 11.15] 피크 검출기

⑤ 반파 정류 회로

[그림 11.16]은 반파 정류 회로를 나타낸다. 이러한 회로에는 정밀 반파 정류 회로, 이득을 갖는 정밀 반파 정류 회로, 고속 정밀 반파 정류 회로 등이 있다. [그림 11.16(a)] 회로에서 v_i와 v_o 간의 전달함수 특성은 기울기가 1인 크기가 직

선적으로 증가하는 형태의 전압으로 표현된다(단, $v_i < 0$). [그림 11.16(b)]~[그림 11.16(c)] 회로에서는 v_i와 v_o 간의 전달함수 기울기가 식 (11.17)과 같이 직선적으로 감소하는 형태로 표현된다. 회로는 v_i와 v_o 간의 전달함수 특성은 기울기가 1인 크기가 직선적으로 변하는 형태의 전압으로 표현된다. [그림 11.16(d)] 회로에서는 v_i와 v_o 간의 전달함수 기울기가 식 (11.17)과 같이 직선적으로 감소하는 형태로 표현된다(단, $v_i > 0$).

$$v_o = -\frac{R_2}{R_1} v_i \ (v_i < 0) \tag{11.17}$$

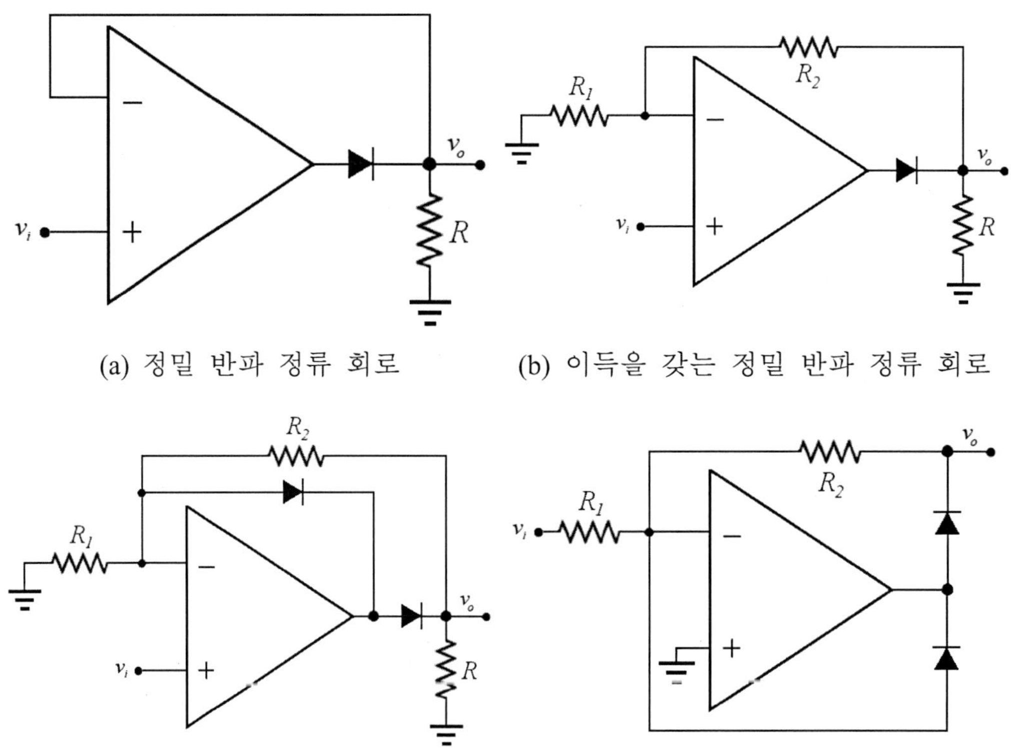

(a) 정밀 반파 정류 회로 (b) 이득을 갖는 정밀 반파 정류 회로

(c) 고속 정밀 반파 정류 회로 (d) 일반적인 반파 정류 회로

[그림 11.16] 반파 정류 회로

3. 퀴즈

1. 슈미트 트리거 회로에 대한 설명 중 틀린 것은?
   ① 입력이 어느 레벨이 되면 비약하여 방형 파형을 발생시킨다.
   ② 입력 전압의 크기가 on, off 상태를 결정한다.
   ③ 펄스 파형을 만드는 회로로 사용한다.
   ④ 증폭기에 궤환을 걸어 입력신호의 진폭에 따른 1개의 안정 상태를 갖는 회로이다.

2. 슈미트 트리거 회로의 출력파형은?
   ① 방형파 ② 정현파 ③ 삼각파 ④ 램프파

3. 다음 중 슈미트 트리거 회로에 대한 설명으로 틀린 것은?
   ① 1개의 안정상태를 갖는 회로이다.
   ② 입력전압의 크기가 ON, OFF 상태를 결정한다.
   ③ A/D 변환기 또는 비교회로에 응용되고 있다.
   ④ 구형펄스 발생회로에 이용된다.

4. 다음 중 슈미트 트리거 회로에 대한 설명으로 틀린 것은?
   ① 구형파 펄스 발생회로로 사용된다.
   ② 비안정 멀티바이브레이터 회로이다.
   ③ 입력전압의 크기가 출력의 On, Off 상태를 결정해 준다.
   ④ 두 개의 안정상태를 갖는 회로이다.

5. [그림 11.8(c)]와 같은 회로의 명칭은?
   ① 슈미트 트리거(Schmitt Trigger) 회로
   ② 차동증폭회로
   ③ 푸시풀(Push-Pull) 증폭회로
   ④ 부트스트랩(Bootstrap) 회로

6. 다음 중 슈미트 트리거의 응용 분야가 아닌 것은?
   ① 쌍안정 회로 ② 구형파 발생 회로
   ③ 전압 비교 회로 ④ 정현파 발생 회로

7. [그림 11.10]은 빈-브리지(Wien-Bridge) 발진회로이다. R_1, R_2 값이 감소할 경우 발진주파수의 변화는?

   ① 증가한다. ② 감소한다. ③ 변화없다. ④ 발진이 되지 않는다.

8. [그림 11.12]와 같은 회로에서 R_1=1[Ω], R_F=2[Ω], R_3=1[Ω], v_1=2[V], v_3=3[V] 일 때 v_o는 약 얼마인가?

   ① 2[V]　② 3[V]　③ 4[V]　④ 5[V]

9. [그림 11.8(b)] 회로의 정현파 입력 시 출력파형은 어느 것인가?

   ① 구형파　② 삼각파　③ 톱니파　④ 사인파

10. [그림 11.2]와 같은 회로의 입력에 계단 전압(step voltage)을 인가할 때 출력에는 어떤 파형의 전압이 나타나겠는가? (단, A는 이상적인 연산증폭기이다.)

① 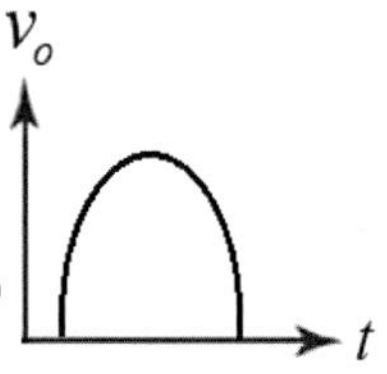

② 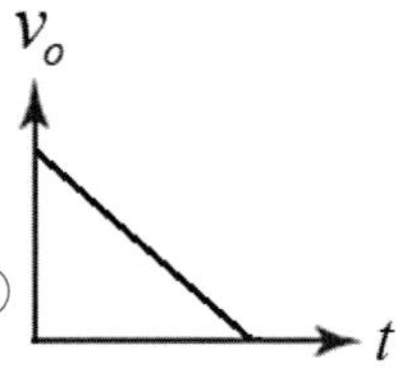

③ 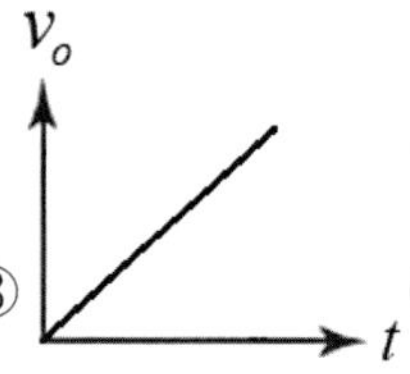

④ 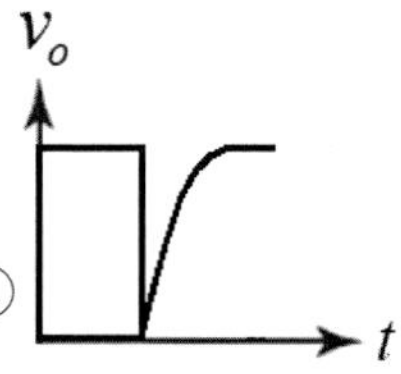

11. [그림 11.14] 회로의 종류는?

    ① 반파정류회로 ② 전파정류회로 ③ 피크검출기 ④ 대수 증폭기 회로

12. [그림 11.13] 회로에서 출력전압(v_o)으로 맞는 것은? (단, V_Z=V_f이다.)

    ① $\left(1+\frac{R_2}{R_3}\right)^2 V_f$　② $\left(1+\frac{R_2}{R_3}\right) V_f^2$

    ③ $\sqrt{\left(1+\frac{R_2}{R_3}\right) V_f}$　④ $\left(1+\frac{R_2}{R_3}\right) V_f$

13. [그림 11.14(b)] 회로에서의 출력 파형으로 옳은 것은?

① 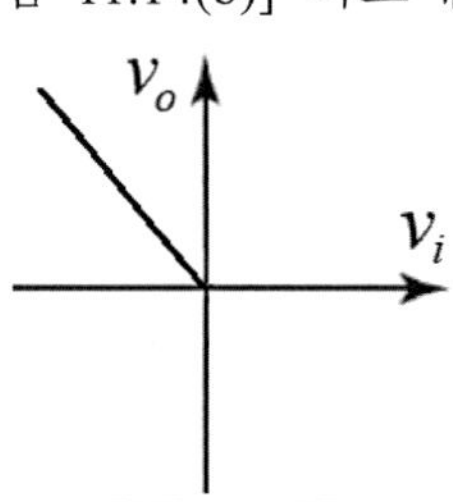

② 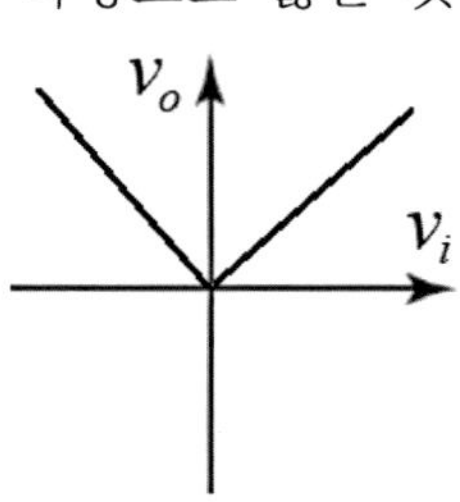

③ 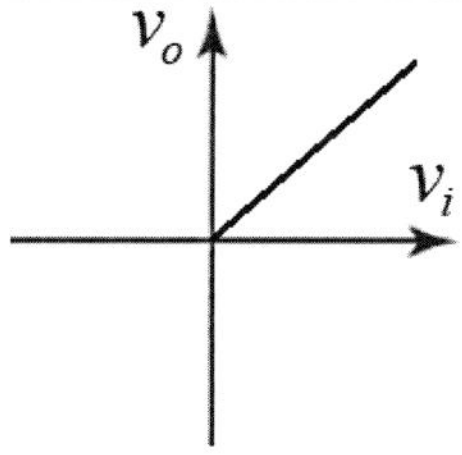

④ 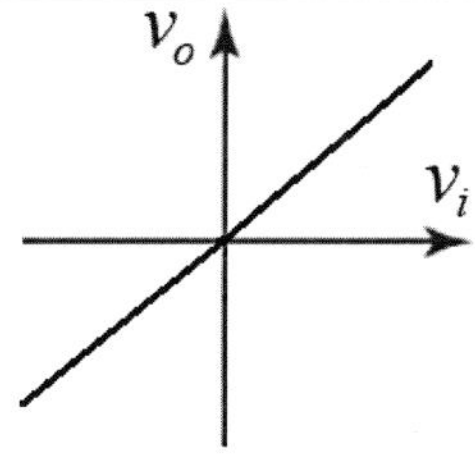

14. [그림 11.11] 회로는 어떤 발진회로인가?
   ① 빈-브리지 발진회로　② 위상천이 발진회로
   ③ 클랩 발진회로　④ 피어스 발진회로

15. [그림 11.2]와 같은 적분기의 입력으로 스텝 전압이 인가할 때, 출력전압의 형태는? (단, A는 반전 이상적인 연산증폭기이다.)
   ① 펄스 형태의 전압
   ② 스텝 형태의 전압
   ③ 크기가 직선적으로 변하는 형태의 전압
   ④ 크기가 지수함수적으로 변하는 형태의 전압

16. [그림 11.15]와 같은 회로의 역할은?
   ① Voltage follower　② Log amplifier
   ③ Peak detector　④ Integrator

17. [그림 11.16(d)] 회로의 용도로 적합한 것은?
   ① 반파 정류기　② 전파 정류기
   ③ Log 증폭기　④ Anti-log 증폭기

18. 다음 연산 증폭회로에서 전압이득(v_o/v_i)은?

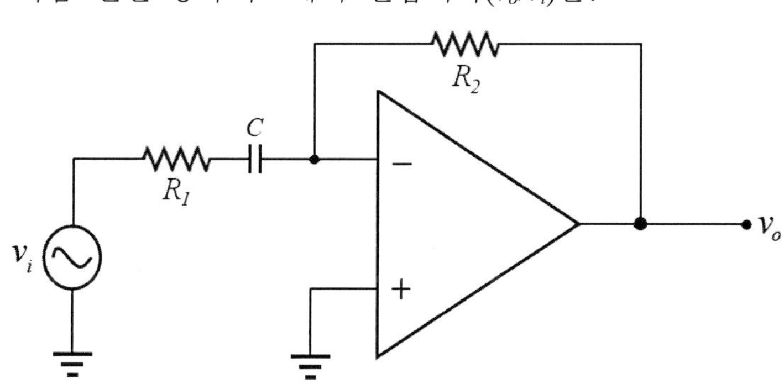

① $-\dfrac{1}{Cs}$　② $\dfrac{1}{R_1Cs}$　③ $-\dfrac{R_2}{R_1}\left(\dfrac{R_1Cs}{R_1Cs+1}\right)$　④ $\dfrac{R_2}{R_1}\left(\dfrac{R_1C}{R_1Cs+1}\right)$

19. 다음과 같은 회로의 출력(v_o)은?

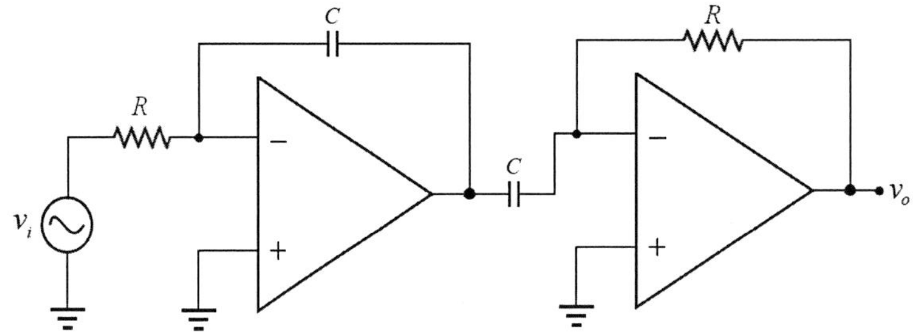

① 0 ② $v_i - \frac{1}{CR}\int v_i dt - CR\frac{dv_i}{dt}$

③ v_i ④ $-\frac{1}{CR}\int v_i dt - CR\frac{dv_i}{dt}$

20. 다음 중 적분회로의 역할을 하는 것은?
① 저역통과 RC 회로 ② 고역통과 RC 회로
③ 대역통과 RC 회로 ④ 대역소거 RC 회로

21. [그림 11.8(a)] 회로는?
① 클램프 회로 ② 차동증폭 회로
③ 슬라이서 회로 ④ 슈미트 트리거 회로

22. [그림 11.14] 회로에서 출력전압 v_o는 입력전압 v_i와 어떤 관계가 있는가?
① v_o는 v_i의 R배로 증폭된다. ② v_o는 v_i의 지수로 나타난다.
③ v_o는 v_i의 역수에 비례한다. ④ v_o는 v_i의 자연대수에 비례한다.

23. [그림 11.11(b)] 같은 발진회로의 명칭은 무엇인가?
① 콜피츠발진회로 ② LC발진회로
③ 하틀리발진회로 ④ 클랩발진회로

24. 미분회로에 삼각파를 입력했을 때 나타나는 출력파형은?
① 정현파 ② 톱니파 ③ 삼각파 ④ 구형파

25. [그림 11.2]와 같은 적분기의 입력으로 스텝 전압을 인가할 때 출력파형에 가까운 것은?
① 구형파 ② 스텝파 ③ 선형적으로 증가하는 파 ④ 삼각파

26. [그림 11.8(c)]의 슈미트 트리거 회로에 대한 설명으로 틀린 것은?
① 출력에 2개의 안정 상태를 갖는 회로이다.
② 펄스 파형을 만드는 회로에는 적합하지 못하다.
③ 궤환 효과는 공통 이미터 저항을 통하여 이루어진다.
④ 입력 전압의 크기가 출력의 상태를 결정하여 준다.

4. 예비 보고서

4.1. 퀴즈에 대한 답을 제시하시오.

4.2. [그림 11.1]에서 이상적인 연산증폭기를 가정하고, 입력과 출력 간의 전달함수를 구하시오. 또한, PSpice를 이용하여 $R=10k\Omega$, $C=1nF$인 경우의 입력과 출력 간의 전달함수를 구하시오. 이때, 입력단자(음의 단자)에 $v_i=1V_{ac}$를 인가하고, 양의 단자에 접지한다. 또한, 양의 전원은 5V, 음의 전원은 −5V를 인가한다.

4.3. [그림 11.2]에 대해 이상적인 연산증폭기를 가정하고, 입력과 출력 간의 전달함수를 구하시오. 또한, PSpice를 이용하여 $R=10k\Omega$, $C=1nF$인 경우의 입력과 출력 간의 전달함수를 구하시오. 이때, 입력단자(음의 단자)에 $v_i=1V_{ac}$를 인가하고, 양의 단자에 접지한다. 또한, 양의 전원은 5V, 음의 전원은 −5V를 인가한다.

4.4. [그림 11.8]에 대해 이상적인 연산증폭기를 가정하고, 입력과 출력 간의 전달함수를 구하시오. 또한, [그림 11.8]에서 V_{com} 단자를 중심으로 상측 회로만 구성하고, PSpice를 이용하여 가변 이득 증폭기의 사양이 다음과 같도록 저항값, 가변저항값 등을 정해서 가변 전압이득을 구하시오. 이때, 입력단자(양의 단자)에 직류 2.5V, 주파수 10kHz를 가진 $v_i=100mV$를 인가하고, 양의 단자에 공통 모드 전압인 직류 2.5V를 인가한다. 또한, 양의 전원은 5V, 음의 전원은 접지한다.

· 이득 범위 : 0~20dB, 이득 단계 : 5dB

5. 실험기자재 및 부품

5.1. 사용기기

- 직류 전원공급기
- 디지털 멀티미터

- 함수 발생기
- 오실로스코프

5.2. 사용부품

- IC : 연산증폭기(LM741)(2개)
- 저항, 가변저항, 커패시터 : 기타

6. 실험방법 및 절차

6.1. [그림 11.1]의 미분기를 설계하시오.

① [그림 11.1]을 구성하고, $R = 10k\Omega$, $C = 1nF$를 연결한다. $v_i = 200mV$로 고정하고, 주파수를 1kHz~10MHz까지 [표 11.1]과 같이 변화시키면서 출력의 크기를 측정하여 [표 11.1]에 기록한다.

6.2. [그림 11.2]의 적분기를 설계하시오.

① [그림 11.2]를 구성하고, $R = 10k\Omega$, $C = 1nF$를 연결한다. $v_i = 200mV$로 고정하고, 주파수를 1kHz~10MHz까지 [표 11.2]와 같이 변화시키면서 출력의 크기를 측정하여 [표 11.1]에 기록한다.

6.3. [그림 11.8]의 가변 이득 증폭기를 설계하시오.

① [그림 11.8]에서 V_{com} 단자를 중심으로 상측 회로만 구성하고, 가변 이득 증폭기의 사양이 다음과 같도록 $R_1 = 10k\Omega$으로 고정한 후 R_2를 조정하면서 다음 이득 범위와 단계를 맞추시오. 측정 결과를 [표 11.3]에 기록하시오. 이때, 입력단자(양의 단자)에 직류 2.5V, 주파수 10kHz를 가진 $v_i = 100mV$를 인가하고, 양의 단자에 공통 모드 전압인 직류 2.5V를 인가한다. 또한, 양의 전원은 5V, 음의 전원은 접지한다.

- 이득 범위 : 0~20dB
- 이득 단계 : 5dB

② $v_i = 100mV$로 고정해 두고, 입력주파수를 1kHz~10MHz까지 [표 11.4]와 같이 변화시키면서 출력의 크기를 측정하여 [표 11.4]에 기록한다.

7. 실험결과

7.1. [그림 11.1] 미분기 설계

[표 11.1] 미분기 측정 결과

입력주파수(kHz)	단위 이득 주파수(kHz)	출력 크기(mV)
1		
50		
100		
500		
1,000		
5,000		
10,000		

7.2. [그림 11.2] 적분기 설계

[표 11.2] 적분기 측정 결과

입력주파수(kHz)	단위 이득 주파수(kHz)	출력 크기(mV)
1		
50		
100		
500		
1,000		
5,000		
10,000		

7.3. [그림 11.8] 가변 이득 증폭기 설계

[표 11.3] 가변 이득 증폭기의 전압이득을 위한 R_2 측정

VGA 전압이득(dB)	R_2 크기(kΩ)
0	
5	
15	
20	

[표 11.4] 가변 이득 증폭기의 출력 크기 측정

입력주파수(kHz)	출력 크기(mV)
1	
5	
10	
50	
100	
500	
1,000	
5,000	
10,000	

실험 12 아날로그 능동 필터

1. 실험 목적

본 실험을 통해

- 연산증폭기, 저항, 커패시터를 이용하여 아날로그 능동 필터를 구성하고, 주파수 특성을 측정한다.
- 필터의 크기 응답 특성을 측정하여 3dB 주파수, 통과대역 리플, 차단대역 감쇄 특성 등을 확인한다.

2. 기초이론

일반적인 통신시스템에서 입력신호는 원하는 신호뿐만아니라 간섭 및 잡음도 포함하고 있다. 따라서 아날로그-디지털 변환기 앞단에 위치하는 아날로그 전단부에서 필터를 통해 이러한 불필요한 신호 성분들을 제거해야 한다. 원하는 신호만 선택하기 위해서는 필터가 필요하다.

다양한 종류의 아날로그 필터가 존재한다. 통과대역에서의 리플 특성, 차단대역에서의 리플 또는 감쇄 특성, 통과대역에서의 그룹 지연특성 면에서 서로 다른 특성을 보여주므로 시스템에 적합한 종류를 결정해야 한다. 버터워스(Butterworth) 필터는 통과대역에서 최대한 평탄한 특성을 가지고, 한 극당 -20dB/decade의 기울기를 가진다. 또한, 위상천이가 주파수에 따라 비선형적이며, 차단대역에서의 감쇄 특성이 좋지 않다. Chebyshev 필터는 통과대역에서의 이득 리플이 비교적 큰 편이고, 한 극당 -20dB/decade 보다 더 큰 기울기를 가진다. 통과대역에서 오버슈트나 리플이 발생할 수 있으며, 버터워스보다 선형성이 낮지만, 차단대역에서의 감쇄 특성이 좋은 편이다. 또한, Elliptic 필터는 통과/차단대역에서 일정한 리플을 가지고 있지만, 차단대역에서의 감쇄 특성이 가장 좋고, Bessel 필터는 최대로 평탄한 지연그룹 특성이 있다.

앞에서 언급한 아날로그 필터를 구현하는 방법은 크게 세 가지로 구분할 수 있다. 연산증폭기와 R, C를 이용해서 구현하는 능동 RC 필터, Gm 셀과 C를 이용해서 구현하는 Gm-C 필터 및 스위치와 커패시터를 이용하는 스위치형 커패시터 필터로 구분할 수 있다.

또한, 차단 특성에 따라 필터에는 저역통과필터(LPF, low-pass filter), 고역통과필터(HPF, high-pass filter), 대역통과필터(BPF, band-pass filter), 대역저지필터(BSP, band-stop filter) 및 전역통과필터(APF, all-pass filter)가 있다.

[그림 12.1]은 필터 특성을 나타낸다. 각 필터는 이상적인 응답특성과 실제 응답특성을 가지며, 실제 응답특성에서 입력신호 최대치의 $1/\sqrt{2}$ 또는 0.707되는 지점에서의 주파수를 차단주파수(f_c)라 한다. 즉, 차단주파수에서 출력전압은 입력전압의 70.7%가 된다.

[그림 12.1(a)]를 보면 저역통과필터는 0에서 차단주파수까지의 모든 주파수 신호를 통과시키고, 차단주파수 이상의 모든 주파수는 차단한다. 이러한 필터에서 0과 차단주파수 사이의 주파수를 통과대역(passband)이라 하고, 차단주파수 이상의 주파수를 저지대역(stopband)이라 한다. 통과대역과 저지대역 사이의 급작스럽게 강하(roll off)되는 영역을 전환(transition) 영역이라 한다. 이상적인 저역통과필터는 통과대역에서는 신호의 감쇄가 0(신호손실 없음)이 되고, 저지대역에서는 ∞가 되며 수직적인 전환이 주어진다.

[그림 12.1(b)]는 고역통과필터의 주파수 응답을 나타낸 것인데, 이상적인 주파수 응답을 보면 0에서 차단주파수까지 모든 주파수 신호는 차단하고, 차단주파수 이상의 모든 주파수 신호들을 통과시킨다.

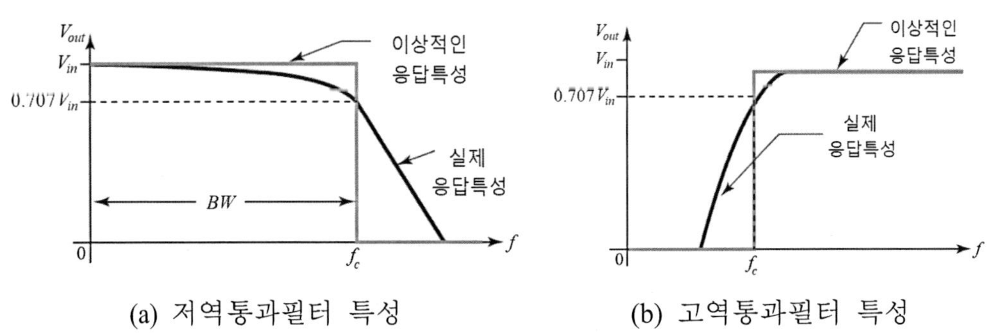

(a) 저역통과필터 특성 (b) 고역통과필터 특성

[그림 12.1] 필터 특성

이러한 필터에서 0과 차단주파수 사이의 주파수들은 저지대역이고, 차단주파수 이상의 주파수들은 통과대역이다. 이상적인 고역통과필터는 통과대역에서는 0의 감쇄를 가지고, 저지대역에서는 ∞의 감쇄를 가지며, 그 사이는 수직적인 전환이 주어진다.

2.1. 능동 저역통과필터(LPF)

저역통과필터는 차단주파수(f_c) 이상의 신호는 충분히 감쇄시키고, 차단주파수 이하의 신호는 모두 통과시키는 회로를 말한다. [그림 12.2(a)]~[그림 12.2(d)]는 다양한 구성의 단극(1차) 능동 저역통과필터를 나타낸 것이다. 능동 RC 필터 구조는 선형성이 가장 좋으면서 구현이 용이하기 때문에 가장 널리 사용되고 있다. [그림 12.2(a)]에서 v_p에서의 전압은 식 (12.1)과 같이 표현할 수 있으며, 주어진 연산증폭기 회로는 전압플로어이므로 $v_o = v_p$의 관계가 성립한다. 따라서 출력전압과 3dB 차단주파수는 각각 식 (12.2)와 식 (12.3)으로 나타낼 수 있다. 주파수가 차단주파수 이상으로 증가할 때 용량성 리액턴스는 감소하고, 비반전 입력전압도 감소한다. RC 지상회로가 궤환루프의 외측에 있으므로 출력전압은 강하된다. 주파수가 ∞에 접근하면 커패시터는 단락되고 입력전압이 0이 된다.

$$v_p = \sqrt{\frac{X_C}{R^2 + X_C^2}}\, v_i \tag{12.1}$$

$$v_o = v_p = \sqrt{\frac{X_C}{R^2 + X_C^2}}\, v_i \tag{12.2}$$

$$f_c = \frac{1}{2\pi RC} \tag{12.3}$$

[그림 12.2(b)]의 입력과 출력 사이의 전달함수를 구하면 식 (12.4)와 같다.

$$H(s) = \frac{V_o(s)}{V_i(s)} = -\frac{1}{RC}\frac{1}{s} \tag{12.4}$$

식 (12.4)는 기본적인 적분기 형태로 구성되어 있으며, 식 (12.4)의 전달함수에 대해 크기 응답을 나타내면 [그림 12.2(e)]와 같다.

[그림 12.2(c)]는 또 다른 비반전 1차 저역통과필터를 나타낸다. 차단주파수 이하에서의 전압이득은 식 (12.5)와 같고, 차단주파수는 식 (12.6)으로 주어진다.

$$A_{VCL} = 1 + \frac{R_2}{R_1} \tag{12.5}$$

$$f_c = \frac{1}{2\pi R_3 C} \tag{12.6}$$

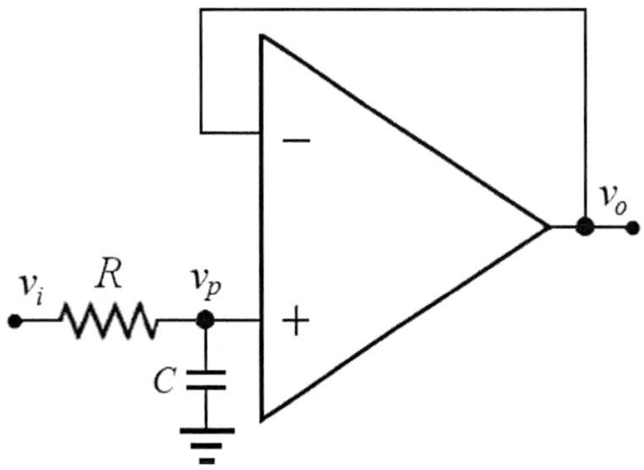

(a) 단위이득을 갖는 비반전

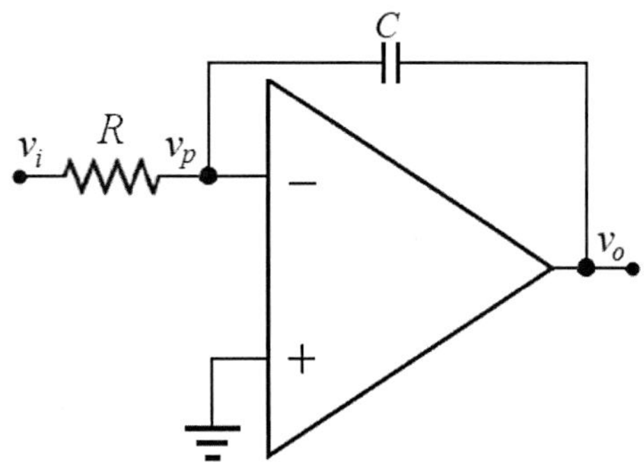

(b) 반전

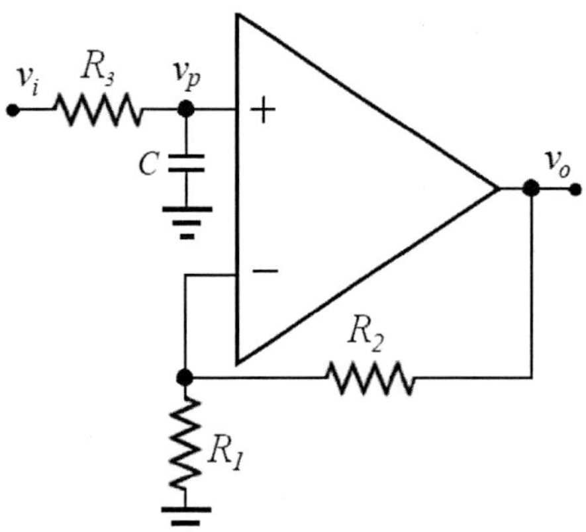

(c) 전압이득을 갖는 비반전

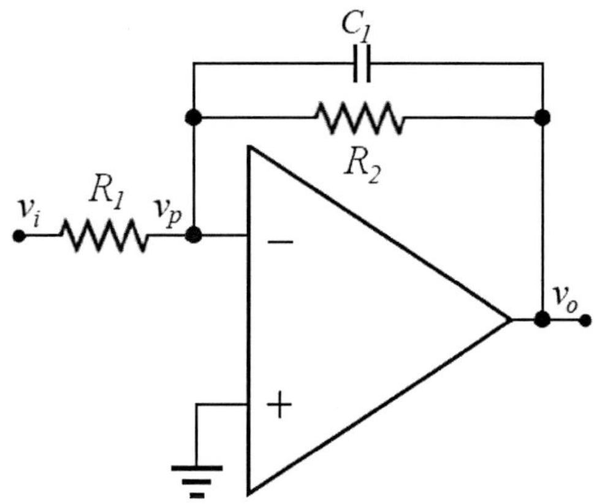

(d) 전압이득을 갖는 반전

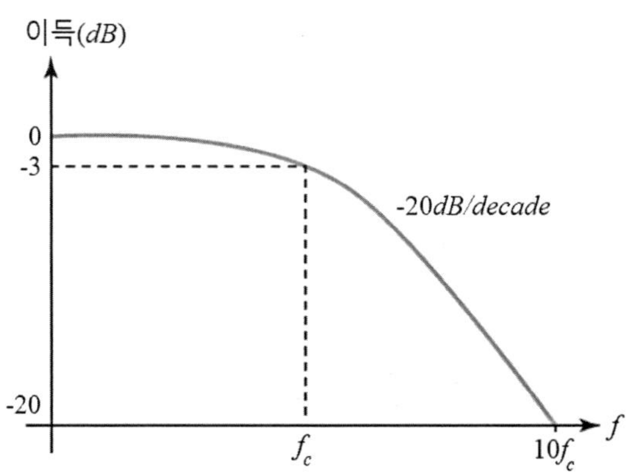

(e) 주파수 응답특성 곡선

[그림 12.2] 단극(1차) 능동 저역통과필터

차단주파수 이상에서 지상회로는 비반전 입력전압을 감소시킨다. R_3C의 지상회로가 궤환루프의 외측에 있으므로 출력전압은 [그림 12.2(e)]에 나타나 있듯이 20dB/decade의 비율로 강하된다.

[그림 12.2(d)]에 반전 1차 저역통과필터를 나타내었다. 저주파에서 커패시터는 개방되고 회로는 식 (12.7)과 같은 전압이득을 가지는 반전증폭기처럼 동작한다.

$$A_{VCL} = -\frac{R_2}{R_1} \tag{12.7}$$

주파수가 증가함에 따라 용량성 리액턴스는 감소하고, 궤환지로의 임피던스도 감소하는데, 이것은 전압이득이 적어짐을 의미한다. 주파수가 ∞에 접근함에 따라 커패시터는 단락되고 전압이득이 없어진다. [그림 12.2(d)]에서 알 수 있듯이 차단주파수는 식 (12.8)과 같이 주어진다.

$$f_c = \frac{1}{2\pi R_2 C_1} \tag{12.8}$$

여기서 알아야 할 점은 1차 단은 버터워스 응답만을 수행한다는 것이다. 그 이유는 1차 단은 공진주파수를 갖지 못하기 때문이다. 그래서 통과대역에 리플을 발생시키는 피킹을 발생시킬 수 없다. 이것은 모든 1차 단이 통과대역은 최대평탄하고, 저지대역은 모노토닉하며, 전환영역은 20dB/decade의 비율로 강하됨을 의미한다.

[그림 12.3]은 2극(2차) 능동 저역통과필터를 나타낸다. 차단주파수는 식 (12.9)로 표현할 수 있다. [그림 12.3(b)]에 나타나 있듯이 극이 두 개이므로 40dB/decade의 비율로 강하된다.

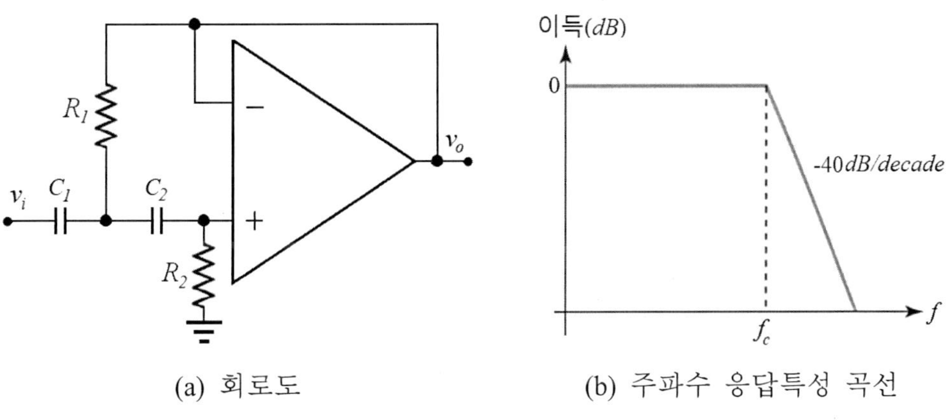

(a) 회로도　　　　(b) 주파수 응답특성 곡선

[그림 12.3] 2극(2차) 능동 저역통과필터

$$f_c = \frac{1}{2\pi\sqrt{R_1R_2C_1C_2}} \tag{12.9}$$

[그림 12.4]는 종속 접속된 4극 능동 저역통과 필터를 나타낸다. 이러한 구조는 두 개의 2차 능동 저역통과필터가 종속으로 접속되어 있다.

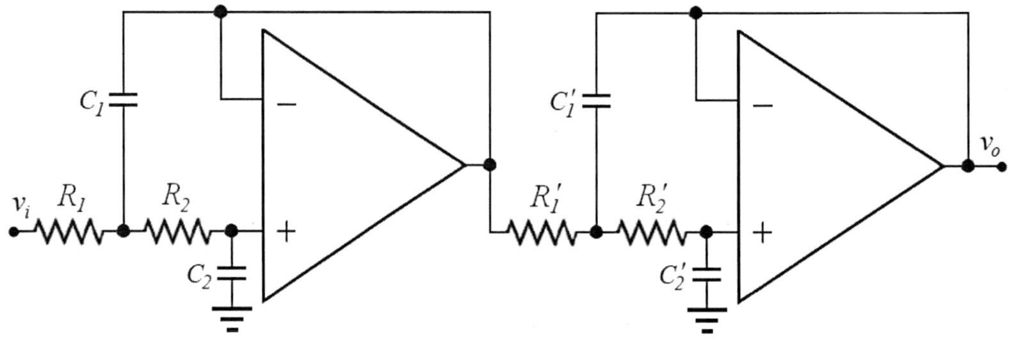

[그림 12.4] 종속 접속된 4극 능동 저역통과필터

[그림 12.5]는 3차 Chebyshev 저대역 통과필터를 나타낸 것이다. 능동소자인 연산증폭기와 수동소자인 저항, 커패시터들을 이용하여 필터를 구성할 수 있다. 입력은 저항과 커패시터로 구성된 1차 저대역 통과필터와 저항과 커패시터 네트워크를 거친 후에 연산증폭기의 음의 단자로 인가되고, 양의 단자에는 공통 모드 전압인 0V의 직류 전압을 인가한다.

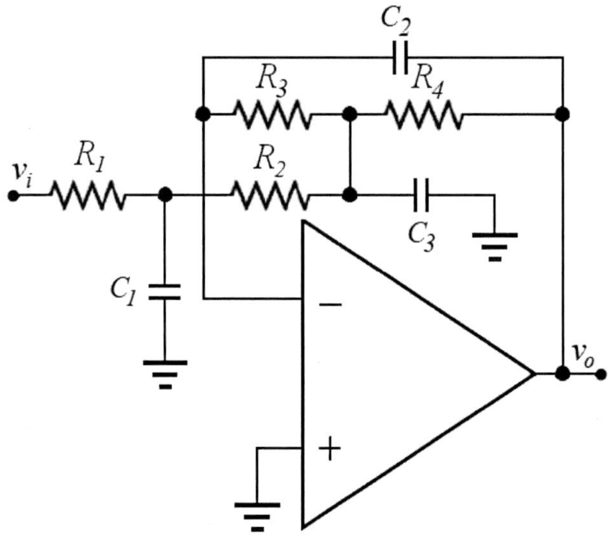

[그림 12.5] 3차 Chebyshev 저대역 통과필터

2.2. 고역통과필터(HPF)

고역통과필터는 저역통과필터와는 반대로 차단주파수 이하의 신호는 충분히 감쇄시키고, 차단주파수 이상의 신호는 모두 통과시키는 회로를 말한다. [그림 12.6(a)]~[그림 12.6(c)]는 다양한 구성의 단극(1차) 능동 고역통과필터를 나타낸 것이다. [그림 12.6(a)]에서 v_p에서의 전압은 식 (12.10)과 같이 표현할 수 있으며, 주어진 연산증폭기 회로는 전압플로어이므로 $v_o = v_p$의 관계가 성립한다. 따라서 출력전압과 3dB 차단주파수는 각각 식 (12.11)과 식 (12.12)로 나타낼 수 있다. 주파수가 차단주파수 이하로 감소할 때 용량성 리액턴스는 증가하고, 비반전 입력전압은 감소한다. RC 진상회로가 궤환루프의 외측에 있으므로 출력전압은 강하된다. 주파수가 0에 접근하면 커패시터는 개방되고 입력전압도 0이 된다.

$$v_p = \sqrt{\frac{R}{R^2 + X_C^2}}\, v_i \tag{12.10}$$

$$v_o = v_p = \sqrt{\frac{R}{R^2 + X_C^2}}\, v_i \tag{12.11}$$

$$f_c = \frac{1}{2\pi\sqrt{RC}} \tag{12.12}$$

[그림 12.6(b)]는 또 다른 비반전 1차 고역통과필터를 나타낸다. 차단주파수 이상에서의 전압이득은 식 (12.13)과 같고, 3dB 차단주파수는 식 (12.14)로 주어진다.

$$A_{VCL} = 1 + \frac{R_2}{R_1} \tag{12.13}$$

$$f_c = \frac{1}{2\pi R_3 C} \tag{12.14}$$

차단주파수 이하에서 진상회로는 비반전 입력전압을 감소시킨다. R_3C의 진상회로가 궤환루프의 외측에 있으므로 출력전압은 [그림 12.6(d)]에 나타나 있듯이 20dB/decade의 비율로 강하된다.

[그림 12.6(c)]에 반전 1차 고역통과필터를 나타낸다. 고주파에서 이 회로는 식 (12.15)와 같은 전압이득을 가지는 반전증폭기처럼 동작한다.

$$A_{VCL} = -\frac{C_1}{C_2} \tag{12.15}$$

주파수가 감소함에 따라 용량성 리액턴스는 증가하고, 결국은 입력신호와 궤환이 감소하는데 이것은 전압이득의 감소를 의미한다. 주파수가 0에 접근함에 따라 커패시터는 개방되고 입력신호도 0이 된다. [그림 12.6(c)]에서 알 수 있듯이 차단주파수는 식 (12.16)과 같이 주어진다.

$$f_c = \frac{1}{2\pi R_1 C_2} \tag{12.16}$$

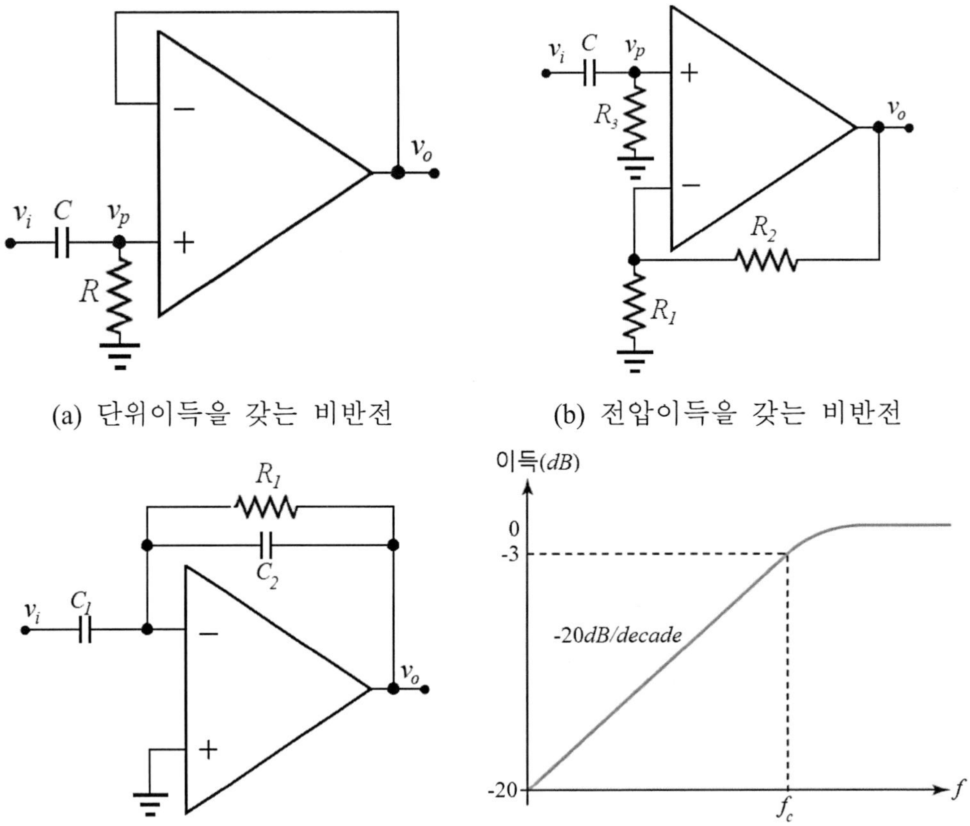

(a) 단위이득을 갖는 비반전 (b) 전압이득을 갖는 비반전

(c) 전압이득을 갖는 반전 (d) 주파수 응답특성 곡선

[그림 12.6] 1차 고역통과필터

[그림 12.7]은 2극(2차) 능동 고역통과필터를 나타낸다. 차단주파수는 식 (12.17)로 표현할 수 있다.

$$f_c = \frac{1}{2\pi \sqrt{R_1 R_2 C_1 C_2}} \tag{12.17}$$

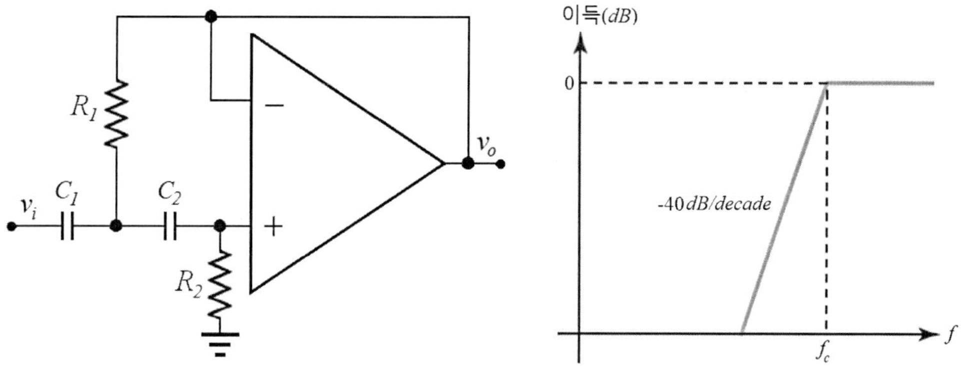

(a) 회로도 (b) 주파수 응답특성 곡선

[그림 12.7] 2극(2차) 능동 고역통과필터

3. 퀴즈

1. 연산증폭기를 이용한 능동 여파기에서 차단주파수는 출력전압이 최대값의 약 몇 [%]로 감소하는 주파수인가?
   ① 10[%] ② 50[%] ③ 70[%] ④ 90[%]

2. 다음 중 프리엠퍼시스(pre-emphasis) 회로와 관련이 있는 것은?
   ① 저역통과필터 ② 고역통과필터 ③ 대역통과필터 ④ 대역저지필터

3. 통과대역에서 최대한 평탄한 특성을 가진 필터는?
   ① Butterworth 필터 ② Chebyshev 필터
   ③ Inverse Chebyshev 필터 ④ Elliptic 필터

4. 다음 중 아날로그 필터를 구현하는 방법이 아닌 것은?
   ① 스위치형 커패시터 ② 연산증폭기와 R, C
   ③ 인덕터-인덕터 ④ Gm-C

5. 주파수 필터 특성을 확인하기 위한 보드 선도의 x축 및 y축으로 옳은 것은?
   ① 시간-전압이득 ② 주파수-전력이득
   ③ 시간-전압 ④ 주파수-전압이득

4. 예비 보고서

4.1. 퀴즈에 대한 답을 제시하시오.

4.2. [그림 12.2(d)]에서 이상적인 연산증폭기를 가정하고, 저역통과필터에 대해서 전달함수를 구하고, PSpice 모의실험을 통해서 크기 응답특성을 그리시오(단, $R_1 = R_2 = 20k\Omega$, $C_1 = 1nF$). 또한, $v_i = 1\,V_{ac}$를 인가하고, 양의 단자는 접지한다. 또한, 양의 전원은 5V, 음의 전원은 −5V를 인가한다.

4.3. [그림 12.5]의 3차 Chebyshev 저대역 통과필터에 대해서 전달함수를 구하고, PSpice 모의실험을 통해서 크기 응답특성을 그리시오(단, $R_1 = R_2 = 10k\Omega$, $R_3 = R_4 = 20k\Omega$, $C_1 = 5.6nF$, $C_2 = 100pF$, $C_3 = 4.7nF$). 또한, $v_i = 1\,V_{ac}$를 인가하고, 양의 단자는 접지한다. 또한, 양의 전원은 5V, 음의 전원은 −5V를 인가한다.

4.4. [그림 12.6(c)]에 대해 이상적인 연산증폭기를 가정하고, 고역통과필터에 대해서 전달함수를 구하고, PSpice 모의실험을 통해서 크기 응답특성을 그리시오(단, $R_1 = 20k\Omega$, $C_1 = C_2 = 1nF$). 또한, $v_i = 1\,V_{ac}$를 인가하고, 양의 단자는 접지한다. 또한, 양의 전원은 5V, 음의 전원은 −5V를 인가한다.

5. 실험기자재 및 부품

5.1. 사용기기

- 직류 전원공급기
- 디지털 멀티미터
- 함수 발생기
- 오실로스코프

5.2. 사용부품

- IC : 연산증폭기(LM741)(2개)
- 기타 : 저항, 가변저항, 커패시터 등

6. 실험방법 및 절차

6.1. [그림 12.2(d)] 회로를 설계하시오.

① [그림 12.2(d)]을 구성하고, $R_1 = R_2 = 20k\Omega$, $C_1 = 1nF$를 연결한다. $v_i = 200mV$로 고정하고, 주파수를 1kHz~10MHz까지 [표 12.1]과 같이 변화시키면서 출력의 크기를 측정하여 [표 12.1]에 기록한다. [표 12.1]을 바탕으로 저역통과필터의 보드 선도의 크기 응답특성을 1kHz~10MHz까지 로그 스케일로 9개의 주파수에 대해 그리시오. 이때 양의 단자는 접지하고, 양의 전원은 5V, 음의 전원은 -5V를 인가한다.

② $R_1 = R_2 = 20k\Omega$, $C_1 = 10uF$을 연결한다. 주파수를 1kHz~10MHz까지 [표 12.2]와 같이 변화시키면서 출력의 크기를 측정하여 [표 12.2]에 기록하고, 로그 스케일로 9개의 주파수에 대해 그리시오.

6.2. [그림 12.5] 회로를 설계하시오.

[그림 12.5]를 구성하고, $R_1 = R_2 = 10k\Omega$, $R_3 = R_4 = 20k\Omega$, $C_1 = 5.6nF$, $C_2 = 100pF$, $C_3 = 4.7nF$를 연결한다. $v_i = 200mV$로 고정하고, 주파수를 1kHz~10MHz까지 [표 12.2]와 같이 변화시키면서 출력의 크기를 측정하여 [표 12.2]에 기록한다. [표 12.2]를 바탕으로 저대역 통과필터의 보드 선도의 크기 응답특성을 1kHz~10MHz까지 로그 스케일로 9개의 주파수에 대해 그리시오. 이때 양의 단자는 접지하고, 양의 전원은 5V, 음의 전원은 −5V를 인가한다.

6.3. [그림 12.6(c)] 회로를 설계하시오.

[그림 12.6(c)]을 구성하고,$R_1 = 20k\Omega$, $C_1 = C_2 = 1nF$를 연결한다. $v_i = 200mV$로 고정하고, 주파수를 1kHz~10MHz까지 [표 12.3]과 같이 변화시키면서 출력의 크기를 측정하여 [표 12.3]에 기록한다. [표 12.3]을 바탕으로 고역통과필터의 보드 선도의 크기 응답특성을 1kHz~10MHz까지 로그 스케일로 9개의 주파수에 대해 그리시오. 이때 양의 단자는 접지하고, 양의 전원은 5V, 음의 전원은 -5V를 인가한다.

7. 실험결과

7.1. [그림 12.2(d)] 회로 설계

[표 12.1] 저역통과필터의 주파수 특성을 구하기 위한 특정 데이터

입력주파수(kHz)	출력 크기(mV)
1	
5	
10	
50	
100	
500	
1,000	
5,000	
10,000	

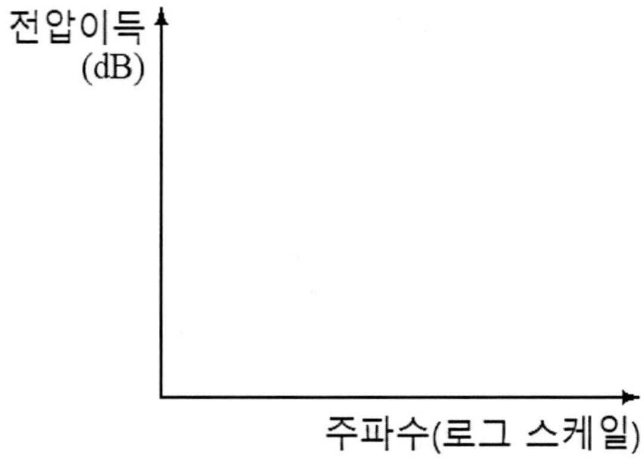

[그림 12.8] 실험 6.1에 대한 보드 선도(크기 응답)

7.2. [그림 12.5] 회로 설계

[표 12.2] 3차 저대역 통과필터의 주파수 특성을 구하기 위한 특정 데이터

입력주파수(kHz)	출력 크기(mV)
1	
5	
10	
50	
100	
500	
1,000	
5,000	
10,000	

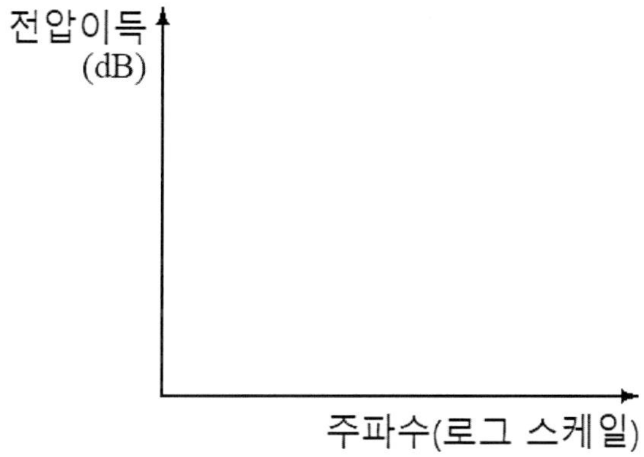

[그림 12.9] 실험 6.2에 대한 보드 선도(크기 응답)

7.3. [그림 12.6(c)] 회로 설계

[표 12.3] 고역통과필터의 주파수 특성을 구하기 위한 특정 데이터

입력주파수(kHz)	출력 크기(mV)
1	
5	
10	
50	
100	
500	
1,000	
5,000	
10,000	

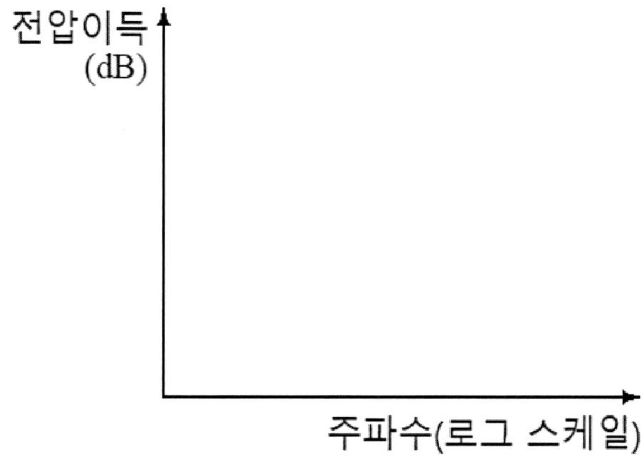

[그림 12.10] 실험 6.3에 대한 보드 선도(크기 응답)

실험 13 데이터 변환기

1. 실험 목적

본 실험을 통해

- 아날로그 신호를 디지털 신호로 변환해 주는 아날로그-디지털 변환기(ADC, analog-to-digital converter)의 기본 동작 원리 및 성능 변수들을 이해하고, 실제 회로를 구성하여 이론적인 내용을 확인한다.
- 해상도, 동작 속도, 신호 대 잡음비, DNL, INL 등의 비선형성 개념을 이해하고, 회로를 구성하여 성능을 측정한다.
- 디지털 신호를 아날로그 신호로 변환해 주는 디지털-아날로그 변환기(DAC, digital-to-analog converter)의 기본 동작 원리 및 중요 성능 변수들을 이해하고, 실제 회로를 구성하여 이론적인 내용을 확인한다.
- 신호 대 잡음비, DNL, INL 등의 비선형성, 오프셋 오차 등의 개념을 이해하고, 회로를 구성하여 성능을 측정한다.

2. 기초이론

2.1. 데이터 변환기 개요

일반적인 아날로그-디지털 혼성 신호 시스템에서 아날로그 입력신호는 아날로그 전단부에서 증폭기나 필터를 통해 신호를 처리한 후 아날로그-디지털 변환기에서 디지털 신호로 변환된다. 변환된 디지털 신호는 디지털 신호 처리기에서 디지털적으로 필요한 처리를 하게 된다. [그림 13.1]은 데이터 변환기(아날로그-디지털 변환기, 디지털-아날로그 변환기) 역할을 나타낸다. 데이터 변환기는 아날로그 회로와 디지털 회로를 상호 연결하는 역할을 한다.

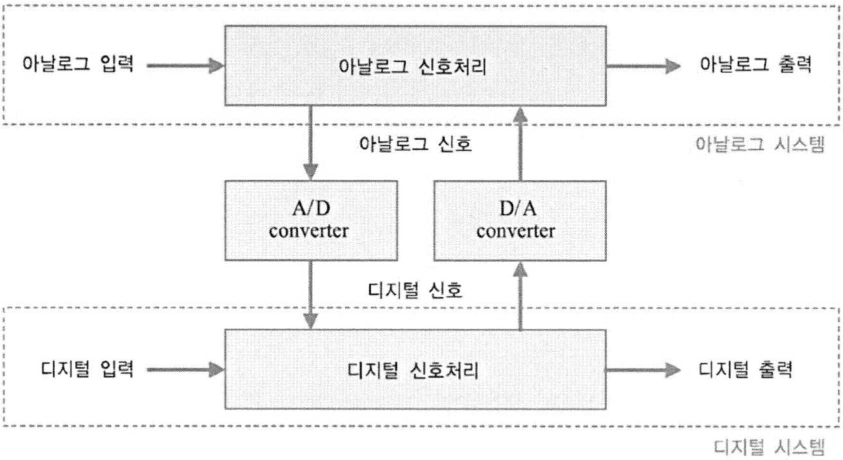

[그림 13.1] 데이터 변환기 역할

[그림 13.2]는 아날로그-디지털 변환과정을 나타낸 것이고, [그림 13.3]은 아날로그-디지털 변환과정 예를 나타낸 것이다. 아날로그 입력신호가 디지털 신호로 변환되기 위해서는 표본화(Sampling), 양자화(Quantization) 및 부호화(Coding)와 같은 3단계를 거친다.

① 표본화(Sampling)

샤논(Shannon)의 표본화 정리(sampling theorem)는 신호의 최고 주파수의 2배 이상의 빈도로 샘플링하면 샘플링된 데이터로부터 본래 데이터를 재현할 수 있음을 보였다. 사람의 음성인 경우 1초 동안에 8,000번 샘플링이 필요하다 ($2 \times 4kHz = 8kHz$).

② 양자화(Quantization)

양자화는 펄스의 진폭의 크기를 디지털 양으로 변환하는 과정을 말한다. 이 과정에서 불가피한 양자화 잡음이 발생한다. 양자화 잡음은 미리 정한 신호레벨의 수를 늘리거나 줄일 수 있으나, 데이터의 양이 많아지는 단점이 있다.

③ 부호화(Coding)

부호화는 양자화한 값을 2진 디지털 부호로 변환하는 과정을 말한다. 일반적으로 전화 음성에서는 8비트로 부호화를 한다.

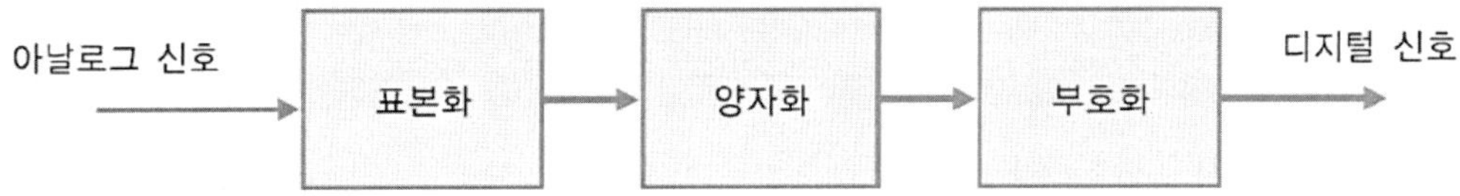

[그림 13.2] 아날로그-디지털 변환과정의 블록도

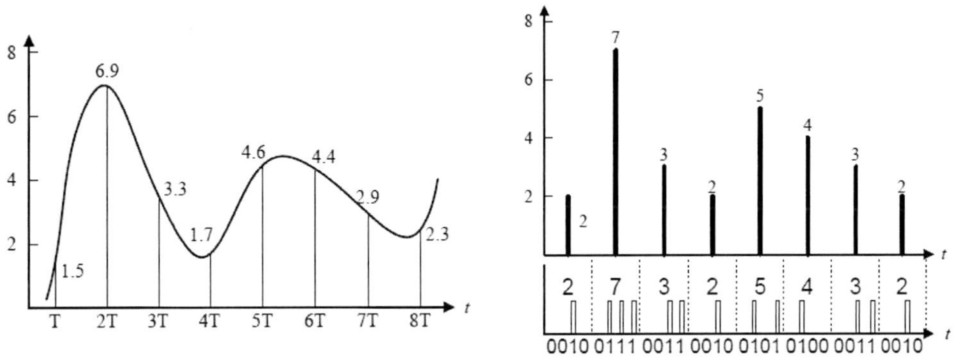

(a) 표본화 (b) 양자화 및 부호화

[그림 13.3] 아날로그-디지털 변환과정의 예

2.2. 아날로그-디지털 변환기(ADC, analog-to-digital converter)

① 입력-출력 특성

아날로그-디지털 변환기(ADC)는 아날로그 입력 V_i가 들어오면 식 (13.1)과 같이 N비트 디지털 출력($b_0,...,b_{N-1}$)을 발생하는 회로이다. 식 (13.1)에서 V_{FS}는 아날로그 입력전압의 전체 스케일(FS, full scale)을 나타내고, 디지털 출력의 최하위 비트에 해당되는 아날로그 전압은 식 (13.2)로 표현할 수 있다.

$$D_o = \frac{V_i}{V_{FS}} = \frac{b_{N-1}}{2} + \frac{b_{N-2}}{2^2} + ... \frac{b_0}{2^N} \tag{13.1}$$

$$\triangle V_o = 1LSB = \frac{V_{FS}}{2^N} \tag{13.2}$$

일반적으로 아날로그 신호는 값이 연속적이지만 디지털 코드는 값이 양자화된다. 아날로그-디지털 변환기는 아날로그 입력전압의 범위를 디지털 출력에 매핑시키므로 입력과 출력 간의 양자화 오차가 발생하게 된다.

② 양자화 잡음과 신호 대 잡음비

[그림 13.4]는 양자화 오차를 나타내고, [그림 13.5]는 신호 대 잡음비(SNR, Signal-to-Noise Ratio)를 나타낸 것이다. 아날로그 신호를 디지털로 변환 시 입력 신호 $V_i(t)$와 이상적인 디지털-아날로그 변환기로 변환된 출력 $V_o(t)$ 사이에는 항상 양자화 오차가 발생한다. 이 양자화 오차 또는 양자화 잡음이 출력신호의 신호 대 잡음비(SNR)에 결정적인 영향을 미친다. 양자화 잡음 $e(t)$는 값이 식 (13.3)의 범위로 발생함을 알 수 있다.

$$-\frac{1}{2}q\left(=-\frac{1}{2}LSB\right)\le e(t)\le+\frac{1}{2}q\left(=\frac{1}{2}LSB\right) \tag{13.3}$$

여기서 q는 양자화 레벨을 의미한다.

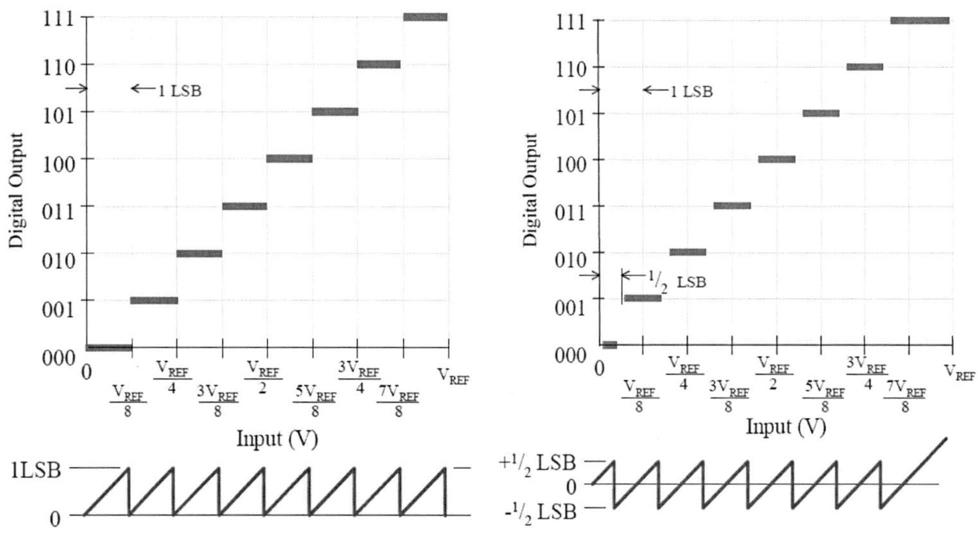

(a) $0\sim1LSB$ 범위 (b) $-LSB/2\sim LSB/2$ 범위

[그림 13.4] 양자화 오차

또한, 정현파가 입력되었을 때 신호 대 잡음비는 식 (13.4)와 같다.

$$SNR=6.02N+1.76dB \tag{13.4}$$

식 (13.4)로부터 알 수 있듯이 아날로그-디지털 변환기의 비트수가 늘어날수록 출력의 신호 대 잡음비가 증가한다.

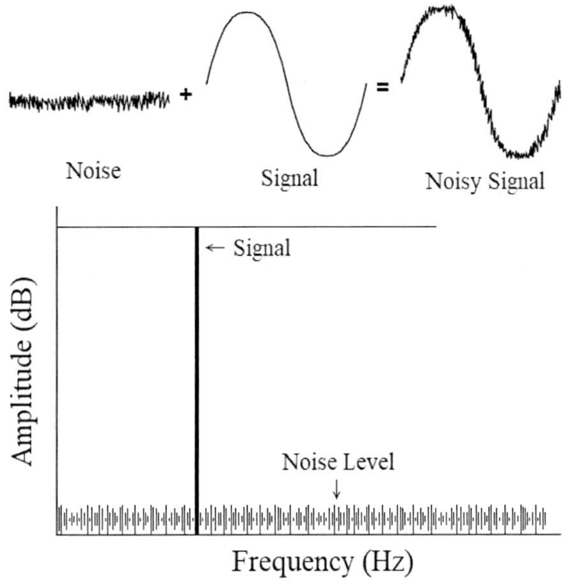

[그림 13.5] 신호 대 잡음비(SNR, Signal-to-Noise Ratio)

③ 미분 비선형성(DNL, Differential Non-Linearity)

[그림 13.6]은 미분 비선형성(DNL, Differential Non-Linearity)을 나타낸 것이다. 아날로그-디지털 변환기에서 디지털 코드가 유지될 때의 아날로그 전압의 폭, 즉 코드 폭이 이상적인 1*LSB*로부터 벗어난 정도를 DNL이라 한다. DNL은 아날로그-디지털 변환기의 전달함수의 스텝 크기가 얼마나 균일한지를 나타내는 척도라고 할 수 있다. DNL의 정의를 수식으로 표현하면 식 (13.5)와 같다.

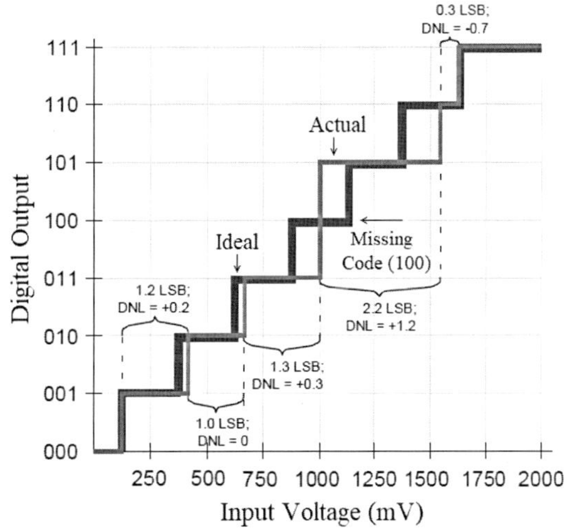

[그림 13.6] DNL

$$DNL = LSB_{width} - Code_{width} = 1 - \frac{V(x) - V(x+1)}{LSB} \tag{13.5}$$

식 (13.5)에서 $V(x)$, $V(x+1)$은 출력 코드가 x에 해당하는 아날로그 전압의 양 끝 전압을 의미한다.

④ 적분 비선형성(INL, Integral Non-Linearity)

[그림 13.7]은 적분 비선형성(INL, Integral Non-Linearity)을 나타낸 것이다. INL은 디지털 출력 코드의 중간 지점이 이상적인 직선으로부터 얼마나 벗어나 있는지를 LSB 단위로 표현한 양이다. INL은 DNL의 합이라고 할 수 있다.

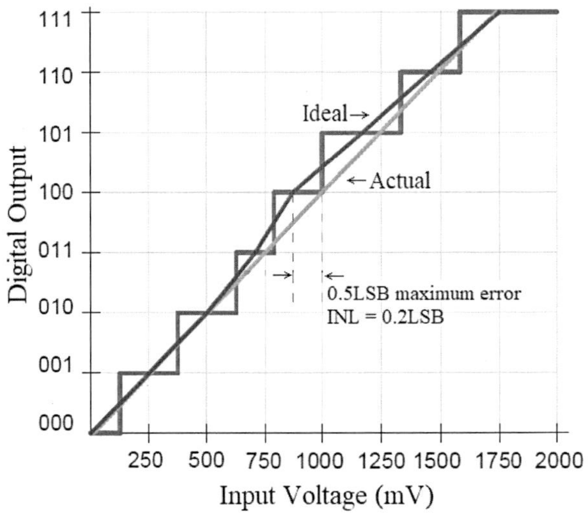

[그림 13.7] INL

⑤ 오프셋 오차 및 이득 오차

[그림 13.8]은 오프셋 오차와 이득 오차를 나타낸다. 오프셋 오차는 첫 번째 코드가 변화하는 아날로그 전압이 이상적인 경우로부터 벗어나 있는 정도를 나타낸다. 또한, 실제 코드의 기울기와 이상적인 기울기의 차를 이득 오차라 한다.

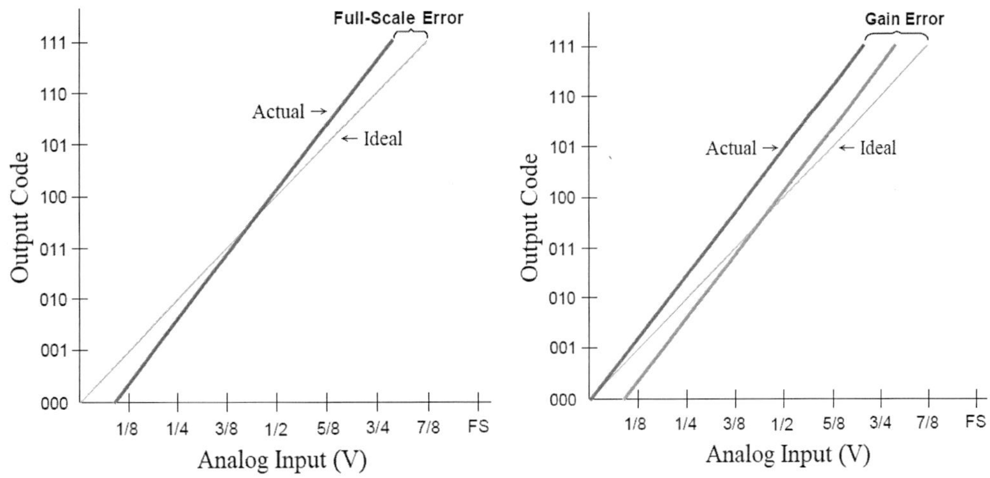

(a) 오프셋 오차 (b) 이득 오차

[그림 13.8] 오프셋 오차 및 이득 오차

⑥ 전 고조파 왜율(THD, Total Harmonic Distortion)

[그림 13.9]는 전 고조파 왜율(THD, Total Harmonic Distortion)을 나타낸 것으로, 이는 고조파로 인한 파형의 왜곡 정도를 나타내는 지표이다. 고조파 성분이 많을수록 THD 값이 높아지게 되며 파형이 정현파로부터 왜곡이 심하다는 것을 의미한다. 식 (13.6)은 THD에 대한 정의를 수식으로 표현한 것이다.

$$THD = \sqrt{\frac{\sum_{n=2}^{\infty} V^{2_{n,rs}}(n)}{V^{2_{1,rs}}}} \tag{13.6}$$

여기서, $V^{2_{1,rs}}$은 기본파의 전압 실효치이고, $V_{n,rs}^{2}(n)$은 고조파의 전압 실효치를 나타낸다.

THD는 다양한 시스템의 지표로서 사용된다. 데이터 변환기에서 교류 출력이 얼만큼 고조파 없이 깨끗하게 생성되었는지 정량적으로 나타낼 수 있는 지표로 사용될 수도 있고, 정현파를 이용하는 센서에서 생성 신호의 상대적인 고조파량을 나타낼 수 있는 지표로도 사용된다.

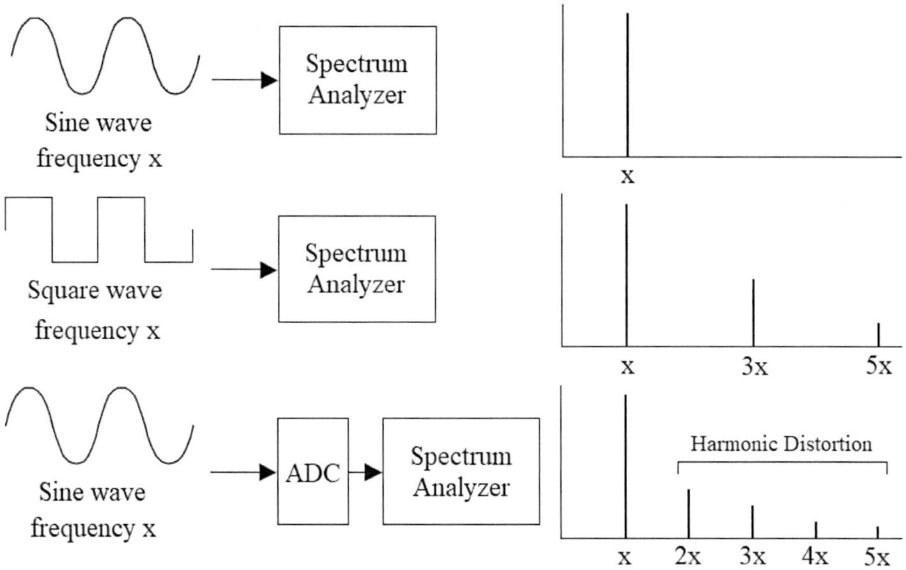

[그림 13.9] 전 고조파 왜율

[그림 13.10]은 3비트 플래시 아날로그-디지털 변환기의 회로를 나타낸 것이다. 아날로그 입력 V_i가 입력되면, 저항 열을 통해 만들어진 기준 전압들인 $V_0 \sim V_7$과 비교해서 해당되는 디지털 출력을 제공한다. 이러한 회로는 아날로그-디지털 변환기 종류 중에서 동작속도가 가장 빠르지만 해상도가 올라갈수록 저항 및 비교기의 수가 급격하게 증가하고 전력소모도 급격히 증가되는 단점을 가진다. N비트 아날로그-디지털 변환기에 필요한 저항들과 비교기의 수는 2^N이다. 따라서 8비트 이내의 저해상도 아날로그-디지털 변환기에 주로 사용된다. [그림 13.10]과 같이 3비트 플래시 아날로그-디지털 변환기는 비교기 역할을 하는 8개의 연산증폭기와 9개의 저항을 사용하여 구성한다. 아날로그-디지털 변환기의 출력을 2진수 코드로 출력하기 위해 8개의 입력 코드를 2진수 코드로 변환하기 위한 $2^3:3$ 디코더가 필요하다. 8개의 비교기 출력 $C_0 \sim C_7$에 대해 디코더는 3비트 $D_0 \sim D_2$ 코드를 발생한다. $C_7C_6 \cdots C_1C_0 = (00 \ldots 00)$($C_7$이 MSB로 가정)일 때 2진수 $D_0D_1D_2 = (000)$ 코드를 발생하고, $C_7C_6 \cdots C_1C_0 = (11 \ldots 11)$일 때 $D_0D_1D_2 = (111)$ 코드를 발생한다.

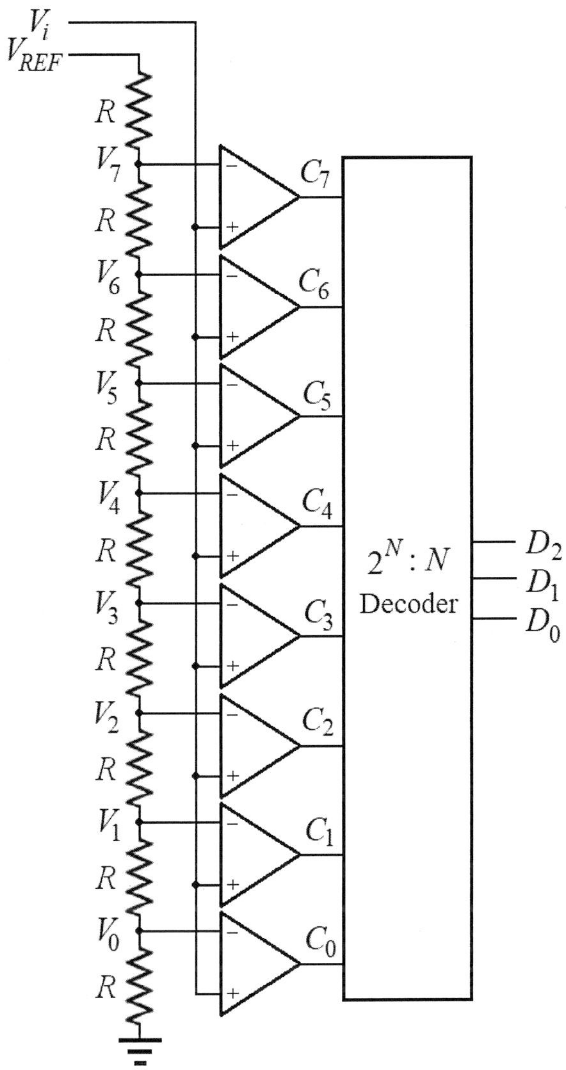

[그림 13.10] 3비트 아날로그-디지털 변환기

2.3. 디지털-아날로그 변환기(DAC, digital-to-analog converter)

디지털 신호를 아날로그 신호로 변환하는 디지털-아날로그 변환기(DAC, digital-to-analog converter)는 통신시스템에서 널리 사용되는 회로이다. 디지털 신호 처리기에서 처리된 디지털 신호를 아날로그 출력신호로 변경시켜 주기 위해 디지털-아날로그 변환기가 필요하다. 일반적으로 고성능의 디지털 신호 처리기에서 신호 처리를 하거나 변조한 후, 자연계에서 존재하는 신호의 형태인 아날로그 신호로 변환해서 증폭이나 필터링을 하게 된다.

① 입력-출력 특성

이상적인 디지털-아날로그 변환기(DAC)의 입력-출력 특성을 고려하면, 네 가지 입력 코드, 즉 00, 01, 10, 11에 대해서 아날로그 출력은 값이 식 (13.7)로 표현된다.

$$0, \frac{V_{REF}}{4}, \frac{2V_{REF}}{4}, \frac{3V_{REF}}{4} \tag{13.7}$$

여기서 V_{REF}는 출력의 최대 전압 레벨을 의미한다.

② 신호 대 잡음비

아날로그 입력 $V_i(t)$가 ADC를 통해 디지털 코드로 변환되고, 이 코드가 DAC를 통해 아날로그 출력 V_1로 변환된다고 가정하자. 이 두 전압의 차이가 양자화 잡음이 된다. 이러한 양자화 잡음에 의해 DAC 출력의 신호 대 잡음비가 결정된다. 해상도가 N비트일 경우, LSB 전압 레벨(V_{LSB})과 V_{REF} 간에는 식 (13.8) 및 식 (13.9)와 같은 관계식이 성립한다.

$$V_{i(rs)} = \frac{V_{REF}}{2\sqrt{2}} \tag{13.8}$$

$$V_{REF} = 2^N V_{LSB} \tag{13.9}$$

또한, 정현파가 입력되었을 때 신호 대 잡음비는 식 (13.10)과 같다.

$$SNR = 6.02N + 1.76dB \tag{13.10}$$

③ DNL과 INL

DAC의 전달 특성 곡선에서 DNL/INL 특성은 매우 중요하다. DNL은 식 (13.11)과 같이 아날로그 출력전압 사이의 간격이 이상적인 DAC의 $1LSB$에 비해서 얼마나 벗어나 있는지를 나타내는 척도이다.

$$DNL = \frac{V(x+1) - V(x)}{LSB} - 1 \tag{13.11}$$

또한, INL은 DAC의 출력전압이 이상적인 직선으로부터 얼마나 벗어나 있는지를 나타내는 척도이다.

④ 오프셋 오차 및 이득 오차

DAC 입력이 가장 작을 때의 아날로그 출력전압이 0V에서 벗어난 전압을 가지게 될 때, 그 전압을 오프셋이라고 한다. 또한, 실제 DAC의 전달 특성 곡선의 기울기와 이상적인 직선의 기울기와의 차이를 이득 오차라 한다.

[그림 13.11]은 2진수로 가중된 저항을 이용한 DAC 회로를 나타낸 것이다. 그림과 같이 디지털 입력의 각 비트에 해당되는 스위치들($S_1 \sim S_N$)과 2진수로 가중된 저항열 및 연산증폭기로 구성되어 있다. 입력 디지털 코드에 따라서 $S_1 \sim S_N$이 조절된다. 식 (13.12)는 디지털 입력을 수식으로 보여주고 있으며, b_1이 MSB, b_N이 LSB에 해당된다.

$$D = b_1 b_2 b_3 \ldots b_N = \frac{b_1}{2^1} + \frac{b_2}{2^2} + \ldots + \frac{b_N}{2^N} \tag{13.12}$$

식 (13.13)은 [그림 13.11] 회로에서 $R_F = R/2$ 저항에 흐르는 전류와 디지털 입력 코드 간의 관계를 나타낸다. 식 (13.13)의 전류와 궤환저항 R_F를 곱하면, 식 (13.14)와 같이 아날로그 출력전압을 얻을 수 있다.

$$i_o = \frac{2V_{REF}}{R}\left(\frac{b_1}{2^1} + \frac{b_2}{2^2} + \ldots + \frac{b_N}{2^N}\right) \tag{13.13}$$

$$v_o = -i_o R_F = \frac{2DV_{REF}}{R}\frac{R}{2} = -DV_{REF} \tag{13.14}$$

4비트 입력 DAC는 16개까지 출력이 가능하며, 8입력 DAC는 256개, 16입력 DAC는 65,536개까지의 출력을 가질 수 있다. 이것은 [그림 13.11]에서 음(-)으로 향하는 입력전압이 8입력 변환기에는 256단계, 16입력 변환기에서는 65,536단계을 가짐을 의미한다. 이처럼 음으로 향하는 전압은 계수적으로 전압을 측정하는 다른 회로와 같이 디지털 멀티미터로 사용할 수 있다. 2진 가중 DAC는 입력의 수가 제한되는 곳이나 고정밀(high precision)이 요구되지 않는 응용에 사용할 수 있다. 입력으로 보다 큰 수가 사용될 때에는 보다 큰 수의 서로 다른 저항값이 요구된다. DAC의 정확성과 인정성은 저항의 정확성과 온도변화에 따른 추종능력에 절대 의존한다. 입력저항은 모두 다른 값을 가지기 때문에 동일한 추종특성을 얻기는 곤란하다. 또한, 이 형식의 DAC는 각 입력이 서로 다른 입력 임피던스 값을 가지므로 부하문제도 존재할 수 있다. [그림 13.11]과 같은 2진수로 가중된 저항 열의 경우, 각 저항 사이의 가중치 오차로 인해 출력전압에 비선형성분이 발생하게 되어 DNL, INL 등의 특성이 저하되는 단점을 가진다.

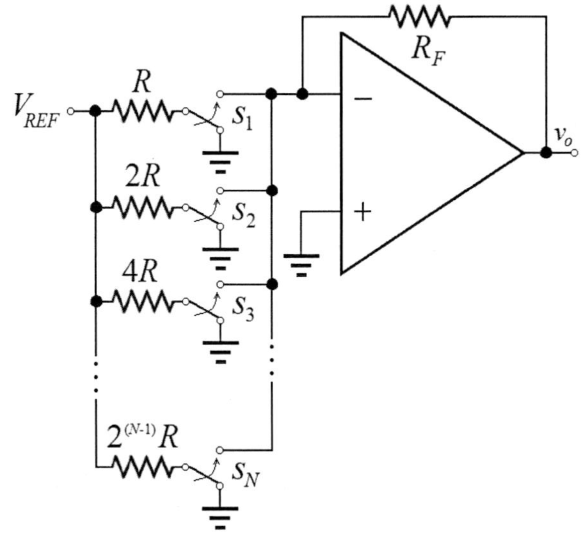

[그림 13.11] 2진수로 가중된 저항을 이용한 DAC 회로

이를 해결하기 위해 가장 많이 사용하는 형식으로 [그림 13.12]와 같은 적분형 회로인 R/2R 사다리형 DAC 회로를 사용한다. 이러한 회로는 저항의 가중치 오차에 의한 비선형성을 줄일 수 있다. 단 두 저항값만 요구되기 때문에 이 방식은 8비트 또는 더 큰 2진 입력을 갖는 IC에 제공되고, 보다 더 높은 정확도를 제공한다. [그림 13.12]에서 ($S_1 \sim S_N$)은 능동 스위치들이며, 각 스위치는 네 개의 입력과 접지(논리 0) 또는 V_{REF}(논리 1) 중 어느 한쪽에 접속된다. 식 (13.15)는 디지털 입력을 수식으로 보여주고 있으며, b_0이 LSB, b_{N-1}이 MSB에 해당된다.

$$D = b_0 \times 2^0 + b_1 \times 2^1 + \ldots + b_{N-1} \times 2^{N-1} \tag{13.15}$$

R과 2R 저항만을 사용하여 각 저항에 흐르는 전류가 두 배씩 증가한다는 관계식을 이용하면, 식 (13.16)과 같은 아날로그 출력전압을 얻을 수 있다. 이때, $R_F = 2R$을 적용한다.

$$v_o = -\frac{2DV_{REF}}{2^N} \tag{13.16}$$

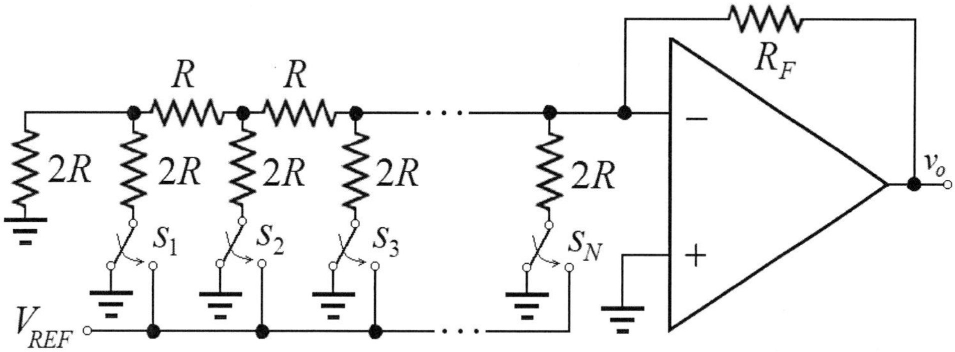

[그림 13.12] R/2R 사다리형 DAC 회로

3. 퀴즈

1. 아날로그-디지털 변환기(ADC)의 신호 변환 과정에 속하지 않는 것은?
   ① 양자화(quantization) ② 부호화(coding)
   ③ 표본화(sampling) ④ 확산화(diffusing)

2. 디지털화하여 저장된 신호를 아날로그 신호로 변환시켜 주는 장치는?
   ① ADC ② TDC ③ DAC ④ CFD

3. 8비트 ADC의 입력전압의 전체 스케일이 2V일 경우, 1*LSB*는 몇 mV인가?
   ① 3.9mV ② 7.8mV ③ 4.3mV ④ 11.7mV

4. ADC에서 나이퀴스트 샘플링 이론에 의하면 신호의 대역폭의 몇 배 이상으로 샘플링을 해야 앨리어싱을 방지할 수 있는가?
   ① 2배 ② 3배 ③ 4배 ④ 1배

5. ADC의 성능 변수가 아닌 것은?
   ① 적분 비선형성 ② 전원 전압 ③ 오프셋 오차 ④ 미분 비선형성

6. DAC의 성능 변수가 아닌 것은?
   ① 미분 비선형성 ② 이득 오차 ③ 표본화 ④ 미분 비선형성

7. ADC에서 디지털 출력 코드의 중간 지점이 이상적인 직선으로부터 얼마나 벗어나 있는지 *LSB* 단위로 표현한 양을 무엇이라 하는가?

① PAD ② DNL ③ INL ④ 양자화 오차

8. 아날로그-디지털 변환기에서 디지털 코드가 유지될 때의 아날로그 전압의 폭, 즉 코드 폭이 이상적인 1LSB로부터 벗어난 정도를 무엇이라 하는가?
① PAD ② DNL ③ INL ④ 오프셋

9. 8비트 아날로그-디지털 변환기의 경우 출력의 신호 대 잡음비는 약 얼마인가?
① 50dB ② 60dB ③ 70dB ④ 80dB

10. 다음 중 DAC의 기본 특성이 아닌 것은?
① DNL ② INL ③ SNR ④ 군 지연

11. 4비트 DAC의 입력코드 '1010'에 해당하는 아날로그 출력전압과 '1011'에 해당하는 출력전압 간의 간격이 $\frac{10}{8}LSB$라고 할 때, DNL 값은?
① $\frac{3}{8}LSB$ ② $\frac{1}{4}LSB$ ③ $\frac{1}{2}LSB$ ④ $\frac{1}{8}LSB$

12. 2진수로 가중된 저항을 이용한 DAC에 대한 설명으로 옳지 않은 것은?
① R과 2R 저항만을 사용하여 각 저항에 흐르는 전류가 두 배씩 증가한다.
② 전류와 궤환저항이 곱해져서 아날로그 출력전압을 얻을 수 있다.
③ 각 비트의 스위치와 2진수로 가중된 저항 열, 연산증폭기로 구성할 수 있다.
④ 각 저항 간의 가중치의 오차로 인해 출력전압에 비선형 성분이 발생하게 되어 DNL, INL 등의 특성이 저하될 수 있다.

13. [그림 13.12]에서 4비트 DAC에 대해 $b_0b_1b_2b_3 = 1001$, $V_{REF} = 5\,V$를 사용하여 2진 입력(D)의 10진 등가 값으로 옳은 것은?
① 9 ② 10 ③ 18 ④ 20

14. [그림 13.12]에서 4비트 DAC에 대해 $b_0b_1b_2b_3 = 1001$, $V_{REF} = 5\,V$를 사용하여 변환기의 출력전압으로 옳은 것은?
① -5.125 ② -5.625 ③ -6.125 ④ -6.625

4. 예비 보고서

4.1. 퀴즈에 대한 답을 제시하시오.

4.2. 아날로그-디지털 변환기와 디지털-아날로그의 다음 성능 변수들에 대해 조사하시오.

- 신호 대 잡음비(SNR), INL, DNL, 오프셋, 이득 오차

4.3. $R=2k\Omega$, $V_{REF}=6V$, 3비트 아날로그-디지털 변환기를 가정하고, 아날로그 입력 전압과 디지털 출력 코드 사이의 관계를 유도하시오.

4.4. 아날로그-디지털 변환기의 입력-출력 특성 곡선을 그리시오.

4.5. ① [그림 13.11]의 DAC에서 $R=2k\Omega$, $V_{REF}=6V$로 고정하고, 3비트의 입력 디지털 코드와 출력 아날로그 전압 사이의 관계를 유도하시오.

② ①에서 유도한 관계식을 바탕으로 3비트 DAC의 입력-출력 특성 곡선을 그리시오.

4.6. ① [그림 13.12]의 DAC에서 $R=10k\Omega$, $V_{REF}=5V$로 고정하고, 3비트의 입력 디지털 코드와 출력 아날로그 전압 사이의 관계를 유도하시오.

② ①에서 유도한 관계식을 바탕으로 3비트 DAC의 입력-출력 특성 곡선을 그리시오.

5. 실험기자재 및 부품

5.1. 사용기기

- 직류 전원공급기
- 디지털 멀티미터
- 함수 발생기
- 오실로스코프

5.2. 사용부품

- IC : 연산증폭기(LM741), 비교기(LM339), 8:3 디코더(74HC148), 스위치(5435640-2)
- 기타 : 저항, 커패시터 등

6. 실험방법 및 절차

6.1. [그림 13.10] 회로를 설계하시오.

① [그림 13.10]을 구성(연산증폭기 양의 전원은 6V, 음의 전원은 접지)하고, 입력에 직류 전압을 0V부터 6V까지 16등분한 전압만큼 변화시키면서 인가하시오. 입력 전압과 출력 코드를 측정하여 [표 13.1]에 기록하고, [그림 13.13]에 ADC의 입력-출력 특성 곡선을 그리시오. 입력-출력 특성 곡선을 바탕으로 DNL, INL, 오프셋, 이득 오차 등을 구하시오.

② [그림 13.10]을 구성(연산증폭기 양의 전원은 6V, 음의 전원은 접지)하고, 입력에 크기가 $6V_{pp}$, 주파수가 10kHz인 정현파를 인가한 후 아날로그 입력전압과 출력 디지털 코드를 캡처하여 [그림 13.14]에 기록하시오.

③ [그림 13.10]을 구성(연산증폭기 양의 전원은 6V, 음의 전원은 접지)하고, 입력에 크기가 $6V_{pp}$인 정현파를 인가하되 주파수를 10kHz~10MHz까지 변경하면서 디지털 코드가 정상적으로 나오는 최대 동작주파수를 찾고, 이때 아날로그 입력전압과 출력 디지털 코드를 캡처하여 [그림 13.15]에 기록하시오.

④ [그림 13.10]을 구성(연산증폭기 양의 전원은 6V, 음의 전원은 접지)하고, 입력에 크기가 $6V_{pp}$인 삼각파를 인가하되 주파수를 10kHz~10MHz까지 변경하면서 디지털 코드가 정상적으로 나오는 최대 동작주파수를 찾고, 이때 아날로그 입력전압과 출력 디지털 코드를 캡처하여 [그림 13.16]에 기록하시오.

6.2. [그림 13.2] 회로를 설계하시오.

① [그림 13.11]을 구성(연산증폭기 양의 전원은 6V, 음의 전원은 −6V)하고, DAC 입력 코드를 '000'부터 '111'까지 단계적으로 증가시키면서 아날로그 출력전압을 측정하여 [표 13.2]에 기록하시오. [표 13.2]를 바탕으로 [그림 13.17]에 입력-출력 특성 곡선을 그리시오. 입력-출력 특성 곡선을 바탕으로 DNL, INL, 오프셋, 이득 오차 특성을 구하시오.

② 3비트 ADC와 3비트 DAC를 직렬로 연결한다. 입력에 크기가 $6V_{pp}$, 주파수가 10kHz인 정현파를 인가한 후, DAC의 출력파형을 관찰하여 [그림 13.18]에 기록하고, 동작 여부를 확인하시오.

6.3. [그림 13.3] 회로를 설계하시오.

① [그림 13.12]를 구성(연산증폭기 양의 전원은 6V, 음의 전원은 −6V)하고, DAC 입력 코드를 ‘000’부터 ‘111’까지 단계적으로 증가시키면서 아날로그 출력전압을 측정하여 [표 13.3]에 기록하시오. [표 13.3]을 바탕으로 [그림 13.19]에 입력-출력 특성 곡선을 그리시오. 입력-출력 특성 곡선을 바탕으로 DNL, INL, 오프셋, 이득 오차 특성을 구하시오.

② 3비트 ADC와 3비트 DAC를 직렬로 연결한다. 입력에 크기가 $6\,V_{pp}$, 주파수가 10kHz인 정현파를 인가한 후, DAC의 출력파형을 관찰하여 [그림 13.20]에 기록하고, 동작 여부를 확인하시오.

7. 실험결과

7.1. [그림 13.10] 회로 설계

[표 13.1] ADC 입력-출력 특성

아날로그 입력전압(V)	디지털 출력 코드 2진수($D_2D_1D_0$)	디지털 출력 코드 10진수

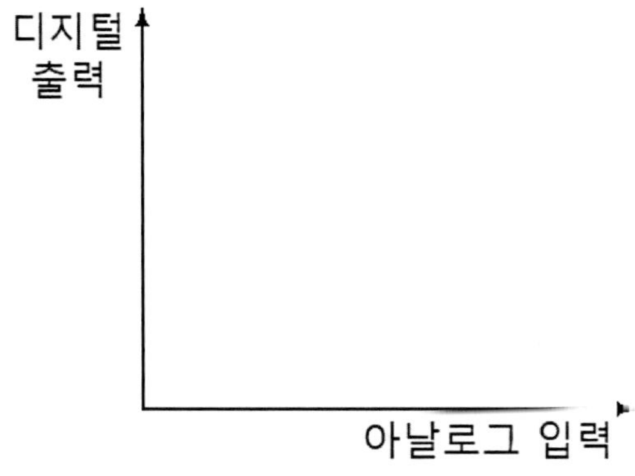

[그림 13.13] ADC 입력-출력 특성 곡선

[그림 13.14] 10kHz 정현파 입력에 대한 디지털 출력 파형

[그림 13.15] 최대 동작주파수 정현파 입력에 대한 디지털 출력 파형

[그림 13.16] 최대 동작주파수 삼각파 입력에 대한 디지털 출력 파형

7.2. [그림 13.11] 회로 설계

[표 13.2] DAC 입력-출력 특성

디지털 입력	아날로그 출력전압(V)
000	
001	
010	
011	
100	
101	
110	
111	

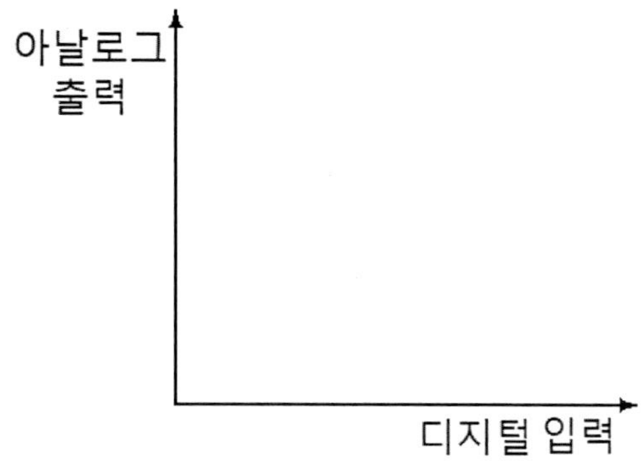

[그림 13.17] DAC 입력-출력 특성 곡선

[그림 13.18] 출력 파형

7.3. [그림 13.12] 회로 설계

[표 13.3] DAC 입력-출력 특성

디지털 입력	아날로그 출력전압(V)
000	
001	
010	
011	
100	
101	
110	
111	

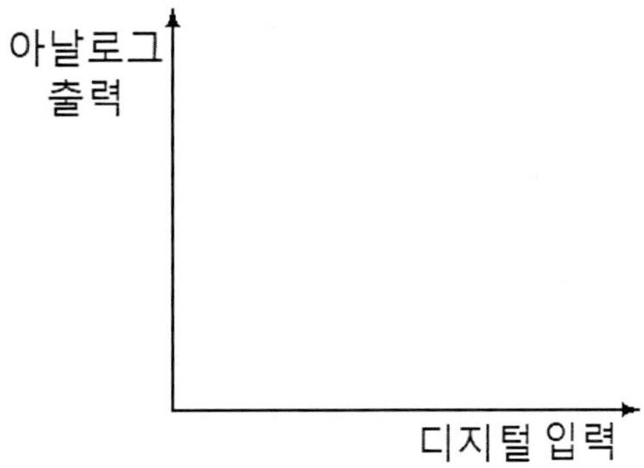

[그림 13.19] DAC 입력-출력 특성 곡선

[그림 13.20] 출력 파형

실험 14 발진기와 신호 발생기

1. 실험 목적

본 실험을 통해

- 발진기(oscillator)의 기본적인 회로 및 동작원리에 대해서 학습한다.
- 발진기에 기반한 신호 발생기(signal generator)에 대해서 학습하고, 회로를 구성하여 직접 그 동작을 확인하고, 이해한다.

2. 기초이론

2.1. 발진기(Oscillator) 개요

[그림 14.1]은 연산증폭기를 이용한 정궤환(positive system) 시스템을 나타낸다. 이러한 시스템의 입력과 출력 사이에는 식 (14.1) 및 식 (14.2)의 관계가 성립한다.

$$v_o = A_v(v_i + \beta v_o) \tag{14.1}$$

$$\frac{v_o}{v_i} = \frac{A_v(s)}{1 - \beta A_v(s)} \tag{14.2}$$

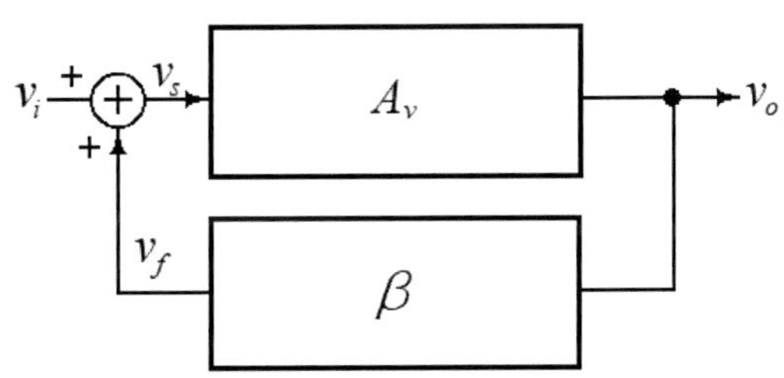

[그림 14.1] 연산증폭기를 이용한 정궤환 시스템

식 (14.2)를 보면 분모가 0이 되는 주파수에서 정궤환 시스템이 발진하게 된다. 즉, 식 (14.3)과 같은 관계가 성립하는 주파수에서 발진하게 된다.

$$D(s) = \beta A_v(s) = 1 \tag{14.3}$$

식 (14.3)의 조건을 바크하우젠(Barkhausen)의 발진 조건이라고 하며, 식 (14.4)와 같이 크기와 위상 측면으로 표현할 수 있다.

$$|D(s)| = |\beta A_v(j\omega_o)| = 1,\ \angle D(s) = \angle \beta A_v(j\omega_o) = 360^\circ \tag{14.4}$$

식 (14.4)의 의미는 $\omega = \omega_o$에서 루프 이득의 크기가 1이 되고, 위상은 360°가 되므로, 연산증폭기의 입력신호가 같은 위상으로 크기가 더해지는 것을 의미한다.

발진회로는 외부로부터의 전기적인 신호가 없어도 회로 내에서 전기진동을 발생하는 회로를 말한다. **정현파 발진기**로는 LC 발진기, 동조형 반결합 발진기, 하틀리 발진기, 콜피츠 발진기, 수정 발진기, CR 발진기(빈-브리지 발진기)등이 있고, **비정현파 발진기**로는 멀티바이브레이터, 블로킹 발진기, 톱니파 발진기 등이 있다.

발진회로는 사용 주파수별로 분류할 수 있다. [그림 14.2]는 발진회로 구현을 위한 리액턴스 구성을 나타낸 것이다. 발진조건은 **Z_1과 Z_2**, 즉 입출력 임피던스는 **동종**, Z_3(궤환 임피던스)은 **이종**의 리액턴스 특성을 가지며, 발진주파수는 **$Z_1+Z_2+Z_3=0$**일 때 생성된다. **하틀리 발진회로**는 Z_1과 Z_2는 유도성(인덕터), Z_3은 용량성(커패시터)으로 구성한다. **콜피츠 발진회로**는 Z_1과 Z_2는 용량성(커패시터), Z_3은 유도성(인덕터)으로 구성하며, 높은 주파수(VHF, UHF 대) 발진에 적합하다.

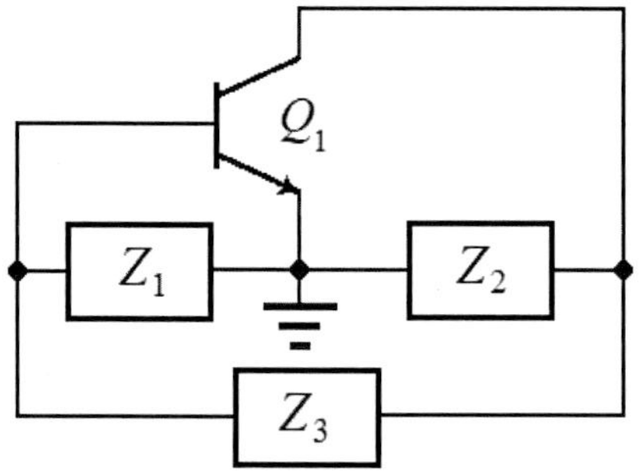

[그림 14.2] 발진회로 구현을 위한 리액턴스 구성

발진회로의 출력이 직접 부하와 결합되면 부하의 변동으로 인하여 발진주파수가 변동된다. 전원전압의 변동에 대한 대책으로는 정전압(전원 안정화) 회로를 사용하거나, 부하 변동을 방지하기 위해 발진회로와 부하 사이에 완충 증폭기를 접속한다. 또한, 온도 변동을 방지하기 위해 발진회로를 온도가 일정한 항온조에 보관한다.

2.2. 발진회로 유형

2.2.1. 빈-브리지(Wien-Bridge) 발진회로

빈-브리지(Wien-Bridge) 발진회로에 세부 내용은 [실험 11]의 2.3.4절을 참고 바란다. [그림 14.3]은 빈-브리지 발진회로를 나타낸 것이다. 그림의 회로에서 바크하우젠 조건을 이용하여 식 (14.5)의 공진주파수 식과 식 (14.6)과 같은 이득 비를 얻을 수 있다.

$$\omega_o = \frac{1}{RC} \tag{14.5}$$

$$R_2/R_1 = 2 \tag{14.6}$$

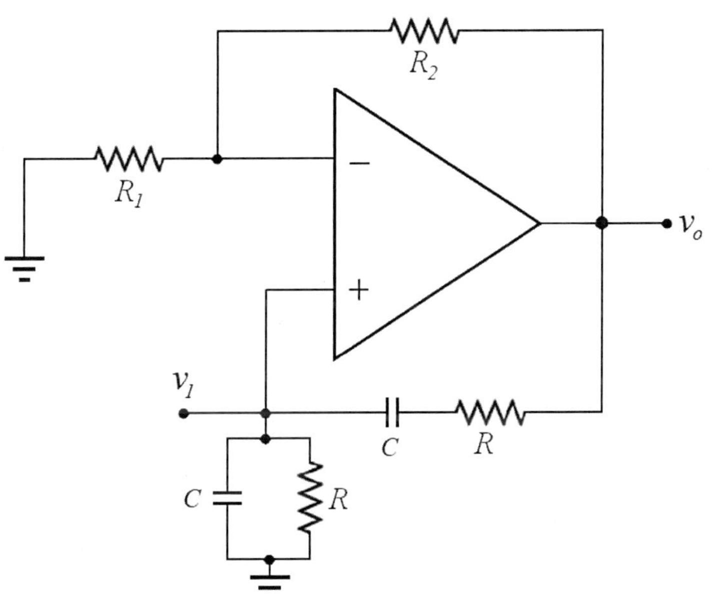

[그림 14.3] 빈-브리지 발진회로

2.2.2. 구형파 발생기

[그림 14.4(a)]는 **쌍안정 회로**를 나타낸다. 그림과 같은 쌍안정 회로의 출력전압 v_o가 연산증폭기의 출력이므로, L_+와 L_-의 두 전압 레벨을 가진다. [그림 14.4(b)]는 v_i 전압이 증가하는 경우의 전달특성을 보여준다. 반전 증폭기의 형태이므로 v_i가 증가하는 경우 V_{th} 전압보다 작으면 L_+ 전압을 출력으로 내보내고, V_{th} 보다 크면 L_-를 출력으로 내보낸다. 이때 기준 전압 V_{th}와 V_{TL}은 각각 식 (14.7) 및 식 (14.8)과 같이 표현할 수 있다.

$$V_{th} = \beta L_{+} = \frac{R_1}{R_1 + R_2} L_{+} \tag{14.7}$$

$$V_{TL} = \beta L_{-} = \frac{R_1}{R_1 + R_2} L_{-} \tag{14.8}$$

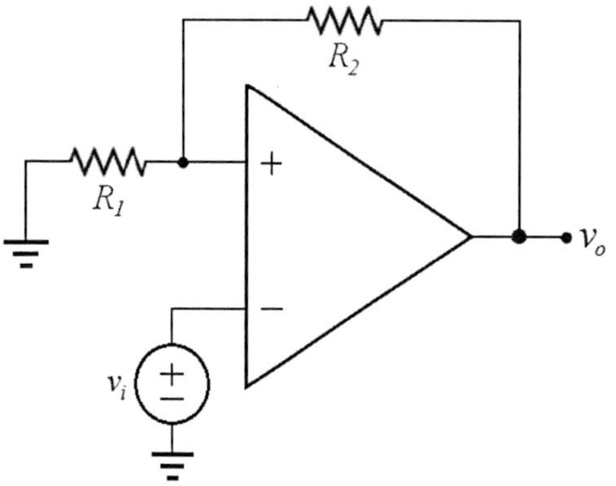

(a) 쌍안정 회로

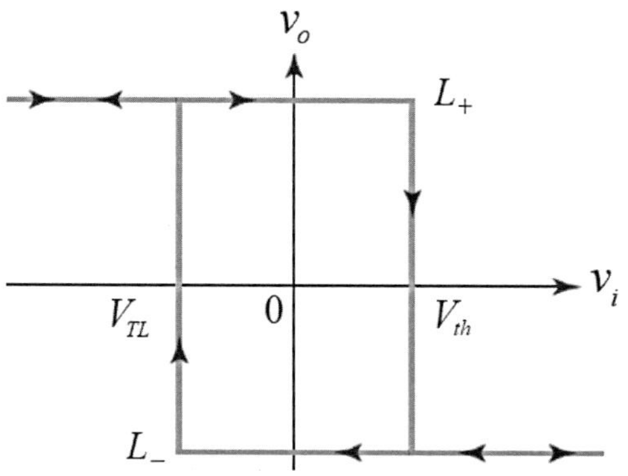

(b) 전체 전달특성

[그림 14.4] 쌍안정 회로 및 전체 전달특성

[그림 14.5]는 쌍안정 회로와 RC 필터를 이용한 구형파 발생기를 나타낸다. v_i 전압이 상승할 때는 V_{th}를 기준으로 v_o이 L_+에서 L_-로 구형파로 하강하고, v_i가 하강할 때는 V_{TL}을 기준으로 v_o이 L_-에서 L_+로 구형파로 상승한다. 그림에서 충전구간과 방전구간에서의 v_- 전압은 각각 식 (14.9)와 식 (14.10)과 같이 표현할 수 있다.

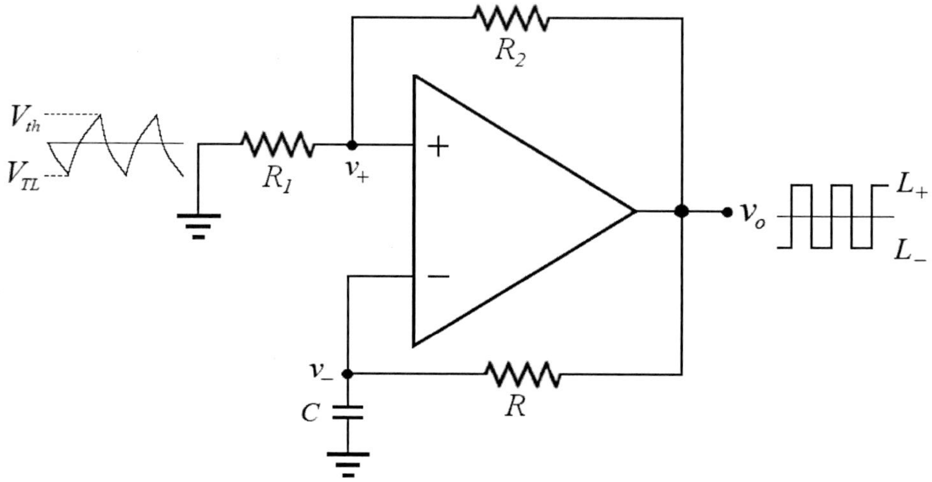

[그림 14.5] 쌍안정 회로와 RC 필터를 이용한 구형파 발생기

$$v_- = L_+ - (L_- - \beta L_-)e^{-t/\tau} \quad (14.9)$$

$$v_- = L_- - (L_- - \beta L_+)e^{-t/\tau} \quad (14.10)$$

여기서 시정수 $\tau = RC$이다.

2.2.3. 삼각파 발생기

[그림 14.6]은 삼각파와 구형파를 동시에 발생하는 회로를 나타낸다. v_{o2} 출력은 구형파를 생성하고, v_{o1} 출력은 v_{o2}의 미분이므로 삼각파를 생성한다.

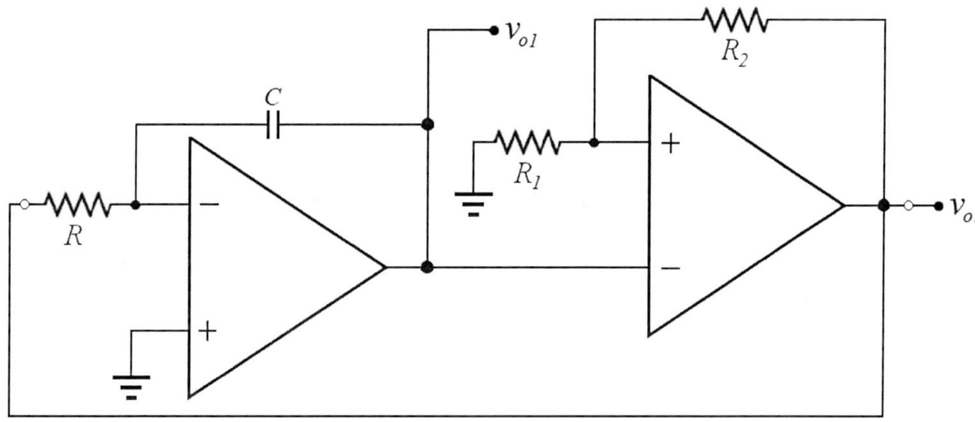

[그림 14.6] 삼각파 및 구형파 발생기

2.2.4. 멀티바이브레이터(Multivibrator)

[그림 14.6]은 멀티바이브레이터(multivibrator)를 나타낸 것이다. 이러한 회로는 두 개 이상의 결합회로(예: RC 결합회로)로 구성된 파형을 생성시키는 회로를 말하며, 비정현파 발진회로로서 발진기, 타이머, 플립플롭 등과 같이 두 개의 상태를 지니는 여러 가지 단순 시스템을 추가하는 데 쓰이는 전자회로이다. 멀티바이브레이터는 디지털 시스템에서 매우 중요하게 사용되는 것 중의 하나이다. 기본적으로 두 개의 인버터로 구성되어 있고 각각의 출력을 궤환시켜서 서로 상대 인버터를 입력으로 한다. 이와 같은 형태의 인버터는 한쪽 인버터의 출력이 0이면 다른 한쪽 인버터의 출력은 반드시 1이어서 동시에 같은 상태에 있을 수는 없다. 멀티바이브레이터는 디지털 시스템에서 2진수를 저장하고, 펄스 수를 세며, 연산을 동기화하고 그 외 여러 가지 중요한 기능을 수행한다.

멀티바이브레이터는 **전원전압이 변동해도 발진주파수에는 변화가 없고, 출력에**

고차의 고조파를 포함하며, 회로의 시정수로 출력파형의 주기가 결정되는 동작 특성을 가진다.

안정 멀티바이브레이터는에서 파형이 생성되게 하기 위해서는 외부에서 주어지는 트리거 신호가 필요하다. 트리거가 들어올 때 파형이 안정적으로 발생되기 시작하는 점을 '안정점'이라고 부른다. 파형의 진행을 멈추게 하는 데에도 트리거가 필요하다.

무안정(또는 비안정, 불안정) 멀티바이브레이터는 전원이 인가되면 트리거 없이 스스로 정해진 시간만큼 일정한 주기의 파형이 생성된다. 두 개의 출력이 모두 동작 상태가 불안정하여 논리 1(set)과 논리 0(reset) 상태를 일정 주기로 번갈아 동작하는 회로로서, 주로 디지털 시스템에 대한 클럭 신호로 사용된다. 무안정 바이브레이터는 인버터 하나로도 만들 수 있다. 인버터의 출력을 입력에 정궤환시키면 클록 신호를 얻을 수 있다. 어떤 이유로 입력이 논리 0이면 출력은 논리 1로 되고, 이것이 다시 입력에 궤환되면 출력은 논리 0으로 되고 따라서 게이트 전파시간만큼을 주기로 하여 논리 1과 논리 0을 반복한다.

멀티바이브레이터는 **결합회로의 구성**에 따라 **무안정**(astable or free-running) 멀티바이브레이터(구형파 발진기), **단안정**(monostable) 멀티바이브레이터(one-shot 멀티바이브레이터) 및 **쌍안정**(bistable) 멀티바이브레이터(플립플롭과 같음)와 같은 3가지 종류가 있다. 비안정 회로는 전원이 인가되면 트리거 없이 스스로 정해진 시간만큼 일정한 주기의 파형이 생성되는 회로이고, 단안정 회로는 파형 발생 시작점에 트리거가 있고 일정 지연시간 만큼 파형이 생성된 후 자동적으로 멈춘다. 쌍안정 회로는 파형 발생의 시작점과 끝나는 시점 모두 트리거가 있다.

[그림 14.7]은 무안정(비안정, 불안정) 멀티바이브레이터를 나타낸 것이다. 무안정 멀티바이브레이터는 불안정한 두 가지 상태 논리 1(high) 또는 논리 0(low) 상태를 가지며, 한쪽 상태에 머무르지 못하고 두 상태를 왔다 갔다 하는 것으로서 **외부 입력 없이** 스스로 주기적인 구형파를 발생시킨다. 이러한 회로는 일정한 주기를 갖고 무한히 진동하는 회로를 말하며, 2가지 전압상태만을 무한히 되풀이 하기 때문에 펄스발진회로라고도 한다. [그림 14.7(c)]는 트랜지스터로 구성한 회로로 이러한 회로에 대한 상승구간(T_1), 하강구간(T_2) 및 전체 주기(T)에 대한 수식은 각각 식 (14.11.1)~식 (14.11.3)과 같다.

$$T_1 = \ln(2) R_1 C_1 = 0.693 R_1 C_1 \tag{14.11.1}$$

$$T_2 = 0.693 R_2 C_2 \tag{14.11.2}$$

$$T = T_1 + T_2 = 0.693(R_1C_1 + R_2C_2) = 1/f_o \tag{14.11.3}$$

[그림 14.7(d)]는 555 타이머를 이용해서 구성한 무안정 멀티바이브레이터를 나타낸 것이다. 555 타이머는 안정적이고, 여러 용도로 사용이 가능할 뿐만 아니라 저가의 타이머이다. 555 타이머를 이용하여 비안정 또는 단안정 발진기를 설계할 수 있다. 출력은 구형파이며, 출력 주파수 f와 듀티 사이클(duty cycle) D는 각각 식 (14.12)와 식 (14.13)은 다음과 같다. 실험 시에는 리셋(reset) 단자(타이머 4번 단자)를 주 전원 단자(타이머 8번 단자)에 연결한다.

$$f_o = \frac{1}{T} = \frac{1.443}{(R_1 + 2R_2)C_1} \tag{14.12}$$

$$D = \frac{T_{high}}{T} = \frac{R_1 + R_2}{R_1 + 2R_2} \times 100(\%) \tag{14.13}$$

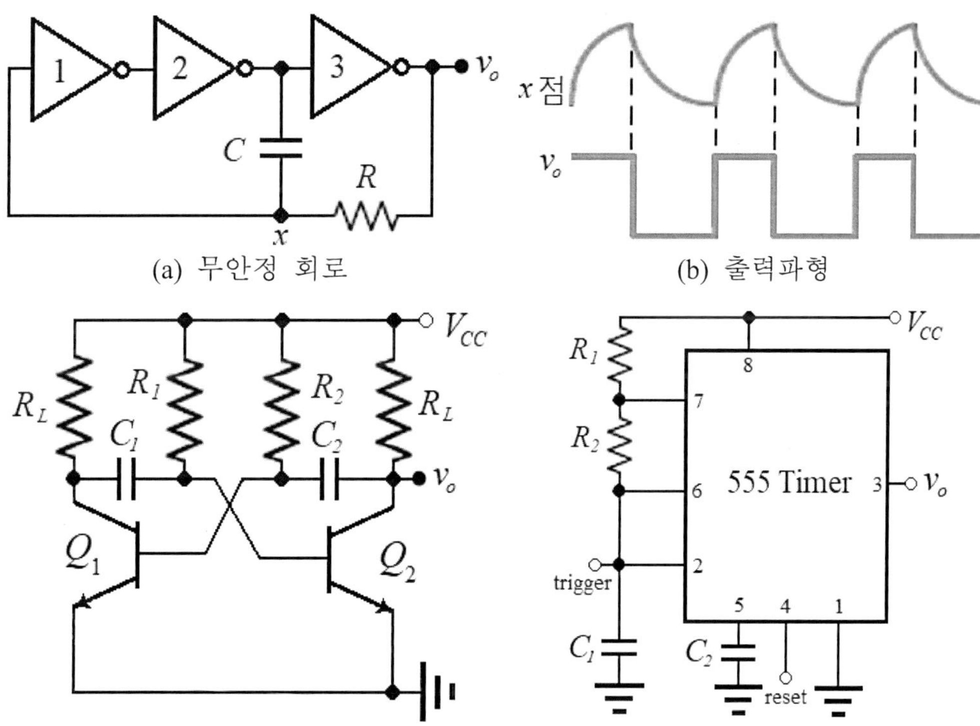

(a) 무안정 회로 (b) 출력파형
(c) 트랜지스터로 구성 (d) 555 타이머로 구성

[그림 14.7] 무안정 멀티바이브레이터

[그림 14.8]는 단안정 멀티바이브레이터를 나타낸 것이다. 인버터 하나만으로 구성된 발진기는 동작을 잘 수행하기는 하지만 발진주파수를 조정하기가 어렵다는

문제점이 있다. 따라서 2개의 인버터와 저항 및 콘덴서를 사용하여 발진기를 구성한다. 전원이 공급될 때 두 인버터 중 어느 하나가 먼저 동작한다. 단안정 동작 모드에서는 외부 트리거 신호(타이머 2번 단자)에 의해 일정한 시간 동안 출력의 상태가 변했다가 다시 원 상태로 되돌아오게 된다. **교류와 직류로 결합**하며, 한쪽 상태에서만 동작 상태가 안정적이고 다른 상태는 불안정한 회로를 말한다. [그림 14.8(b)] 회로에서 **C_2는 스위칭 속도를 빠르게** 하는 역할을 한다. 이러한 회로에서 출력(v_o)전압의 펄스폭 τ는 식 (4.14)로 표현할 수 있다.

$$\tau = R_2 C_1 \ln 2 = 0.693 R_2 C_1 = 1/f_o \tag{14.14}$$

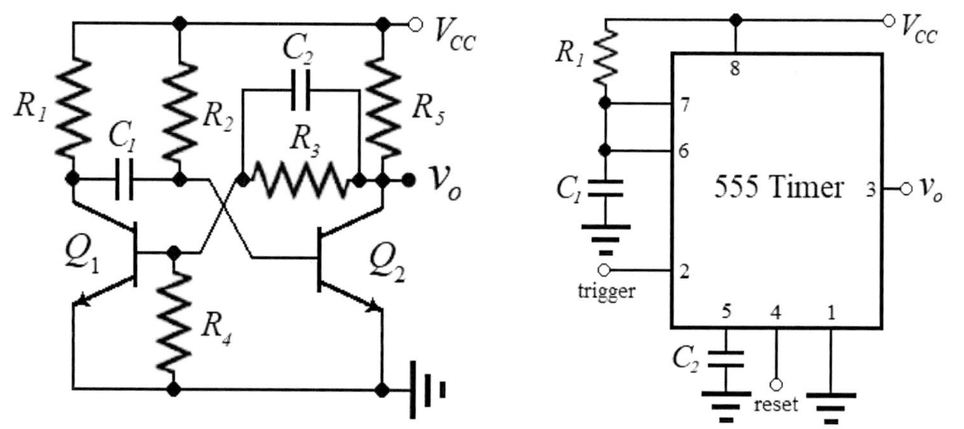

(a) 트랜지스터로 구성 (b) 555 타이머

[그림 14.8] 단안정 멀티바이브레이터

[그림 14.9]는 쌍안정 멀티바이브레이터를 나타낸 것이다. 이러한 회로는 파형의 발생 시작점과 끝나는 시점이 모두 트리거가 있다. 쌍안정 멀티바이브레이터는 **결합상태가 직류로 구성**되며, [그림 14.5]에서 언급했듯이 **구형파**를 생성하고, 양쪽 모두 회로가 안정적인 특성을 보인다.

2.2.4. 기타 발진회로

① 클랩(Clapp) 발진회로

[그림 14.10]은 콜피츠(Colpitts) 발진회로를 변형(커패시터 C_3를 탱크 회로에 추가하여 [그림 14.10]과 같이 인덕터 L과 직렬로 연결됨)한 클랩 발진회로를 나타낸 것이다. 이 발진회로의 발진주파수는 식 (14.15)와 같다.

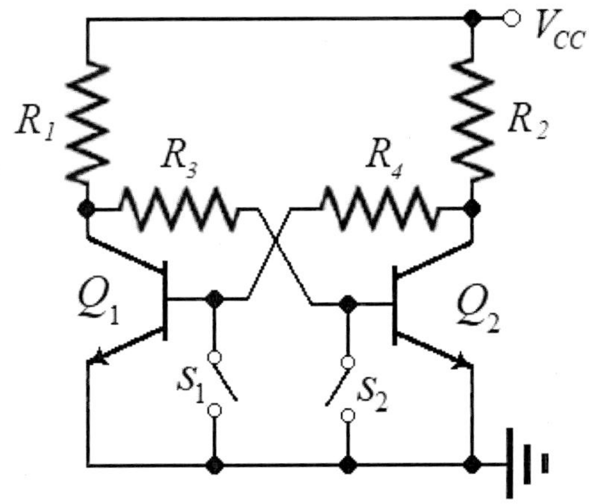

[그림 14.9] 멀티바이브레이터

$$f_o = \frac{1}{2\pi\sqrt{LC_T}} \quad (C_T = \frac{1}{C_1^{-1} + C_2^{-1} + C_3^{-1}}) \qquad (14.15)$$

일반적으로 C_3 값을 다른 2개의 커패시터(C_1, C_2)보다 훨씬 작도록 설계한다. 이것은 높은 주파수에서 C가 작기 때문이다. 따라서, 발진주파수에 대한 식은 안정한 주파수를 얻기 위해 C_1, C_2를 C_3에 비해 매우 크게 하였을 때, 식 (4.16)과 같이 근사화될 수 있다.

$$f_o \approx \frac{1}{2\pi\sqrt{LC_3}} \qquad (14.16)$$

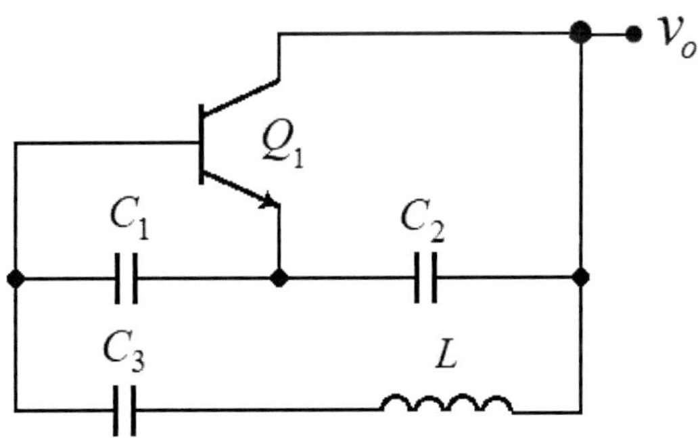

[그림 14.10] 클랩 발진회로

② 하틀리(Hartley) 발진회로

[그림 14.11]은 하틀리 발진회로를 나타낸 것이다. 앞에서도 언급했듯이 주파수 가변이 용이하고, 중파 및 단파대 발진에 적합하다. Z_1과 Z_2는 유도성(인덕터),

Z_3은 용량성(커패시터)으로 구성한다. 정궤환은 트랜지스터 출력회로의 L_2와 베이스-이미터 회로 쪽의 L_1 사이의 상호인덕턴스 작용에 의해 얻어진다. [그림 14.11]에서 알 수 있듯이 증폭기의 출력은 L_1, L_2에 걸리는 궤환전압은 트랜지스터의 베이스에 인가된다. 따라서 앰프의 출력은 탱크 회로의 전압과 동 위상이며 증폭기 회로로 궤환된 에너지가 180° 위상이 어긋나면서 손실된 에너지를 다시 공급한다. 궤환율 β와 발진회로의 발진주파수는 각각 식 (14.17)~식 (14.20)과 같다.

$$\beta = \frac{L_2}{L_1} \tag{14.17}$$

$$\beta = \frac{L_2 + M}{L_1 + M} \tag{14.18}$$

$$M = k\sqrt{L_1 L_2} \tag{14.19}$$

$$f_o = \frac{1}{2\pi\sqrt{L_{eff}C}} \tag{14.20}$$

여기서, 코일이 동일한 코어 상에 권선된 경우 상호 인덕턴스 M을 고려해야 한다. k는 결합계수를 나타내고, L_{eff}는 유효 직렬(series) 인덕턴스로 $L_{eff} = L_1 + L_2$ 또는 $L_{eff} = L_1 + L_2 + 2M$이 된다.

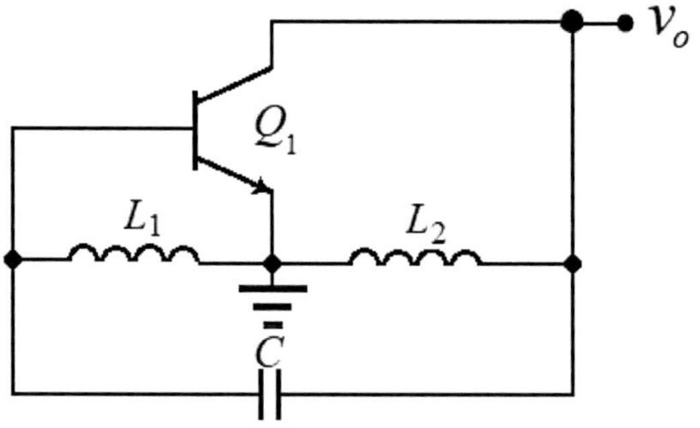

[그림 14.11] 하틀리 발진회로

하틀리 발진회로는 다양한 구성이 가능하다. BJT 또는 FET 증폭기를 기반으로 하는 직렬 또는 분로 형으로 공통 이미터 또는 공통베이스 구성을 포함한다. 또한, [실험 11]의 [그림 11.11(b)]와 같이 저항과 연산증폭기에 의해 형성된 반전 증폭기로 구성할 수 있다. 하틀리 발진회로는 쉽게 조정할 수 있기 때문에 유리하다. 커패시터 및 2개의 인덕터 또는 탭형 코일을 포함하는 매우 적은 부품을 가진 회로이기 때문에 일반적으로 20kHz~30MHz 범위의 넓은 작동 주파수 범위에서 일정한 진폭 출력이 얻어진다. 그러나 이러한 종류의 발진기는 회로를 부피가 커지게 하는 대형 인덕터를 초래할 수 있기 때문에 저주파수에는 적합하지 않다. 또한, 하틀리 발진기는 고조파 성분이 많아 순수한 사인파가 필요한 응용 분야에는 적합하지 않다.

③ 전압제어 발진기(Voltage-Controlled Oscillator)

[그림 14.12]는 555 타이머를 이용한 전압제어 발진기(VCO, Voltage-Controlled Oscillator)를 나타낸 것이다. 전압제어 발진기는 인가되는 역전압의 직류전압에 의해 커패시턴스가 가변되는 소자를 이용하여 발진주파수를 가변하는 발진회로를 말한다. [그림 14.12]의 전압제어 단자에 가해지는 입력은 약 1.5V부터 V_{CC}의 90% 정도까지 가능하다. VCO는 PLL(Phase-Locked Loop)의 중요한 구성 요소로 활용된다. PLL은 위상 비교기, VCO, LPF 등으로 구성되어 있다.

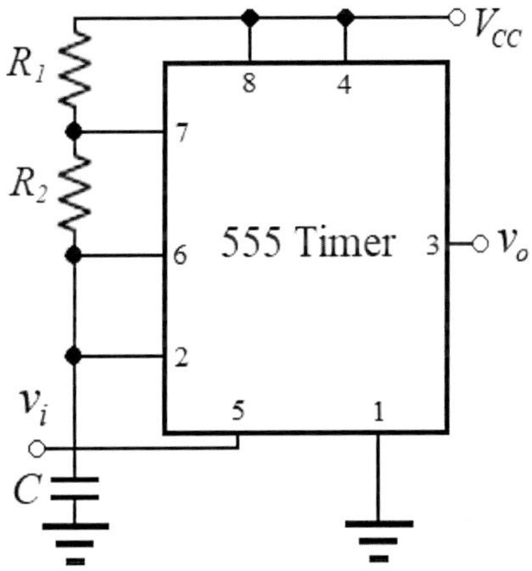

[그림 14.12] 전압제어 발진기

④ 수정 발진기(Crystal Oscillator)

수정 발진기는 임피던스가 **유도성** 조건일 때 가장 안정된 발진을 하며, **압전기 효과**(기계적인 입력 시 표면에 전하가 나타나 전압 발생)를 이용한다. 수정 발진기에서 주파수 변동이 발생하는 데 그 원인은 전원 전압의 변동, 주위 온도의 변화, 발진기 부하의 변동 등을 들 수 있다. 따라서 수정 발진기의 지지기(holder)가 갖추어야 할 조건으로는 진동 에너지에 손실을 주지 않아야 하고, 외부로부터 기계적 진동이 충격에 의해서 발진에 지장이 생기지 않아야 하며, 기압, 온도 및 습도의 영향을 거의 받지 않는 구조여야 한다. 수정 발진기는 수정편의 Q가 매우 크고, LC 발진기보다 발진이 안정적이며, 수정 진동자는 기계적으로 안정하다. 수정 발진기의 안정발전 주파수는 직렬공진주파수보다는 작고, 병렬공진주파수보다는 크다.

⑤ LC 및 CR 발진회로

LC 발진회로에서 발진주파수의 변동요인을 분석하고 그에 대한 대책이 필요하다. 전원전압 변동이 발생할 경우 직류안정화 바이어스 회로를 사용하고, 온도의 변화가 있을 경우 항온조를 사용해야 한다. 또한, 습도에 의한 영향이 있을 경우 회로에 방습 조치를 취한다. 또한, LC 발진회로는 C급으로 동작한다.

CR 발진회로는 낮은 주파수 발진에 사용하고, 커패시터와 저항만으로 궤환회로 구성이 가능하며, 이상형, 빈-브리지형, 터만(Terman)형 발진기 등이 있다. CR 발진회로 주파수 안정도는 내부저항의 영향이 가장 크고, 주파수는 시정수에 의해 정해진다. 또한, CR 발진회로는 A급으로 동작한다(일그러짐 최소화).

⑥ 자려발진기

자려발진기는 직류 에너지를 교류 에너지로 전환하는 장치로서 외부에서 직류 에너지만을 받아 일정한 모양과 주파수를 가진 진동을 만든다. 이러한 발진기의 주파수안정도를 위해 발진회로에 접속된 부하의 변동은 실효 임피던스가 변하므로 그 접속을 소결합 한다. 또한, 발진기의 전원전압이 변하면 FET 및 트랜지스터의 동작점이 변하여 주파수가 불안정할 수 있고, 발진회로의 주위온도가 공진회로의 L, C 값의 변화를 초래하므로 주파수 변동을 일으킨다.

⑦ 이상형 병렬 C형 발진회로

이상형 CR 발진회로는 C와 R을 3계단형으로 조합시켜 컬렉터 측과 베이스 측의 총 위상 편차가 180°되게 설계된 것으로 발진주파수는 식 (14.21)과 같다.

$$f_0 = \frac{1}{2\pi\sqrt{6}\,CR} \tag{14.21}$$

3. 퀴즈

1. 바크하우젠 발진조건에 대한 설명 중 옳은 것은? (단, A는 증폭기의 이득, β는 궤환율)
   ① $A\beta<1$이면 발진이 크게 일어난다.
   ② $A\beta>1$이면 발진이 일어나지 않는다.
   ③ $A\beta=1$이면 일정한 진폭의 교류출력이 발생한다.
   ④ $A\beta>1$이면 발진은 되나 잘림 현상이 발생한다.

2. 병렬저항형 이상형 발진회로에서 1.6[kHz]의 주파수를 발진하는데 필요한 저항 값은 약 얼마인가? (단, C=0.01[μF])
   ① 2[kΩ] ② 4[kΩ] ③ 6[kΩ] ④ 8[kΩ]

3. 정현파 발진기로서 부적합한 것은?
   ① LC 발진기 ② 수정 발진기 ③ 멀티바이브레이터 ④ CR 발진기

4. [그림 14.2]와 같은 발진회로에서 높은 주파수의 동작에 적절한 발진회로 구현을 위한 리액턴스 조건은 무엇인가?
   ① Z_1=용량성, Z_2=용량성, Z_3=용량성 ② Z_1=유도성, Z_2=유도성, Z_3=유도성
   ③ Z_1=유도성, Z_2=용량성, Z_3=용량성 ④ Z_1=용량성, Z_2=용량성, Z_3=유도성

5. 궤환에 의한 발진회로에서 증폭기의 이득을 A, 궤환 회로의 궤환율을 β라고 할 때 발진이 지속되기 위한 조건은?
   ① $\beta A=1$ ② $\beta A<1$ ③ $\beta A>1$ ④ $\beta A=0$

6. 발진회로와 증폭회로의 특성을 나타낸 것이다. 적절하지 않은 것은?
   ① 발진회로와 증폭회로는 적절한 직류전원이 공급되어야 한다.
   ② 발진회로와 증폭회로 모두 적절한 궤환회로를 적용할 수 있다.
   ③ 발진회로와 증폭회로는 출력파형에 왜곡이 발생할 수 있다.
   ④ 발진회로와 증폭회로는 외부에서 입력되는 교류신호가 필요하다.

7. 정궤환을 사용하는 발진회로에서 발진을 위한 궤환 루프의 조건은?
   ① 궤환루프의 이득은 없고, 위상천이가 180°이다.
   ② 궤환루프의 이득은 1보다 작고, 위상천이가 90°이다.
   ③ 궤환루프의 이득은 1이고, 위상천이는 0°이다.
   ④ 궤환루프의 이득은 1보다 크고, 위상천이는 180°이다.

8. 궤환 증폭기에서 전달이득이 A, 궤환율은 β일 때 $|1-\beta A|=0$이었다. 이 때 $|\beta A|=1$이면 증폭기의 증폭도는 어떤 동작을 하나?
① 정류 ② 부궤환 ③ 발진 ④ 증폭

9. [그림 14.10]은 콜피츠 발진회로를 변형한 클랩 발진회로이다. 안정한 주파수를 얻기 위해 C_1, C_2를 C_3에 비해 매우 크게 하였을 때, 이 발진회로의 발진주파수는? (단, C_3=0.001[μF], L=1[mH])
① 약 150[kHz] ② 약 153[kHz] ③ 약 156[kHz] ④ 약 159[kHz]

10. [그림 14.11]과 같은 회로에 대한 설명 중 옳은 것은?
① 콜피츠 발진회로이다. ② VHF대나 UHF대에서 많이 사용된다.
③ 부궤환을 적용하였다. ④ 하틀리 발진회로이다.

11. 다음 회로 중 결합상태가 직류로 구성된 멀티바이브레이터 회로는?
① 비안정 멀티바이브레이터 ② 단안정 멀티바이브레이터
③ 쌍안정 멀티바이브레이터 ④ 비쌍안정 멀티바이브레이터

12. 발진을 위한 조건으로 적합한 것은?
① 클리퍼 회로가 필요하다. ② 증폭기에 부궤환 회로를 부가한다.
③ 공진 결합 회로가 필요하다. ④ 증폭기에 정궤환 회로를 부가한다.

13. 멀티바이브레이터의 단안정, 무안정, 쌍안정의 동작은 어떻게 결정되는가?
① 전원 전압의 크기 ② 바이어스 전압의 크기
③ 전원 전류의 크기 ④ 결합회로의 구성

14. 발진회로와 관계가 없는 것은?
① 부성저항 ② 정궤환 ③ 부궤환 ④ 재생회로

15. 단안정 멀티바이브레이터는 다음 중 어떤 결합을 이용하는가?
① DC 결합 ② AC 결합 ③ AC와 DC 결합 ④ 무결합

16. [그림 14.11]의 하틀리 발진회로에서 커패시턴스 C=200[pF], 인덕턴스 L_1=180[μH], L_2=20[μH]이며, 상호인덕턴스 M=90[μH]의 값을 가질 때 발진주파수는 약 얼마인가?
① 517[kHz] ② 537[kHz] ③ 557[kHz] ④ 577[kHz]

17. 인가되는 역전압의 직류전압에 의해 커패시턴스가 가변되는 소자를 이용하여 발진주파수를 가변하는 발진회로는?
① 빈-브리지 발진회로 ② 위상천이 발진회로
③ 전압제어 발진회로 ④ 비안정 멀티바이브레이터

18. 구형파를 발생시키는 발진기는 무엇인가?
① 수정발진기 ② 멀티바이브레이터
③ 플레이트동조발진기 ④ 다이네트론발진기

19. 수정 발진기는 임피던스가 어떤 조건일 때 가장 안정된 발진을 하는가?
① 저항성 ② 용량성 ③ 유도성 ④ 유도성과 용량성 결합

20. 다음 중 발진조건에 대한 설명으로 틀린 것은?
① 궤한 증폭기의 이득(A)과 궤환율(β)의 곱이 1보다 작으면 발진 진폭이 감소한다.
② 궤환 증폭기 입력신호와 궤환신호의 위상이 180° 차이가 난다.
③ 증폭된 출력의 일부를 입력쪽으로 정궤환시켜야 한다.
④ 발진이 지속될 수 있는 상태를 유지하기 위해서는 $\beta A=1$ 조건을 만족해야 한다.

21. 수정 발진기는 어떤 효과를 이용한 것인가?
① 차폐효과 ② 압전기 효과 ③ 홀 효과 ④ 제에벡 효과

22. 외부로부터의 전기적인 신호가 없어도 회로 내에서 전기진동을 발생하는 회로를 무엇이라 하는가?
① 발진회로 ② 변조회로 ③ 정류회로 ④ 전원회로

23. 발진회로에서 발진을 지속하기 위해 필요한 과정은?
① 출력신호의 일부분을 부궤환시킨다.
② 출력신호의 일부분을 정궤환시킨다.
③ 외부로부터 지속적으로 입력신호를 제공한다.
④ L과 C 성분을 제거한다.

24. 병렬저항 이상형 발진회로에서 커패시터 값이 0.01[μF]일 경우 1,500[Hz]의 발진주파수를 얻으려면 R 값은 약 얼마인가?
① 1.51[kΩ] ② 2.52[kΩ] ③ 3.23[kΩ] ④ 4.33[kΩ]

25. 다음 중 수정 발진기에서 주파수 변동의 발생하는 원인이 아닌 것은?
① 전원 전압의 변동 ② 주위 온도의 변화
③ 부궤환 계수의 변동 ④ 발진기 부하의 변동

26. [그림 14.11]과 같은 회로에서 결합계수가 0.5이고, 발진주파수가 200[kHz]일 경우 C의 값은 얼마인가? (단, π=3.14이고, L_1=L_2=1[mH]로 가정한다.)
① 211.3[μF] ② 211.3[pF] ③ 422.6[μF] ④ 422.6[pF]

27. 다음 중 발진회로를 구성하는 요소가 아닌 것은?
① 위상천이회로 ② 정궤환 회로 ③ RC 타이밍회로 ④ 감쇄회로

28. [그림 14.8(a)]와 같은 단안정 멀티바이브레이터 회로에서 콘덴서 C_2의 역할은 무엇인가?
① 스위칭 속도를 빠르게 한다.
② 상태를 저장하는 메모리 기능을 한다.
③ 트랜지스터의 베이스 전위를 일정하게 한다.
④ 출력 파형의 진폭크기를 결정한다.

29. 다음 중 발진에 대한 설명으로 틀린 것은?
① 발진회로는 전기적인 에너지를 받아서 지속적인 전기적 진동을 일으킨다.
② 발진이 지속되려면 출력신호의 일부를 정궤환시켜야 한다.
③ 외부로부터 일정한 입력신호를 제공해주어야 발진과정을 지속할 수 있다.
④ 발진회로는 정현파 발생회로와 비정현파 발생회로가 있다.

30. 다음 중 멀티바이브레이터의 특징으로 옳은 것은?
① 고차의 고조파를 포함하고 있다. ② 부성 저항을 이용한 발진기이다.
③ 발진 출력이 크다. ④ 극초단파의 발생에 적합하다.

31. 발진회로에서 발진을 지속하기 위해 필요한 과정은?
① 출력신호의 일부분을 부궤환시킨다.
② 출력신호의 일부분을 정궤환시킨다.
③ 외부로부터 지속적으로 입력신호를 제공한다.
④ L과 C성분을 제거한다.

32. 다음 중 발진을 유지하기 위한 조건이 아닌 것은?
① 증폭기의 출력이 유지되는 방향으로 궤환이 일어나야 한다.
② 궤환루프의 위상천이가 0°이어야 한다.
③ 전체 폐루프의 전압이득(A_d)이 0이어야 한다.
④ 발진의 안정조건은 $|A\beta|=1$이어야 한다. (A: 증폭기 증폭도, β: 궤환율)

33. 다음 중 정현파 발진기의 종류가 아닌 것은?
① CR 발진기 ② LC 발진기 ③ 수정발진기 ④ 멀티바이브레이터

34. 다음 중 멀티바이브레이터의 동작과 관계가 없는 것은?
① 전원전압이 변동해도 발진주파수에는 변화가 없다.
② 출력에 고차의 고조파를 포함한다.
③ 회로의 시정수로 출력파형의 주기가 결정된다.
④ 부궤환으로 이루어진 회로이다.

35. 발진회로의 궤환루프의 감쇠가 0.5인 경우 발진을 유지하기 위한 증폭 회로의 전압이득은?
① 전압이득은 2.0이어야 한다. ② 전압이득은 1.5이어야 한다.
③ 전압이득은 1.0이어야 한다. ④ 전압이득은 0.5보다 적어야 한다.

36. 발진기에서 기본 증폭기의 전압증폭도가 A이고, 궤환율을 β라고 했을 때 발진이 발생되는 조건은?
① $A=100$, $\beta=1$ ② $A=100$, $\beta=0.1$
③ $A=100$, $\beta=0.01$ ④ $A=100$, $\beta=0$

37. RC 발진회로에서 RC 시정수를 높게 할 경우 발진주파수는 어떻게 변하는가?
① 발진주파수가 높아진다. ② 발진주파수가 낮아진다.
③ 무한대가 된다. ④ 아무런 변화가 없다.

38. 비안정 멀티바이브레이터 회로에서 콜렉터 전압의 파형은?
① 구형파 ② 스텝파 ③ 임펄스파 ④ 정현파

39. 증폭기와 정궤환 회로를 이용한 발진회로에서 증폭기의 이득을 A, 궤환율을 β라고 할 때, $\beta A>1$이면 출력되는 파형은 어떤 현상이 발생하는가?
① 출력되는 파형의 진동이 서서히 사라진다.

② 출력되는 파형은 진폭에 클리핑이 일어난다.
③ 지속적으로 안정적인 파형이 발생한다.
④ 출력되는 파형은 서서히 진폭이 작아진다.

40. 다음 중 온도 특성이 좋고, 전원이나 부하의 변동에 대하여 비교적 안정도가 좋기 때문에 안정한 주파수의 발생원으로 많이 쓰이는 발진회로는?
① 빈 브리지형 발진회로 ② 수정 발진회로
③ RC 발진회로 ④ 이상형 발진회로

41. 다음 중 LC 발진회로에서 발진주파수의 변동요인과 대책이 틀린 것은?
① 전원전압의 변동 : 직류안정화 바이어스 회로를 사용
② 부하의 변동 : Q가 낮은 수정편을 사용
③ 온도의 변화 : 항온조를 사용
④ 습도에 의한 영향 : 회로의 방습 조치

42. 다음 중 궤환회로에서 발진이 일어나는 조건인 바크하우젠 발진조건에 관한 설명으로 틀린 것은? (단, A는 증폭부의 증폭률이고 β는 궤환부의 궤환율이다.)
① 발진조건은 $|A\beta|= 1$이다.
② $A\beta<1$이면 발진이 일어나지 않는다.
③ $A\beta>1$이면 발진은 되나 이득이 계속 증가하여 클리핑이 일어나면서 불안정하다.
④ $A\beta=1$은 발진조건으로 일정한 진폭의 직류출력이 발생한다.

43. [그림 14.10] 회로에서 C_3가 없다고 가정하고, 200[kHz]의 발진주파수를 얻고자 한다. C_1과 C_2의 값이 0.001[μF]이라면 L의 값은 약 얼마인가?
① 2.21[mH] ② 1.27[mH] ③ 2.31[mH] ④ 1.35[mH]

44. 다음 중 RC 궤환발진기의 종류 중 빈 브리지(Wien Bridge) 발진기에 관한 설명으로 옳은 것은?
① 3단으로 구성된 위상 선행회로를 궤환으로 사용하고, 기본 증폭기로는 페루프 전압이득이 29인 반전증폭기를 사용하는 발진기이다.
② 발진기에서 발생되는 발진주파수는 $f_r = 1/(2\pi\sqrt{6}RC)$이다.
③ 회로에서 발진이 일어나기 위해서는 정궤환 루프의 위상천이가 0°이고 루프이득이 0 이어야 한다.

④ 사인파 발진기의 일종으로 지상-진상회로로 구성되며, 발진에 필요한 증폭기 이득은 3이다.

45. 다음 중 수정진동자의 지지기(Holder)가 갖추어야 할 조건이 아닌 것은?
① 진동 에너지에 손실을 주지 않을 것
② 지지기 및 전극과 수정편 사이에서 상대 위치 변화가 원활할 것
③ 외부로부터 기계적 진동이나 충격에 의해서 발진에 지장이 생기지 않을것
④ 기압, 온도, 습도의 영향을 거의 받지 않는 구조일 것

46. 발진회로의 출력이 직접 부하와 결합되면 부하의 변동으로 인하여 발진주파수가 변동된다. 이에 대한 대책이 아닌 것은?
① 정전압 회로를 사용한다.
② 발진회로와 부하 사이에 완충 증폭기를 접속한다.
③ 발진회로를 온도가 일정한 곳에 둔다
④ 다음 단과의 결합을 밀결합으로 한다.

47. 다음 중 수정발진기에서 발진주파수가 안정된 이유가 아닌 것은?
① 발진 조건을 만족하는 유도성 주파수 범위가 넓다.
② 주위 온도의 영향이 적다.
③ 전원이나 부하의 변동에 대하여 안정도가 좋다.
④ 수정진동자의 Q가 높다.

48. 다음 중 발진회로의 주파수 변동 요인이 아닌 것은?
① 전원 전압의 변동 ② 부하의 변동
③ 온도의 변화 ④ Q값 변화

49. 다음 중 수정 발진기의 특징과 거리가 먼 것은?
① 수정편의 Q가 매우 크다.
② 수정편이 발진을 만족시키는 유도성 영역이 매우 넓다.
③ LC 발진기보다 발진이 안정적이다.
④ 수정 진동자는 기계적으로 안정하다.

50. [그림 14.8(a)]와 같은 단안정 멀티바이브레이터에서 출력전압(v_o)의 펄스폭 τ [sec]은?
① $\tau = C_2R_2\ln 10$ ② $\tau = R_1R_2\ln 2$ ③ $\tau = C_2R_2\ln 2$ ④ $\tau = C_2R_1\ln 10$

51. 다음 중 PLL(Phase-Locked Loop)의 주요 구성이 아닌 것은?
① 위상비교기 ② 인코더
③ VCO(Voltage-Controlled Oscillator) ④ LPF(Low Pass Filter)

52. 다음 중 RC 발진기에 속하지 않는 것은?
① 이상형 발진기 ② 빈-브리지(Wien-bridge) 발진기
③ 터만(Terman)형 발진기 ④ 클랩 발진기

53. [그림 14.8(a)]의 단안정 멀티바이브레이터 회로에서 R=100[kΩ], C=0.47[μF]이면 출력펄스의 폭은?
① 약 8.15[ms] ② 약 16.3[ms] ③ 약 32.6[ms] ④ 약 65.2[ms]

54. 다음 중 CR 발진기의 설명으로 적합한 것은?
① 부성저항을 이용한 발진기이다.
② 압전기 효과를 이용한 발진기이다.
③ R, L 및 C의 부궤환에 의해 발진한다.
④ C와 R의 정궤환에 의해 발진한다.

55. 수정발진기의 주파수 안정도에 대한 설명으로 틀린 것은?
① 수정편은 온도의 변화에 민감하다.
② 수정편의 Q가 매우 높다.
③ 수정진동자는 기계적 및 물성적으로 안정하다.
④ 발진 조건을 만족하는 유도성 주파수 범위가 매우 좁다.

56. 비안정 멀티바이브레이터의 베이스 저항값이 R[Ω], 용량이 C[F]일 때 구형파의 주파수[Hz]는 약 얼마인가? (단, R: 700[Ω], C: 1[μF]이다.)
① 1.4×10^2 ② 1×10^3 ③ 7×10^3 ④ 14×10^3

57. 비안정 멀티바이브레이터에 대한 설명으로 틀린 것은?
① 출력 파형에 많은 고조파가 포함되어 있다.
② 발진주파수는 회로의 시정수에 의해서 결정된다.
③ 동작전압 범위 내에서 전원 전압의 변동은 발진주파수에 큰 영향을 주지 않는다.
④ 두 개의 안정된 상태를 갖는다.

58. 자려발진기의 주파수안정도에 대한 설명으로 옳지 않은 것은?
  ① 발진회로의 저항 크기는 실효 Q에 영향을 주어 주파수가 변하므로 저항을 최소화한다.
  ② 발진회로에 접속된 부하의 변동은 실효 임피던스가 변하므로 그 접속을 소결합한다.
  ③ 발진기의 전원전압이 변하면 FET 및 트랜지스터의 동작점이 변하여 주파수가 불안정할 수 있다.
  ④ 발진회로의 주위온도가 공진회로의 L, C 값의 변화를 초래하므로 주파수 변동을 일으킨다.

59. [그림 14.10] 회로에서 C_3가 없다고 가정하고, L=200[μH], $C_1=2{,}200[pF]$, $C_2=220[pF]$일 때 발진주파수()는 약 kHz인가?
  ① 600　② 800　③ 1,000　④ 1,200

4. 예비 보고서

4.1. 퀴즈에 대한 답을 제시하시오.

4.2. [그림 14.3]의 빈-브리지 발진회로의 발진주파수를 수식으로 표현하고, PSpice를 이용하여 각 노드들의 파형을 관찰하시오. 또한, PSpice를 이용하여 구한 출력주파수와 이론적으로 계산한 출력주파수를 비교하시오. 이때, $R_1=210\Omega$, $R_2=1.2k\Omega$, $C=1nF$, $R=10k\Omega$, 전원 $V=\pm 15V$

4.3. [그림 14.5]의 구형파 발생기의 출력주파수를 수식으로 표현하고, PSpice를 이용하여 각 노드들의 파형을 관찰하시오. 또한, PSpice를 이용하여 구한 출력주파수와 이론적으로 계산한 출력주파수를 비교하시오. 이때, $R_1=3.3k\Omega$, $R_2=10k\Omega$, $C=0.2\mu F$, $R=10k\Omega$, 전원 $V=\pm 15V$

4.4. [그림 14.6]의 삼각파 및 구형파 발생기의 출력주파수를 수식으로 표현하고, PSpice를 이용하여 각 노드들의 파형을 관찰하시오. 또한, PSpice를 이용하여 구한 출력주파수와 이론적으로 계산한 출력주파수를 비교하시오. 이때, $R_1=3.3k\Omega$, $R_2=10k\Omega$, $C=0.2\mu F$, $R=10k\Omega$, 전원 $V=\pm 15V$

5. 실험기자재 및 부품

5.1. 사용기기

- 직류 전원공급기
- 디지털 멀티미터
- 함수 발생기
- 오실로스코프

5.2. 사용부품

- 연산증폭기 : HA17741(https://www.alldatasheet.com/)
- 555 타이머 : NE555(https://www.alldatasheet.com/)
- 기타 : 저항, 커패시터, 가변저항 등

6. 실험방법 및 절차

6.1. [그림 14.3] 회로를 설계하시오.

[그림 14.3]와 같은 빈-브리지 발진회로를 구성하고, $R_1 = 210\Omega$, $R_2 = 1.2k\Omega$, $C = 1nF$, $R = 10k\Omega$, $V = \pm 15V$를 연결한다. R_2 저항값을 가변저항으로 조절하면서 오실로스코프로 출력파형을 측정하시오. 출력파형이 왜곡없이 발진이 일어나도록 가변저항값을 정하고, 그 경우의 발진주파수를 구하여 [표 14.1]에 기록한 후, 이론적으로 계산한 값과 비교하시오.

6.2. [그림 14.5] 회로를 설계하시오.

[그림 14.5]와 같은 구형파 발생기를 구성하고, $R_1 = 3.3k\Omega$, $R_2 = 10k\Omega$, $C = 0.2\mu F$, $R = 10k\Omega$, $V = \pm 15V$를 연결하여 오실로스코프로 출력파형을 측정하시오. R과 C 값을 변화시키면서 출력주파수를 측정하여 [표 14.2]에 기록한 후, 이론적으로 계산한 값과 비교하시오.

6.3. [그림 14.6] 회로를 설계하시오.

[그림 14.6]과 같은 삼각파 및 구형파 발생기를 구성하고, $R_1 = 3.3k\Omega$, $R_2 = 10k\Omega$, $C = 0.2\mu F$, $R = 10k\Omega$, $V = \pm 15V$를 연결하여 오실로스코프로 출력파형을 측정하시

오. R과 C 값을 변화시키면서 출력주파수를 측정하여 [표 14.3]에 기록한 후, 이론적으로 계산한 값과 비교하시오.

6.4. [그림 14.7(d)] 회로를 설계하시오.

[그림 14.7(d)]와 같은 무안정 멀티바이브레이터를 구성하고, $R_1 = 10k\Omega$, $R_2 = 100k\Omega$, $C_1 = 10\mu F$, $C_2 = 0.01\mu F$, $V = 15\,V$를 연결하여 오실로스코프로 출력파형을 측정하시오. 출력주파수를 측정하여 [표 14.4]에 기록한 후, 이론적으로 계산한 값과 비교하시오.

7. 실험결과

7.1. [그림 14.3] 회로 설계

[표 14.1] 빈-브리지 회로의 측정 데이터

R_2 크기(Ω)	측정된 발진주파수(Hz)	출력파형 크기(V)	이론적인 발진주파수(Hz)

7.2. [그림 14.5] 회로 설계

[표 14.2] 구형파 발생기의 측정 데이터

R 크기(Ω)	C 크기(F)	측정된 발진주파수(Hz)	출력파형 크기(V)	이론적인 발진주파수(Hz)

7.3. [그림 14.6] 회로 설계

[표 14.3] 삼각파 및 구형파 발생기의 측정 데이터

R 크기(Ω)	C 크기(F)	측정된 발진주파수(Hz)	출력파형 크기(V)	이론적인 발진주파수(Hz)

7.4. [그림 14.7(d)] 회로 설계

[표 14.4] 삼각파 및 구형파 발생기의 측정 데이터

측정된 발진주파수(Hz)	출력파형 크기(V)	이론적인 발진주파수(Hz)

참고문헌

[1] 이강윤, "단계별로 배우는 전자회로 실험", 한빛아카데미

[2] 진경복, 류근관, 박진현, 정연호, "전자회로", McGraw Hill Education